早餐食品加工
生产工艺与配方

任广跃　李琳琳　程伟伟　编著

中国纺织出版社有限公司

图书在版编目(CIP)数据

早餐食品加工生产工艺与配方 / 任广跃，李琳琳，程伟伟编著. －－北京：中国纺织出版社有限公司，2021.9

ISBN 978－7－5180－8674－0

Ⅰ. ①早… Ⅱ. ①任… ②李… ③程… Ⅲ. ①食品加工—高等学校—教材 Ⅳ. ①TS205

中国版本图书馆 CIP 数据核字(2021)第 131701 号

责任编辑:闫　婷　　责任校对:王花妮　　责任印制:王艳丽

中国纺织出版社有限公司出版发行
地址:北京市朝阳区百子湾东里 A407 号楼　邮政编码:100124
销售电话:010—67004422　传真:010—87155801
http://www.c-textilep.com
中国纺织出版社天猫旗舰店
官方微博 http://weibo.com/2119887771
三河市宏盛印务有限公司印刷　各地新华书店经销
2021 年 9 月第 1 版第 1 次印刷
开本:880×1230　1/32　印张:10.375
字数:282 千字　定价:49.80 元

凡购本书,如有缺页、倒页、脱页,由本社图书营销中心调换

❧ 前言 ❧

中华文明五千年,中华饮食及其文化也随着中华文明源远流长五千年,其博大精深,在世界上享有盛誉。中华饮食不但讲究"色、香、味"俱全,而且注重"滋、养、补"的特点。早餐作为一日三餐之首,对于人体的日常生理活动、成长发育、预防疾病等具有十分重要的意义与作用,同时"饮食结构合理"和"营养均衡"也是"健康中国 2030"规划纲要中的重要内容之一,纲要指出健康是促进人的全面发展的必然要求,是经济社会发展的基础条件。实现国民健康长寿,是国家富强、民族振兴的重要标志,也是全国各族人民的共同愿望。

现有研究表明,通过早餐摄取营养和能量对人们一天的智力和体力活动都有十分重要的支撑作用,这种作用受到学界、政府和居民个体的重视。然而,在城市追求高速增长的需求带来了各种便利生活方式的同时,也使居民生活节奏加快,从而深刻影响着居民的饮食习惯。居民在快节奏的一天中往往最容易忽视早餐,或过于注重早餐风味而忽略营养,居民早餐习惯和营养问题堪忧。

本书共分五章,分别从早餐饮食概述、早餐食品原辅料、西式早餐食品加工生产工艺与配方、中式早餐食品加工生产工艺与配方、新式健康早餐加工生产工艺与配方方面,对早餐食品及其饮食文化进行详细论述及系统宣介。

本书可作为早餐食品加工及其饮食文化研究者和技术人员参考用书,也可供高等院校食品科学与工程及相关专业学生学习参考。

本书在撰写过程中,广泛咨询和请教了国内外饮食文化领域、饮食加工领域的知名学者和专家,在此一并致以谢意。

由于作者水平有限,书中难免有不妥之处,恳请同行专家及读者提出宝贵意见。

编者
2021 年元月完稿于古都洛阳

目录

第1章　早餐饮食概述

1.1　早餐饮食现状

据 2016 年中国疾病预防控制中心发布的最新的中国居民早餐状况调查数据显示,我国 8.6% 的居民不能保证每天都吃早餐。且"没时间吃早餐"的人群占整体不吃早餐人群的 56.7%,数据表明我国居民吃早餐的时间普遍不足,早餐营养不充足的比例在 80% 以上。纵观我国居民早餐的用餐习惯变革,正是随着我国服务业发展而变化的。随着我国服务业的不断纵深式发展,以家庭自制早餐的用餐习惯被出现在居民区周围的早餐摊点、快餐连锁店部分替代,我国城市居民早餐市场也分化出不同类型和层次。

对国内一些地区中小学生及大学生的早餐状况的调查发现,很多学生的早餐食用现状不容乐观,不吃早餐的现象极其严重,而且早餐的营养质量普遍较低。不同地区人们的生活习惯差异很大,对早餐的认识深入程度也不同,且家庭环境、经济条件、父母的职业和工作状况、学生自身的生活习惯和生活状态、早餐食物的种类等对学生早餐食用状况影响也很大,因此,调查对象中早餐食用情况差异较大,不食用早餐的原因也较为复杂。早餐食用情况调查结果显示,这些调查对象中坚持每天吃早餐的学生所占比例仅为 60% 左右,这部分学生养成了吃早餐的习惯,有比较规律的时间安排和生活计划,不会因时间不足或食用早餐麻烦等问题而不吃早餐,避免了肥胖或控制体重等问题。经常吃早餐和偶尔吃早餐的学生比例分别为 8% ~ 40%、5% ~ 20%,这部分学生往往没有规律的生活计划和安排,大多根据早上起床后时间是否充足来选择食用或不食用早餐。从不吃早餐的学生所占比例为 2% ~ 20%,这部分学生已经养成了不食用早餐的习惯,且不食用早餐短时间内其身体没有不适感,往往不会想改变其不食用早餐的现状。但长期这样下去,身体便处于亚健康状态,容易出现免疫力低下,精神状态不佳,易疲劳等问题,一些慢性疾病也会乘虚而入,如 Cahill 等发现,不吃早餐的人得冠心病的概率会比有规律吃早餐的人高出33%,而且出现高胆固醇血症、高血压和糖尿病的可能性较大。

1.2 健康早餐设计

早餐的饮食状况会对人体一天的营养和能量摄入产生影响。由于早餐中的能量和营养素含量会影响胃的排空时间,如果早餐摄入的能量较多就会使人体一天内总能量摄入相对增加,因此,早餐较少的能量摄入更有利于改善能量平衡。相对地,不吃早餐会使人在随后的4 h内食欲不断增加,而吃早餐会使人体血液中酪肽(PPY)浓度增加从而增加饱腹感;而且早餐中蛋白质摄入量增加会相对地减少食欲,增强饱腹感。对于控制体重或减肥的人来说,减少早餐中能量摄入和增加蛋白质的摄入更有利于控制饮食,保持体重及减肥。有研究发现,不吃早餐的学生每天摄入的蔬菜和水果比有规律吃早餐的学生明显较低,而蔬菜和水果是人体获得比较全面的营养素的主要来源,因此,早餐的质量影响人体一天内营养和能量的摄入,对人体的营养状况起着决定性作用。

规律营养的早餐不仅对青少年的身体健康起着关键作用,而且有利于养成良好的生活习惯和形成健康的生活方式。在全球范围内,不吃早餐与肥胖和超重密切相关,不因文化差异而有不同。对台湾青少年不规律吃早餐与健康状况的关系进行调查,发现不规律吃早餐和肥胖密切相关,而且易导致不健康行为形成。在芬兰和希腊,对16~18岁男孩的调查也发现,每天有规律地吃早餐可降低肥胖发生的可能性。在伊朗吉兰省,一些学生经常在晚上11点以后还不睡觉,导致早上起床晚没有时间吃早餐,在课间饥饿状态下选择补充一些高能量的食物从而导致肥胖。每天吃早餐的孩子会经常拥有积极的心态,选择健康的早餐食物,如水果、谷物和奶制品等,而不选择相对不健康的食物,如油炸薯片和甜品作为早餐。因此,良好的早餐饮食习惯不仅会避免肥胖等问题,还有助于养成良好的生活习惯,培养健康的生活方式。

尽管谷物食品单独作为早餐不能提供全面的营养,但是早餐食品加工仍需以谷物为主,因为谷类食物可使人体摄入足量的碳水化合物以补充能量,而且谷物杂粮食品越来越受到人们的关注。有研究发现,早餐摄入谷物类食物更有利于人体健康。谷物早餐(如即时粥)作为健康饮食的一部分,不仅能满足人体对脂肪及脂肪酸、糖类、膳食纤维的需求,还会加强体内重要微量元素的摄入。谷物中的燕麦及燕麦产品更是研究人员和食品企业较为关注的对象。燕麦是 β - 葡聚糖和生物活性物质如酚类物质的丰富来源,具有较高的抗氧化能力和治疗一些疾病的潜在药理功能;特别是燕麦麸皮,与其他谷物麸皮类似,是 B 族维生素、蛋白质、矿物质的良好来源,其生物活性物质的提取及麸皮营养的生物利用率都是谷物食品开发研究的重点;谷物麸皮中植物化学成分及其衍生物的抗氧化和抗癌等药理作用对促进人类健康具有很大的潜在价值。早餐食品离不开谷物,如何突破传统的早餐谷物食品如馒头、包子、馅饼、米粥等而研发出新型谷物食品并赋予其一定保健功能将是早餐谷物食品研发的重点。因此,谷物杂粮食品的研究开发具有很大的意义和市场前景,"粗细搭配"使得饮食的营养价值更高。

1.3　早餐食品发展方向

在我国早餐食品的加工制作中,传统的手工加工模式和标准化的工厂化加工模式同时存在。手工操作可完成早餐食品从原材料到终产品的制作过程。在家庭、街边食摊、小吃店甚至较大的餐饮店,手工操作的早餐食品占大多数。这是由我国的饮食习惯决定的,同时也说明我国早餐食品的制作有较大的发展空间。标准化的加工模式是餐饮企业在早餐食品的生产中,按食品加工标准,通过设施设备得以实现,该加工模式还是相对较少。早餐加工目前以手工为主,但工业化是其发展趋势之一。这是因为只有工业化加工的食品才能保证食品质量的稳定性,才能降低食品成本,助力"经济实惠"。特别是近年来餐饮业的原材料成本、店面租金及人力水电成本都在上涨的态势下,其盈利空间越发狭小。现阶段应该选择部分有条件的企业建立中央厨房,引进现代化生产线集中加工,配送到就餐点,为整个早餐市场起到有效的示范作用。对于不具备工业化加工条件的企业,则应给予有效的指导,建立标准化加工模式,以保证早餐食品质量。

早餐社会化包含两个含义:其一是家庭早餐食物结构中在外购买的成品或半成品所占比例;其二是外食,即在家庭以外的地方用早餐。早餐社会化的状况标志着人们节省时间、减轻家庭劳作负担的程度,标志着人们的生活水平和社会发达程度。一方面,人们已有足够的消费能力在外边吃饭。近年来,我国居民外食比例逐年增长,以天津为例,2017年上半年城镇常住居民人均在外饮食消费1255元,较2016年增长17.4%。另一方面,一些主食如馒头、包子、饺子、面包等均有专门加工,一些菜肴也有供应。早餐社会化有较好发展前景。

传统早餐的内容是从过去一直延续至今的,如馒头 + 米粥 + 咸菜、包子 + 米粥、豆浆 + 油条、豆腐脑 + 油条等早餐形式,特别被老一代人所接受。在日常生活中,也存在这样的传统早餐形式,即把前一天晚上的剩菜、剩饭加热后作为早餐来食用。随着社会的发展和饮食观念、饮食结构的改变,一些现代人对早餐的科学配餐的理念逐渐形成并加以实施,如豆奶 + 全麦面包 + 煎鸡蛋 + 一个苹果、牛奶 + 粗粮 + 煮鸡蛋 + 果蔬汁、黄油面包 + 牛奶麦片 + 咖啡 / 果汁等早餐已经开始出现在国人的餐桌上。现有的早餐能够基本满足人体所需能量,但膳食纤维、维生素和矿物质成分缺乏,水果和蔬菜是补充这些营养素的最好选择,而人们的早餐经常忽略水果和蔬菜。因此,早餐需要水果和蔬菜及其加工产品的加入,进而丰富早餐食品的种类、使早餐的营养更加均衡。近年来,鲜切果蔬因其新鲜、营养、方便、卫生等优点逐渐受到人们的欢迎,将其作为早餐的一部分可相应地减少人们准备早餐的时间,使得早餐营养更全面,有助于人体健康;开发新型方便营养的果蔬产品服务于特殊人群,如果蔬加工产品作为辅料适当地加入其他早餐食品中也是丰富早餐食品营养的有效方式。将苹果皮粉加入松饼中,不仅不影响感官品质,还能显著提高总膳食纤维、总酚含量和抗氧化能力。果蔬作为辅食进入早餐是早餐食品发展的一个趋势,其具体产品形式、产品品质控制、如何推广等问题还需相关研究人员和食品企业深入考虑。现有的早餐都存在食物种类单一、营养不全面等各种各样的问题,采取一定措施对现有早餐产品进行改进,使其能够满足人体对早餐营养和能量的需求,将是早餐食品行业的一个发展方向。可改善生产工艺,尽可能地减少营养成分损失或者添加相应能够补充所需营养的食品材料,如某集团研制出含有果粒类、果纤类、谷物类和蛋黄粉的早餐奶,提供早餐所需的蛋白质、脂肪、碳水化合物及全面的营养,其方便快捷的特点将成为人们早餐考虑的对象。还可开发新口味的产品,增加相应产品的种类,使产品更加美味,增强人们的食欲,如市场上的罐装八宝粥主要是甜味产品,使不爱甜食或患有糖尿病的人群选择早餐时受到限制,开发不同口味且营养价值较高的八宝粥将会更加受到人们喜爱。早餐饮食营养均衡可及时补充人体所需的能量和营养成分,同时使人们保持积极的心态和愉悦的心情,为人们身体健康提供保障。因此,通过研发新型早餐食品,提高食品加工技术水平来不断丰富早餐品种,提高早餐质量对于改善不食用早餐及早餐营养不全面的现状是非常必要的。

参考文献

[1]张令文,王雪菲,杨铭铎,等. 我国早餐食品的现状与发展趋势[J]. 河南科技学院学报(自然科学版), 2018,46(1):29 – 33.

[2]何啸, 贾晓萌, 李雪. 食品企业在城市早餐行业中的社会责任分析[J]. 现代商业, 2019(8):7 – 8.

[3]梁洁玉, 朱丹实, 冯叙桥,等. 早餐的食用现状及早餐食品的发展趋势[J]. 中国食物与营养, 2014, 20(2):59 – 64.

第2章　早餐食品原辅料

2.1　早餐主食原料

粮食是最基本、最主要的食物原料,我国是大豆、小米等粮食作物的原产国。粮食主要用于制作主食。很多调味品和酒类也用粮食制作,如酱油、酱类、醋、味精、白酒、黄酒、米酒等。有些粮食还是制作某些菜肴的主要原料,并且是挂糊的常用原料之一。我国目前利用的粮食作物有30多种,主要种类为谷类、豆类和薯类。谷类通称粮食,包含稻米(包括糯米、籼米、粳米等三种)、小麦、玉米、大麦、小米、高粱、慧苡等,习惯上将荞麦也包含在谷类内。谷类是我国的主粮,谷类中除稻米和小麦被称作主粮外,其他均称为杂粮。豆类主要包含有黄豆、红豆、绿豆、蚕豆、豌豆、刀豆、扁豆、四月豆、毛豆等,通常是以鲜豆或干豆用作副食品。薯类包括马铃薯(土豆)、甘薯、木薯、菊芋等。

2.1.1　谷类
(1)稻谷和大米

稻谷在植物学上属禾本科、稻属,它是我国种植面积最大的谷类作物。世界上栽培的稻谷主要有两个基本种,即亚洲栽培稻和非洲栽培稻。亚洲栽培稻也称普通栽培稻,种植面积很大。全世界除南极洲外均有稻谷的分布。在我国90%的稻谷分布在秦岭淮河以南地区,其中湖南、四川、湖北、江苏、江西、广东、浙江、安徽、广西、福建这10个省的面积和总产量占全国稻谷面积总产量的83%。

中国栽培稻可分成籼、粳两个亚种,并根据品种的温光反应、需水量及胚乳淀粉特性等,在籼、粳亚种下又分为早、中、晚,水、陆,黏

（非糯）、糯等不同类型。

① 稻和粳稻:江南的早稻几乎全是籼稻品种,晚稻以粳稻为主,或以杂交籼稻为主;黄河以北一般采用粳稻品种。从稻谷性质和粒形来看,一般籼稻米黏性较差、粒形长而窄;粳稻米性黏、米粒短而圆。

目前通过籼稻与粳稻杂交制造出了不少介于籼、粳之间的中间型品科。

② 早稻、中稻和晚稻:在籼稻和粳稻中均有早稻、中稻和晚稻。在长江流域一带,早稻在7月中下旬收获;双季晚稻在10月下旬11月初收获;一季中稻在7月下旬收获;一季晚稻在10月下旬收获。早稻谷一般米粒腹白大,角质粒少,米质疏松,耐压性差,加工时易产生碎米,出米率低;而晚稻谷则相反,米质坚实,耐压性好,加工时碎米较少,出米率高。就米饭的食味而言,早稻谷比晚稻谷差;就晚稻而言,晚籼稻谷的品质优于早粳稻谷。

③ 糯稻和黏稻:淀粉有直链淀粉和支链淀粉,支链淀粉富有黏性,蒸煮后能完全糊化,而直链淀粉只形成黏度较低的糊状。糯稻中几乎全是支链淀粉,而黏稻含20%~30%的支链淀粉。糯稻谷米黏性好,胀性小,出饭率低;而黏稻谷米黏性差,胀性大,出饭率高。一般糯稻谷米呈乳白色,不透明或半透明。按其粒形又可分为籼糯稻谷(稻谷一般呈长椭圆形或细长形)和粳糯稻谷(稻粒一般呈椭圆形)。

④ 水稻和陆稻:一般的稻谷都是水稻,其生长期需水量大,常种植在水田中。陆稻又称旱稻,米粒结构疏松,色泽暗淡,食味较差,种植较少。

稻谷经粗加工所得成品,称为普通大米。以大米或稻谷为原料精加工所得成品,称为特种米,包括蒸谷米(半煮米)、留胚米(胚芽米)、不淘洗米(清洁米)、强化米等。大米根据稻谷分类的方法分籼米、粳米和糯米3类,粳米按粒质和收获季节不同又分为早粳米和晚粳米。我国的优质稻米品种较多,根据栽培稻分类和稻米理化性质,将食用优质稻米分为3类:一是籼米属籼型非糯性稻米,这种类型的优质大米品种较多,如江西的73-07,湖南的湘早籼18、湘早籼20、湘晚籼 6 号,云南的优质糯米 2 号,以及浙江等地的扬稻 4 号、盐稻 2 号等,大多数都达到部颁二级以上标准。二是粳米属粳型非精性稻米,这类型的优质大米主要产于中国长江以北一带稻区,如山东省的鲁粳 94 – 16,中晚粳一级优质稻 80 – 473,江苏的晚粳杂泗优 422,上海的粳杂寒优 102 等。三是粳米属精性稻米,包括籼精米和粳糯米,此型的优质稻米新品种有鄂糯 1 号、浙糯 2 号。另外香米、黑米等特殊的大米也有一定市场。

(2)小麦和面粉

小麦起源于亚洲西南部,在我国分布广泛。小麦是禾本科小麦属草本植物。世界上有 1/3 以上人口以小麦为主要粮食。在中国,小麦的地位仅次于水稻。小麦属中有 20 多个种,栽培最广泛的是普通小麦,占小麦总面积近 90%;其次为硬粒小麦,约占小麦总面积的 10%。中国主要种植普通小麦。

我国小麦的种类与优良品种极多,常用的分类方法有 3 种:一是按粒质分,有软质小麦和硬质小麦两类。麦粒横断面 1/2 以上透明的(俗称玻璃质),称为硬质小麦,1/2 以上不透明的,称软质小麦。硬质小麦蛋白质含量高,筋力大。软质小麦蛋白质含量低,筋力小。通常按照硬质小麦和软质小麦来分类。二是按播种期分,有冬小麦(冬季播种)和春小麦(春季播种)两类。我国以生产冬小麦为主,仅特寒冷地区种植春小麦。春小麦蛋白质含量较高。三是按皮色分,有白小麦、红小麦及花小麦三类。白小麦粉色白,品质较好。我国河南、河北、山东、山西、陕江及苏北、皖北等地种植的多为白小麦。红小麦品质较差。花小麦指同一批小麦中既有红小麦也有白小麦。

小麦的籽粒通过碾磨过筛,胚和麸皮(果皮、种皮和部分糊粉层)与胚乳分离,由胚乳制成面粉。面粉含有面筋(麦胶),具有一定的弹性和延伸性,能制成松软多孔、易于消化的馒头、面包面粉主要分为两大类,即通用面粉和专用面粉。专用面粉也称食品工业用面粉,根据面粉所要加工的面制食品种类,具体分为面包、面条、馒头、饺子、酥性饼干、发酵饼干、蛋糕、酥性糕点和自发粉 9 种专用粉。而家庭用的面粉,以制作饺子、馒头和面条为主。通用面粉根据面粉中灰分含量的不同可分为特制一等、特制二等、标准粉和普通粉,各种等级的面粉其他指标基本相同。近几年来我国从国外引进和培育的硬粒小麦,其营养价值更高,面筋的含量和强度也优于普通小麦,适于制作通心粉和实心面条,蒸煮和适口性好。

(3) 玉米

玉米是禾本科玉米属作物,玉米属中仅有一个玉米种。玉米原产于中、南美洲,16 世纪传入我国,先在四川(蜀)种植,所以玉米最初称玉蜀黍。以后传到各地又有苞谷、棒子、玉茭、六谷、珍珠米、观音粟等别称。根据籽粒籽壳的长度、籽粒的形状、淀粉的品质和分布、化学成分和物理结构等将玉米分为 8 种类型。

① 硬粒型:又名燧石种或普通种,籽粒外皮坚硬,外表透明,多为黄色,也有紫红色,品质好,我国栽培较多。

② 马齿型:又名马牙种,籽粒扁平,多为黄白两色,品质较差,但产量较高,目前栽培面积较大。

③ 半马齿型:又称半马齿种或中间种,籽粒粉质淀粉较马齿型少,较硬粒型多,品质较马齿型好。

④ 糯质型:又称蜡质型,籽粒胚乳全为角质淀粉,在我国浙江、江西及东北与华北均有大量种植。品质较好,可作糯米的代用品,也可制作各种点心。

⑤ 甜质种:又称甜玉米,胚乳中含有大量的糖分和水分,乳熟期籽粒含糖量为 15% ~18%,主要用作蔬菜或罐头食品。

⑥ 爆裂型:籽粒小而坚硬,形圆。加热时由于淀粉粒内的水分遇到高温,形成蒸汽而爆裂,实爆裂后的体积比原来大 4 ~5 倍,是制作休闲食品"哈立克"的主要原料。

⑦ 粉质型:又称软质型,胚乳全部为粉质,用于制取淀粉和酿酒。

⑧ 有稃型:籽粒外面包着秆片,生产上应用价值很低。

玉米分布广,在我国主要集中在黑龙江、吉林、辽宁、云南。玉米籽粒营养成分含量:蛋白质 9.60%、淀粉 72.00%、糖 1.50%、脂肪 4.90%、纤维素 1.92% 和矿物质 1.50%,玉米在烹饪中可以用来制作各种点心,也可加工成各式菜肴。

2.1.2 薯类

(1)马铃薯

马铃薯是茄科茄属草本,又名土豆、洋芋、山药蛋等,是重要的粮食、蔬菜兼用作物。中国马铃薯的主产区是西南山区、西北、内蒙古和东北地区。其中以西南山区的播种面积最大,约占全国总面积的1/3。黑龙江省则是全国最大的马铃薯种植基地马铃薯块茎含有76.3%的水分和23.7%的干物质,其中包括17.5%的淀粉、0.5%的糖、1%~2%的蛋白质和1%的无机盐。马铃薯还含有极丰富的维生素C和B族等。马铃薯鲜薯供烧煮作粮食或蔬菜。世界各国十分注重生产马铃薯的加工食品,如法式冻炸条、炸片、速溶全粉、淀粉以及花样繁多的糕点、蛋卷等,数量达100多种。

(2)甘薯

甘薯又称山芋、红芋、红薯、白薯、地瓜、红苕、番薯,为旋花科甘薯属。甘薯块根味甜,富含衣粉,主要作粮食、饲料和蔬菜。甘薯起源于墨西哥和委内瑞拉,16世纪中叶传入中国,在我国广泛栽培。甘薯块根中富含碳水化合物,还有蛋白质、胡萝卜素、抗坏血酸、钙、磷等。甘薯茎尖现在已经入菜。甘薯茎尖营养价值较高,有一定的保健功能。目前国内外已陆续培育出菜蔬专用型品种,或从已推广的品种中筛出粮菜兼用品种,主要有食20、日本关东109、鲁薯7号、北京553等品种。甘薯病虫害较少,很少使用农药,是夏秋季良好的蔬菜。

2.1.3 豆类

(1)大豆

大豆为豆科大豆属,也称黄豆。大豆起源于中国,在中国的分布很广。种子蛋白质含量占38%,所含的氨基酸较齐全,油分占20%左右,富含亚油酸,有大量维生素E。豆油的消化率为98.5%。在食用方面,将20%~30%的大豆粉与70%~80%的玉米面或小米面配合而成的杂合面,是中国北方长期以来的重要粮食,也可把大豆粉掺入面粉中,制成面包、饼干及甜饼等。用大豆制成的豆制品,有豆腐、豆腐脑、豆腐乳、腐竹、豆腐干、豆浆、酱油、豆酱等。豆浆是普遍食用的早餐饮料。豆芽、毛豆、青豆可作蔬菜。一般大豆蛋白质的消化率为85%,而豆腐蛋白质的消化率为96%,豆浆为93%以上。

(2)蚕豆

蚕豆又名胡豆,是高蛋白作物,但色氨酸很少,甲硫氨酸偏低,碳水化合物比较多,维生素 B_1、B_2 含量高,脂肪中不饱和脂肪酸较高。蚕豆种子含有蚕豆嘧啶和伴蚕豆嘧啶,会使缺葡萄糖 - 6 - 磷酸脱氢酶的人发生急性溶血性贫血症,从而出现黄疸、血尿、发烧与贫血等症状。新鲜嫩蚕豆是蔬菜中的佳肴。老熟的种子可作粮食也可磨粉制造粉皮、粉丝、豆酱、酱油及各种糕点。

(3)豌豆

豌豆又称毕豆、雪豆、冬豆、麦豆、寒豆、青豆、麻豆等,有 2 个变种:一是白花豌豆,又名蔬菜豌豆、软荚豌豆,种子含糖分较多,品质好,以青荚、鲜豆作蔬菜或作罐头用,多在南方种植;二是紫花豌豆,又名红花豌豆、谷豌豆、硬荚豌豆,其产量较高但品质较差,主要作食用或饲料用。此外,也有少数紫花和白花混杂种,种子比上述两类更小。豌豆籽粒富含蛋白质和碳水化合物,另外,还富含矿物质与维生素 B。豌豆籽粒有很好的煮软性,可以煲汤炊饭。在发芽的豌豆种子中还含有丰富的维生素 E。嫩豆和鲜豆可制罐头。鲜嫩茎梢、豆荚和青豆含25% ~30%的糖分、大量蛋白质、多种维生素和矿物质,是优质美味的蔬菜。

(4)绿豆

我国云贵高原是绿豆原产地,我国是世界上绿豆种植最多的国家,以安徽、河南、河北、山东等省种植面积最大。著名的优良绿豆品种有安徽明光绿豆、河北宣化绿豆、山东绿豆和四川绿豆等。绿豆籽粒富含蛋白质和碳水化合物,另外,还富含维生素 B 和赖氨酸。绿豆常制作豆芽菜;毛绿豆含淀粉较多,宜作加工粉丝用,例如,山东龙口粉丝。

(5)小豆

小豆又名红豆、赤豆、饭赤豆、红饭豆、赤小豆等。我国是小豆的原产地。小豆常加工为八宝粥、红豆沙、豆粉等。干豆一般是加工成豆腐、香干、百叶、豆芽,有的干豆则用作主食。

2.2 早餐辅食原料

2.2.1 油脂

食用油脂是指油和脂肪的总称,为高热量物质,是人类三大营养素之一,同时在烹饪中是良好的传热介质,是菜品制作工艺及形成菜品风味特色不可缺少的辅助原料。食用植物油是以植物油料为原料加工生产供人们食用的油,大多数植物油在常温下呈液态,只有椰子油、可可脂等少数油脂在常温下呈固体。食用动物油脂主要是猪油。

(1)植物油

中式糕点生产中常用的植物油包括棕榈油、橄榄油、椰子油、菜籽油、花生油、豆油等。棕榈油和橄榄油均属月桂酸系油脂,在常温时呈硬性固体状态,饱和度高,稳定性好,不易氧化,可用于食品表面的喷油。棕榈油还可用于制作起酥油或人造奶油等稳定性高的复合型油脂。椰子油的熔点范围为24~27℃。当温度升高时,椰子油不是逐渐软化,而是在较窄的温度范围内骤然由脆性固体转变为液体。利用此特性,椰子油用于夹心料中,吃到嘴里能较快融化。精炼的菜籽油、花生油、豆油和混合植物油在常温下呈液态,有一定黏度,润滑性和流动性好,用于月饼面团中,不但起酥性好,而且能提高面团的润滑性,降低黏性,改善月饼面团的机械操作性。

(2)猪油

猪油是月饼和其他焙烤制品常用的油脂之一。猪油分猪板油、肉膘油和猪网油三种。猪油色泽洁白光亮,质地细腻,含脂率高,具有较强的可塑性和起酥性,制出的产品品质细腻,口味肥美。但猪油起泡性能较差,不能用作膨松制品的发泡原料。在制作面团时,大多掺入无异味的熟猪油。糖渍猪油丁制品应选用质量好的生板油加工制成猪油。猪油是动物性油脂,不含天然抗氧化剂,容易氧化酸败,在食品加工过程中经高温焙烤,稳定性差,宜用于保存时间不长的食品中,或者在使用时添加一定量的抗氧化剂。

（3）起酥油

起酥油是由精炼动植物油脂、氢化油或这些油脂的混合物,经混合、冷却、塑化而加工出来的,具有可塑性、乳化性等加工性能或具有流动性的油脂产品,可按不同需要以合理配方使油脂性状分别满足各种焙烤制品的要求。调节起酥油中固相与液相之间的比例,可使整个油脂成为既不流动也不坚实的结构,使其具有良好的可塑性和稠度;也可增加起酥油中液状食用性植物油的比例,制成流动性的起酥油,以满足食品加工自动化及连续化的需要。起酥油中往往添加了乳化剂。乳化剂在面团调制时与部分空气结合,这些面团中包含的气体在食品焙烤时受热膨胀,能提高食品的酥松度。

（4）奶油

天然奶油是从牛奶上表层收集起来的、经过剧烈搅拌而制成自均相平滑的产品。奶油有甜奶油和加盐奶油两种,甜奶油也称无盐奶油,在常温下可以保存 10 天左右,而在冰箱中则可以保存数月,在冰箱内保存时,必须将其密封,否则它会吸附周围其他食品的风味。

人造奶油是以氢化油为主要原料,添加适量的干乳或乳制品、乳化剂、食盐、色素、香料和水加工制成。它的软硬度可根据成分的配比来调整。人造奶油的乳化性能和加工性能比天然奶油要好但其香气和滋味则逊色得多。一般来说,人造奶油与天然奶油搭配使用,可得到风味和外观色泽良好的产品。

2.2.2　蔬菜

蔬菜不但含有大量对人体起重要作用的营养物质,而且含有很大比例的纤维素,对人的消化起到辅助作用。蔬菜还可以丰富产品的种类。蒸制面食中的蔬菜品种很多,有芹菜、白菜、黄瓜、茄子、雪菜、蕨菜、胡萝卜等,其中很大一部分用作包子馅料使用。发酵、腌渍、干制的蔬菜在实际应用中也占了很大比例。

2.2.3　肉

肉类食物中,人食用得最多的是畜肉和禽肉。提供畜肉的家畜主要是猪、牛、羊等;提供禽肉的家禽主要是鸡、鸭、鹅等。

肉类蛋白属优质蛋白,且含有谷类食物中含量较少的赖氨酸,因此肉类食品宜和谷类食物搭配食用。据实验,如果在植物蛋白质中加入少量的动物蛋白质,可使其生理价值显著提高,例如,玉米、小米和大豆混合后,生理价值提高到 73,但若加入少量的牛肉干,可使生理价值提高到 89,营养学家主张,膳食中动物性蛋白质,至少要达到总蛋白量 10% 以上。

烹调对肉类蛋白、脂肪和无机盐的损失影响较小,但对维生素的损失影响较大。红烧和清炖时维生素 B 可损失 60% ~65%;蒸和炸的损失次之;炒损失最小,仅 13% 左右。维生素 B_2 的损失以蒸时最高,达 87%,清炖和红烧时约 40%,炒肉时 20%。炒猪肝时,维生素 B_1 损失 32%,维生素 B_2 几乎可以全部保存。所以从保护维生素的角度,肉类食品宜炒不宜烧、炖、蒸、炸。肉类食品营养丰富,主要应用在蒸制早餐面食的食品馅料之中,特别是各种早餐包子加工过程之中的使用。

2.2.4　蛋

蛋由蛋壳、蛋白、蛋黄 3 个主要部分构成。各构成部分的比例因家禽的种类、品种、年龄、产蛋季节、饲养条件等不同而异。

2.3　早餐食品调味料

调味料,是指在烹调过程中用于调和食物口味,用量少,但使用频繁,且对菜品的色、香、味起重要作用的一类原料的统称。

我国的调味料种类繁多,每种调味料都具有独特的感官特征。在长达四千多年的历史中,我国历代厨师研制出的各种复合调料已达近千种,对我国烹饪技术的发展及地方菜风味的形成起重要的作用,在烹调过程中这些呈味成分连同菜点主配料所含的呈味成分相互作用,而形成菜点不同的风味特色。调味料的种类很多,根据其主要的呈味特点,将调味料分成以下 6 大类。

2.3.1　咸味调味料

咸味是中性无机盐的一种味道,许多中性无机盐都有咸味,但除食盐外,其他中性无机盐都带有一些涩味、苦味、金属味等不良味道。咸味是基本味的主味,又是各种复合味的基础味。在烹调中常用的咸味调味品主要有食盐、酱油、酱、豆豉等。

(1)食盐

食盐俗称盐巴,为咸味的主要调味料,主要呈味成分为氯化钠。我国的食盐资源非常丰富,按产地不同可分为海盐、湖盐、井盐和矿盐;按加工程度可分为粗盐、加工盐、再制盐等。

①粗盐:又称大盐、原盐,大多为我国沿海地区生产的粗制海盐,是将海水蒸发到饱和溶液状态,氯化钠结晶析出而成。粗盐的颗粒较大,色泽灰白,氯化钠的含量达 94% 左右,并含有氯化钾、硫化镁等杂质,因而带有微苦味,多用于腌制原料。

②加工盐:加工盐是粗盐经磨制而成的产品,盐粒较细,易熔化,但杂质的含量也较高,适用于腌制加工或一般的调味。

③精盐:又称再制盐,是将粗盐溶解,经过去杂质处理后再蒸发、结晶而成的。

现我国市场上出售的精制盐绝大部分为加碘的食用盐。精盐呈细结晶状,杂质较少,白色易溶解,呈味较轻,适用于烹饪中的调味。

食盐在烹饪中具有重要作用:一是具有提鲜、增本味的作用,是咸味的主要来源。二是具有防腐脱水的作用,用盐腌制原料能较长时间贮存。三是具有嫩化的作用,加少量的食盐可提高肉的保水性,增加菜肴的脆嫩程度。四是制作泥、茸、馅料时加入适量的食盐,能加大吸水量,使馅料的黏着力提高。五是作为传热介质可加工和烹制风味独特的菜品。

食盐的贮存保管应注意放置在清洁、干燥的环境中。

（2）酱油

酱油又称酱汁、清酱，是以植物蛋白和淀粉水解成氨基酸和糖类后经酿造而制成的深红色的汁液。酱油按加工方法可分为天然发酵酱油、人工发酵酱油、化学酱油；按形态分为液体酱油、固体酱油；按色泽分为浅色酱油（生抽）、深色酱油（老抽）。还有加工酱油时加入了不同配料的风味酱油，如辣酱油、鱼露酱油、五香酱油、草菇酱油等。著名的酱油品牌有海天牌酱油、致美斋酱油、龙牌酱油、美极鲜酱油等。酱油是烹调中仅次于食盐的咸味调味品，它能代替食盐起到确定咸味、增加鲜味的作用，对菜肴还具有去腥解腻的作用。烹调中使用酱油时，要注意菜肴的口味及色泽的特点。一般色深汁浓味鲜的酱油用于凉拌及上色的菜品，而色浅、汁清、味醇的酱油多用于加热烹调。此外，酱油加热时间过久会变黑，影响菜品的色泽。

（3）酱

酱是以豆、面、米为原料，利用微生物的生化作用而酿制的一种发酵调味料。根据用料的不同分为豆酱、面酱、蚕豆酱3大类。

①豆酱：又称大豆酱、大酱。是以黄豆或黑大豆为原料制作的一种酱类。

其特点是色泽橙黄、光亮、酱香浓郁、咸淡适口。根据制酱时加水的多少有干黄酱和稀黄酱之分。烹调中豆酱常用于炸酱和鲁菜酱爆技法的菜肴。

②面酱：又称甜面酱，是以面粉为主要的原料制成的酱类。其特点为颜色金黄，有光泽，味醇厚鲜甜，在烹调中用法同豆酱。

③蚕豆酱：是以蚕豆为主要原料的一种酱类，因在制作过程中加入辣椒，所以又叫辣豆瓣酱。其特点是色泽红褐，有光泽，酱香味浓，咸鲜带辣，味道醇厚。著名的品牌有郫县豆瓣酱、临江寺豆瓣酱等。

酱品调味料在烹调中具有改善色泽和口味、增加菜肴酱香味的作用，可作码味、调味和蘸食使用。在热菜烹调时宜先将其炒香出色，以防菜肴的口味和色泽不佳。

（4）酱豆豉

豉又称幽菽、香豉，是以黄豆、黑豆为主要原料，加曲霉菌种发酵制成的一类颗粒调味品。按加工方法可分干豆豉和水豆豉;按风味可分为咸豆豉和淡豆豉。咸豆豉比较多,比较著名的有黄姚豆豉、潼川豆豉、浏阳豆豉、临沂豆豉、阳江豆豉等。优质的豆豉以色泽黑亮、味香浓郁、咸淡适中、油润质干、颗粒饱满、无霉变无异味者为佳。在烹调中起提鲜、增香的作用,多用于炒、烧、爆、蒸等烹调技法的菜肴。

2.3.2　甜味调味料

甜味调味料在烹调中的作用仅次于咸味调料,是除咸味外唯一能独立调味的基本味。其主要调味品有食糖、饴糖、蜂蜜等。甜味调味品在烹调中除起到甜的作用外,还能起到增加鲜味,抑制辣味、苦味、涩味和酸味的作用。在某些菜点中还有着色、增色和增加光泽的作用。

(1)食糖

食糖又称蔗糖,是以甘蔗或甜菜为原料经压汁、浓缩、结晶等工序加工制成的。按外形及色泽通常分为绵白糖、砂糖、冰糖、红糖和方糖。

① 白砂糖:含蔗糖量为99%,色泽洁白明亮,晶体呈均匀小颗粒状,水分和杂质的含量很低。白砂糖易结晶,在烹调中用于挂霜类菜品的制作效果最佳。

② 绵白糖:是呈粉状白糖的总称,又称细白糖。在加工时加入少量的转化糖浆,晶粒细小均匀,颜色洁白,质地绵软细腻,纯度低于白砂糖,蔗糖的含量约98%,还原糖和水分含量均高于白砂糖,甜度高于砂糖。因含有少量的转化糖,结晶不宜析出,在烹调中更适于制作拔丝类的菜肴。

③ 冰糖:是一种纯度较高的大结晶体蔗糖,是白砂糖的再制品。冰糖味甜且鲜,可作甜味调料,常用于甜羹类的菜肴调味之用。

④ 赤砂糖:又称红糖,还原糖含量高,非糖成分较多,色泽有赤红、赤褐或黄褐色等。其晶粒连接在一起,易结块,易融化,不耐贮存。在烹调中用处较少,多为炒制澄沙馅之用。

⑤ 方糖:方糖也是白砂糖的再制品,主要用于牛奶、咖啡等饮料。

（2）饴糖

饴糖又称麦芽糖、糖稀，是以淀粉酶或酸水解淀粉制成的。其甜度约为蔗糖的 70%，可分硬饴糖和软饴糖两种。硬饴糖为淡黄色，而软饴糖为黄褐色。饴糖在烹饪中主要用于面点小吃及烧、烤类菜肴，它可使成熟后的点心松软而不发硬，可使菜肴色泽红亮，有光泽，并着色均匀，如烤鸭、脆皮乳鸽、烤乳猪等菜肴。优质的饴糖以颜色鲜明、浓稠味纯、洁净无杂质、无酸味者为佳。

（3）蜜

蜂蜜又称蜂糖。蜂蜜的主要成分是葡萄糖、果糖和少量的蔗糖，并含有蛋白质、有机酸等。

在烹饪中主要用来代替食糖调味，具有矫味、增白、起色的作用。主要用于制作面点、酿造蜜酒、制作蜜饯食品。蜂蜜具有较大的吸湿性和黏着性，烹饪时若使用过多，制品易吸水变软，相互粘连。质量以色泽黄白、透明、无酸味者为佳。

（4）甜叶菊糖和糖精

甜叶菊糖是由原产南美巴拉圭东北部的菊科草本植物甜叶菊的叶子中提取而得。糖精是人工合成的甜味剂。两者均属于食品添加剂，在烹调中极少使用。

2.3.3 酸味调味料

酸味是有机酸及其酸性盐特有的味。我们日常摄取的酸有醋酸、琥珀酸、酒石酸、柠檬酸等有机酸，在烹调中使用的酸味剂主要有食醋、番茄酱、柠檬汁。酸味不能独立成味，但酸味是构成多种复合味的基本味，具有去腥解腻、刺激食欲、增加风味、帮助消化、促进钙质分解等多种作用。

（1）食醋

食醋，古代称醯，是以谷、麦为主，谷糠、麦麸等原料为辅，经糖化、发酵、下盐、淋醋并添加香料、糖等工序制成的。其主要成分是醋酸，还含有挥发酸、氨基酸、糖等。食醋包括酿造醋和人工合成醋两大类。酿造醋有米醋、麸醋、酒醋等，以米醋质量最佳。著名的品种有山西老陈醋、镇江香醋、浙江玫瑰米醋、福建永春老醋、四川保宁醋等。人工合成醋为食用冰醋加水或食用色素配制而成,质量较差。

①山西老陈醋:以高粱为主料进行发酵。特点是色泽较深,汁液澄清,酸醇浓厚,绵软回甜,酸而不涩。

②镇江香醋:以大米为原料进行发酵。特点是色泽褐红浓重,汁液澄清,醇香回甜,清香淡雅。

③四川保宁麸醋:以小麦、大米及其麸皮为主要原料,进行发酵。用白豆蔻、母丁、砂仁等香料调理香味。特点是色泽黑褐,汁液澄清,酸味厚重芬香。

④浙江玫瑰米醋:以大米为主要原料,进行发酵。特点是色泽呈玫瑰红色,汁液澄清透明,香回甜,清香浓郁。

(2)番茄酱

番茄酱中的酸味物质主要有苹果酸等有机酸。产品色泽红润,酸而回甜,清香浓郁。番茄是从西餐烹调中引进而来的,现在广泛用于中餐烹调,主要用于酸甜味浓的复合味型的菜品中,以突出菜肴的色泽和风味。

(3)柠檬酸

柠檬酸为无色半透明结晶或白色颗粒,味极酸。在烹调中起保色、增香、添酸等作用。宜用水溶解后再进行调味,是食品工业制作饮料、果酱的重要原料,使用量通常为 0.1% ~1.0% 。

2.3.4　辣味调味料

辣味主要是由辣椒碱、椒脂碱、姜黄酮、姜辛素、二钾盐及蒜素等产生的。辣味在烹调中不能单独使用,需与其他调料配合使用。辣味在烹调中有增香、解腻、压异味的作用。同时它能增加淀粉酶的活性,能刺激食欲,帮助消化。辣味调料主要有干辣椒、辣椒粉、辣椒糊、胡椒、芥末等。

(1)辣椒制品

辣椒制品是指秦椒、海椒、朝天椒及羊角椒等品种的干制品以及其加工制品。其辣味的主要成分是辣椒素、二氢辣椒素,它能促进血

液循环,增加唾液分泌及淀粉酶的活性,具有促进食欲、去腥解腻的作用。主要产品有:

① 辣椒干。辣椒干是各种新鲜尖头辣椒的干制品,主要品种有各种朝天椒、秦椒、羊角椒等。以色泽紫红、油光晶莹、皮肉肥厚、身干籽少、辣中带香、无霉烂者为佳。

② 辣椒粉。辣椒粉又称辣椒面,是将干辣椒研磨成粉末状的调料。辣椒粉一般以色红、质细、籽少、香辣味浓的为好。辣椒粉是制作红油的主要原料,同时也是各种辣味小吃的调料之一。

③ 泡辣椒。泡辣椒又称泡海椒、鱼辣子、鱼辣椒、泡椒,是将新鲜的尖头红辣椒加盐、酒和调香料,经腌渍而成的一种辣味调味料。以色红亮、滋润柔软、肉厚籽少、味道鲜美、兼带香辣、无霉变者为佳。泡辣椒的主要产地在四川。泡辣椒是调制鱼香味型菜品不可缺少的调味料之一。

（2）胡椒

胡椒又称大川,为胡椒科植物胡椒的果实。主要成分为胡椒碱、胡椒脂碱、挥发油等。胡椒分为黑胡椒和白胡椒两类。黑胡椒是果实开始变红未成熟时采收晒干而成,未脱皮,果皮呈黑褐色;白胡椒是待果实全部变红成熟后采收的,经水浸去皮再晒干而成。胡椒作调味品通常是加工研磨成细粒或粉状后使用,在烹调中用胡椒调味具有提味、增鲜、和味、增香、去异味等作用。主要适用鲜咸肉类菜肴及汤羹、面点、小吃及调馅。

（3）芥末

芥末是十字花科植物芥菜的种子干燥后研磨成的一种粉状调味料。芥末含有芥子甙、芥子碱等,经酶解后得到芥子油,具有强烈的刺鼻辛辣味,在烹调中主要起提味、刺激食欲的作用。芥末是烹饪中制作芥末味型菜品的重要调味料,多用于凉菜的制作,如芥末三丝、芥末鸭掌等,以及面点、小吃的制作。芥末以油性大、辣味足、有香气、无异味、无霉变者为佳。

（4）咖喱粉

咖喱粉是一种由20多种香辛调味料调制而成的一种辛辣微甜、

呈深黄色或黄褐色的粉状复合调味料。主要配料有胡椒、辣椒、生姜、肉桂、肉豆蔻、茴香、芫荽于、甘草、橘皮、黄姜等,将各种香辛料干燥粉碎后混合焙炒而成,以色深黄、粉细腻、无杂质、无异味者为佳。咖喱粉在烹调时多用于烧制的咖喱味的菜品,如咖喱鸡块、咖喱牛肉等。具有提辣增香,去腥和味,增进食欲的作用。现常用咖喱粉调成糊加姜、植物油及香辛料炒制成咖喱油,可直接入锅煸炒或拌制菜肴。

2.3.5　鲜味调味料

鲜味调味料又称风味增强剂,呈味成分主要有核苷酸、氨基酸、酰胺、肽、有机酸等物质。鲜味在烹调中不能独立成味,必须在咸味的基础上才能发挥作用。在使用时应以不压制菜品的本味为宜。其调味品主要有味精、鸡粉(精)。此外,还有加工成复合味型的提鲜调味品,如蚝油、鱼露、虾油等。

(1)味精

味精又称味素、味粉,主要成分为谷氨酸的钠盐,是用小麦的面筋或淀粉,经过水解法或发酵法制成的一种粉状或结晶状的调味品。无臭,有特有的鲜味,易溶于水。味精的主要成分除谷氨酸一钠外,还含有食盐和矿物质。现我国市场上出售的味精有 99%、98%、95%、90%、80% 五种,其中以 99% 的颗粒味精和 80% 的粉末状味精为主要产品。味精具有强烈的鲜味,特别是在微酸的水溶液中更能突出其鲜味。使用浓度为 0.2% ~ 0.5%,最适宜的溶解温度为 70 ~ 90℃。若在高温下长时间加热,味精会部分失水生成焦谷氨酸钠而失去鲜味,并有轻微毒素产生,故一般提倡在菜肴成熟时或出锅前加入,以便突出鲜味。另外,在制作酸性或碱性偏大的菜品时不宜使用味精,因为味精在酸性条件下易生成谷氨酸盐,影响风味的形成,而在碱性条件下则会生成谷氨酸二钠盐,失去鲜味。

(2)5′ - 肌苷酸钠

别名肌苷酸二钠,为白色结晶颗粒或粉末,无臭,有极强烈的鲜味,易溶于水。5′ - 肌苷酸钠单独使用较少,多与谷氨酸混合使用,产生协同作用。如强力味精,就是将谷氨酸钠与 5′ - 肌苷酸钠以 5 : 1

至 20∶1 的比例混合,谷氨酸钠的鲜味就能大幅提高。又如鲜味鸡粉,是以 5′－肌苷酸钠、5′－鸟苷酸二钠、谷氨酸钠、脱水鸡肉配以酵母提取液及香辛料等配料加工制成的,其鲜味不仅大增,而且有鲜鸡汤的味道,是制作菜肴及汤羹的上等调味料。

(3)蚝油

蚝油是利用鲜牡蛎加工干制时的煮汁经浓缩而制成的一种浓稠状的液体鲜味调味品。近年来多以鲜牡蛎肉用酶水解后,加入鲜味剂及各种添加剂制成。蚝油是广东、福建沿海一带的特产调味品,含有鲜牡蛎浸出物中的各种呈味物质,具有浓郁的鲜味。以色泽棕黑、汁稠滋润、鲜香浓郁、无杂质、无异味、微带咸味最佳。蚝油在粤菜中应用比较广泛,在烹调中可作为鲜味调味料和调色料使用,具有提鲜、赋咸、增香、补色的作用。

(4)鱼露

鱼露又称鱼酱油、水产酱油、白酱油,为酱油类的调味品,但习惯将其作为提鲜调味料使用。

鱼露是利用各种小杂鱼、虾、贝及鱼加工品的废料经粉碎、腌渍、发酵、滤出的一种液体清汁。含有多种呈鲜味的氨基酸成分,味极鲜美,营养价值较高,为某些高级菜肴的名贵调味品。鱼露的应用多与酱油相同,主要用于菜肴的鲜味调料,尤其是制作海鲜类的菜肴,用其腌制各种肉类制品,别有风味特色。

(5)虾油

虾油又称海虾油,是一种特殊的鲜味调味料,一般采用小型的海虾、河虾及加工虾类时的副产品,经过腌制、发酵、熬炼、澄清等工艺加工制成。虾油含有虾浸出物中的各种呈味成分。成品颜色淡黄,澄清透明,有浓重的腥鲜气味,口味鲜咸,清香淡雅。在烹调中多作汤菜或炒、爆菜的鲜味调料,起提鲜和味、增香压异味的作用。

2.3.6　麻味调味料

麻味是指刺激味觉神经有麻木感的一种特殊味道。麻味在烹饪中不能单独使用,需在咸味的基础上表现,并常与辣味合用,为烹饪上一种异常突出的味道。麻味调味料较少,主要的调味品就是花椒。

花椒又称大椒、蜀椒、巴椒、川椒、秦椒,为芸香科植物花椒果皮或果实的干制品。我国的大部分地区均产,主要产于四川、陕西、甘肃、河南、河北等地。著名的品种有四川的茂纹花椒、陕西韩城大红袍花椒、河北涉县花椒。花椒有着浓郁持久的香麻气味,其香气主要来自内含的花椒油香烃、水芹香烃、香叶醇等挥发油及花椒素、不饱和有机酸甾醇等。烹调中有除异味、去腥去腻、增香提鲜的作用。可用于各种原料的腌制,可在炒、烧、炝、烩、卤等烹调方法中使用,常与其他调料配合使用制成椒盐、椒麻、怪味等不同味型。以粒大均匀、果实干燥、外皮色红、果肉不含籽粒、香味浓、麻味足者为佳。

2.4 早餐食品添加剂

调味料常用的食品添加剂有着色剂、发色剂、膨松剂、凝固剂、增稠剂和嫩肉剂。

2.4.1 着色剂

着色剂是一类在食品加工过程中能够通过着色,改变食品原有的颜色,使之有鲜艳颜色的染色物质。根据其来源可分为食用天然色素和食用合成色素。食品添加剂应尽可能地不用或少用。

(1)食用天然色素

食用天然色素主要是指由动、植物组织中提取的色素,包括微生物色素。常用的天然色素有以下几种。

① 红曲米。红曲米即红曲,古称丹曲,是由红曲霉属中的诸种红曲霉菌种,接种于蒸熟的大米,经培育而成。耐高温,耐光热,对蛋白质染色性好且安全无害。在烹调中多用于肉类菜品及肉类加工制品的着色,如“叉烧肉”“火腿粉蒸肉”等。在食品工业可用于果酱、饮料、牛乳等食品的着色。

② 紫胶色素。紫胶色素又称紫胶虫色素,是蚧壳虫-紫胶虫所分泌的紫胶原胶中的色素。主要产于我国四川、云南、台湾等地。在

pH 值小于 4.5 时为橙黄色,在 4.5～5.5 时为橙红色,pH 值大于 5.5 时为紫红色。紫胶色素多用于果子露、糖果、红绿丝、罐头等食品的着色。

③姜黄素。姜黄素是由姜科草本植物姜黄的根茎中提取的黄色色素。姜黄的根状茎磨成粉末状,即姜黄粉。具有辛辣气味,呈黄色,是配制咖喱粉的主要原料之一,也可作为黄色食品的增香和着色用。常用于饮料、糖果、糕点等食品着色。姜黄应置于遮光的非铁容器中密封贮存。

④胡萝卜素。胡萝卜素过去多由植物中提取,现在多采用合成法制取。为脂溶性色素,用于人造奶油、奶油、干酪等油脂性食品的着色,最大使用剂量为 0.2 g/kg。

⑤焦糖色素。焦糖色素又称糖色、酱色,是以糖类物质如蔗糖、麦芽糖、葡萄糖在 160～180℃ 的高温下加热,焦化后加碱中和制成的红褐色或黑褐色的胶状物。在烹调中广泛使用于较长时间烹调加工的菜点中,如红烧、红扒等技法的菜肴,使成品色泽红润光亮。加铵盐生产的焦糖会产生一种强烈惊厥作用的 4 - 甲基咪唑,若含量较高则对人体有害。

天然的色素还有叶绿素铜钠盐、辣椒红、玫瑰茄色素、甜菜红等。

(2)人工合成色素

人工合成色素成本较低,但有一定的毒素,应严格控制使用剂量。我国允许使用的合成色素有苋菜红、胭脂红、柠檬黄、日落黄、靛蓝五种。在烹饪中用于面点制作,食品工业中多用于糖果、饮料、罐头等的着色。最大的使用剂量为 0.05～0.1 g/kg。

2.4.2 发色剂

发色剂通常是指在制作肉制品及肉类菜肴时为了使肉色呈鲜艳的红色而加入的添加剂。主要有硝酸钠、硝酸钾和亚硝酸钠等。系危险品,与有机酸等接触后即可火燃或爆炸,贮存时应注意防火和密封。

①硝酸钠。为白色结晶或浅黄色粉末,溶于水。在烹调中主要

用于肉类的腌制及肉类制品的加工,使肉制品呈现鲜红的颜色。最大使用剂量为 0.5 g/kg。

②硝酸钾。为无色透明结晶或白色结晶性粉末,易溶于水。在烹调中作用与硝酸钠相似。最大使用剂量为 1.0 g/kg。

③亚硝酸钠。为无色或略带黄色的结晶,外观、口味与食盐相似,易溶于水。在烹调中用于肉类的腌制,最大使用剂量为 0.15 g/kg,残留量不得超过 0.03 g/kg。

2.4.3 膨松剂

膨松剂又称膨胀剂、疏松剂,是促使菜肴、面点膨胀、疏松或柔软、酥脆适口的一种添加剂。膨松剂在加热前掺入原料中,经加热后受热分解,产生气体,使原料或面坯起发,在内部形成均匀致密的多孔性组织,从而使成品具有酥脆或膨松的特点。膨松剂可分为碱性膨松剂、复合膨松剂和生物性膨松剂。

(1)碱性膨松剂

碱性膨松剂又称化学膨松剂,是化学性质呈碱性的一类膨松剂,主要包括碳酸氢钠、碳酸氢铵、碳酸钠等。

① 碳酸氢钠。碳酸氢钠又称小苏打、重碱、重碱酸钠、酸式碳酸钠等。加热到 30~150℃即分解产生二氧化碳,从而使制品疏松。对蛋白质有一定腐蚀作用,使粗老的肉质纤维吸水膨胀提高含水量而形成质嫩的口感,所以适宜腌制较老的肉类原料,如腌制牛肉。但它能破坏原料中的营养物质,一般腌肉用量为 10~15 g/kg。

② 碳酸氢铵。碳酸氢铵又称碳铵、重碳酸铵,俗称臭粉,有氨臭味,其水溶液在 70℃分解出氨和二氧化碳,起促进原料膨松柔嫩的作用。在烹调中主要用于面点的制作,也可用于菜肴。但使糕点表面出现气孔,光泽性差,同时氨有少量残余,影响成品的风味,所以常和碳酸氢钠混合使用。

③ 碳酸钠。碳酸钠又称纯碱、苏打、食用碱面,为白色粉末或细粒。在烹调中广泛用于面团的发酵,起酸碱中和作用,可使面团增加弹性和延伸性。还用于鱿鱼、墨鱼等干料的胀发,促进干料最大限度

地吸收水分。在使用时一般为 0.5% ~ 1.0% ,避免造成菜品的不良口味。

（2）复合膨松剂

复合膨松剂是含有两种或两种以上起膨松作用的化学成分的膨松剂,常用的有发酵粉和明矾。

①发酵粉。发酵粉又称焙粉,是由碱性剂、酸性剂和填充剂配制而成的一种复合化学膨松剂。其中碱性剂主要是碳酸氢钠,含量占 20% ~ 40% ;酸性剂主要有柠檬酸、明矾、酒石酸氨钾、磷酸二氢钙等,含量为 35% ~ 50% ;填充剂主要为淀粉,含量占 10% ~ 40% 。发酵粉为白色粉末,遇水混合加热则产生二氧化碳。当酸性物质与碳酸钠反应产生气体起膨松作用,且不残留碱性物质,而填充剂则起防止膨松剂吸湿结块,并在产生气体时起调节产气速度的作用。发酵粉在烹调中主要用于面点制作,起膨松发酵的作用,如制作馒头、包子及部分糕点。

②明矾。明矾多与碳酸氢钠配合使用,作为"油条"等油炸食品的膨松剂,使成品具有膨松酥脆的特点。但明矾用量过多会带来苦涩味。

（3）生物膨松剂

生物膨松剂是指含有酵母菌等发酵微生物的膨松剂。它能促使面团内的葡萄糖分解成酒精和二氧化碳气体,从而达到膨松的目的。

①压榨酵母。压榨酵母又称面包酵母、新鲜酵母。先将纯酵母菌培养,然后离心,最后压榨成块状即得成品。按含水量分为鲜、干两种。压榨酵母不易使面团产生酸味。多用于面点等发酵制品,用量为面粉的 0.5% ~ 1.0% 。使用时先用 30℃ 的温水将酵母化开成酵母液,然后和入面团。

②老酵母。老酵母又称老面、发面、老肥,相对于嫩酵母而言,老酵母指出芽率低,对外界适应能力差,发酵前期缓迟,后期容易衰老,容易沉淀的酵母。将含酵母菌的面团发展成为一种带有酸性、含乙酸和二氧化碳的酵母面团。老酵母多用于民间家庭,多用于各类发酵面点的制作,但由于含有大量的杂菌,在生醇的同时有生酸的过

程,所以需加入少量食碱中和酸味。

2.4.4　凝固剂

凝固剂是指能促进食物中蛋白质凝固的添加剂。一般多用于豆制品的加工。

（1）硫酸钙

硫酸钙俗名石膏,作为豆制品的凝固剂广泛使用,一般适用于制作豆腐、豆花和百叶等。

（2）氯化钙

氯化钙多用于保持果蔬的脆性,还可用于豆制品的凝固。

（3）葡萄糖酸 – 8 – 内酯

葡萄糖酸 – 8 – 内酯是制作豆腐的一种新的凝固剂,能溶解在豆浆中,逐渐转变为葡萄糖,使豆浆中的蛋白质发生凝固。制作的豆腐称为内酯豆腐,具有细腻、有弹性、口感好的特点。

（4）盐卤

盐卤又称卤水、苦卤,为海水制盐后的下脚料,有毒。主要成分为氯化镁、氯化钾、硫酸镁、溴化镁等物质。

2.4.5　增稠剂

增稠剂是一种改善菜点物理性质,增加汤汁黏稠度,丰富食物触感和味感的添加剂。按其来源可分为两类:一类是从含有多糖类的植物原料中制取的,如琼脂、果胶、淀粉等。另一类则是从富含蛋白质的动物原料中制取的,如明胶、皮冻等。

（1）琼脂

琼脂又称洋粉、冻粉,是由红藻中的石花菜等藻类提取出的胶质凝结干燥而成的,呈白色或淡黄色,加热煮沸分散为溶胶,冷却45℃以下即变为凝胶。多用于制作甜点、冷饮,也常用于胶冻类菜肴及花式工艺菜肴的制作。

（2）明胶

明胶是从动物的皮、骨、韧带、肌腱中提取的高分子多肽。为白色或淡黄色半透明的薄片或粉末,在热水中溶解成溶胶,冷却后成凝胶。在烹调中用于冷菜和一些工艺菜品的制作,也可用于糕点的制作。

其他的增稠剂还有果胶、黄原胶、羧甲基纤维素钠、藻酸丙二酯等,这些添加剂除了有乳化增稠的作用外,还具有稳定、增黏、防止淀粉老化的作用。

2.4.6　嫩肉剂

(1)木瓜蛋白酶

木瓜蛋白酶是从未成熟的木瓜果实的胶汁中提取的一种蛋白质水解酶。为白色至浅黄褐色粉末,溶于水。能将蛋白质进行水解,从而提高肉的嫩度。在烹饪中主要用于肉制品成熟前的腌制,使菜肴具有软嫩滑爽的口味特点。

(2)菠萝蛋白酶

菠萝蛋白酶是从菠萝的根、茎或果实的压榨汁中提取的一种蛋白质水解酶。黄色粉末,在烹调中主要用于肉类的嫩化处理。

参考文献

[1]冯胜文. 烹饪原料学[M]. 上海:复旦大学出版社,2011.

[2]贾洪锋,苏扬,周凌洁. 我国复合调味料的研究进展[J]. 中国调味品,2014(5):129-133.

[3]蒋爱民,赵丽芹,李志成,等. 食品原料学[M]. 南京:东南大学出版社,2007.

[4]李里特. 食品原料学[M]. 北京:中国农业出版社,2001.

第3章 西式早餐食品加工生产工艺与配方

西式早餐品种丰富,包括各种蛋类,肉类,奶类等畜禽产品;各种谷类食品,如面包,麦片,玉米片等;饮料,如果汁,咖啡,红茶,牛奶等,当然还会有果蔬汁,蔬菜汤等。

3.1 西式早餐面制品

3.1.1 面包

面包是以小麦面粉为主要原料,与酵母和其他辅料一起加水调制成面团,再经发酵、整形、成型、饧发、烘烤等工序加工制成的组织松软的方便食品。面包以其营养丰富,组织蓬松、易于消化、食用方便等特点成为最大众化的酵母发酵食品,它在全世界的消费量占绝对优势,也是早餐食品中的常客。

(1)配方

面包最主要的配方是面粉、酵母、盐和水,常见的其他配料是脂肪、糖、牛奶或奶粉、氧化剂和各种酶制剂(包括发芽谷物粉)、表面活性剂和预防霉菌的添加剂等。面包酵母有两个品种:一为低糖品种,适用于糖与面粉比例为8%以下的面食发酵;二为高糖品种,适用于糖与面粉比例为8%以上。盐一般用量为面粉重的1%~2%;糖含量不宜过多,即使是甜面包,糖含量也不宜超过20%;油脂含量为3%~10%。

(2)工艺流程

面包生产的方法有一次发酵法、二次发酵法、快速发酵法和冷冻面团法,具体的工艺流程如下:

① 一次发酵法。原辅料→预处理→面团调制→面团发酵→分

块→搓圆→装盘→成型→烘烤→冷却→包装→成品。

② 二次发酵法。部分面粉、全部酵母→第一次和面→发酵 3 ~ 5 h→加辅料、第二次调粉→第二次发酵→分块→搓圆→整形→装盘→饧发→烘烤→冷却→包装→成品。

③ 快速发酵法。原料→预处理→调粉→高速搅拌→静置→分割→中间饧发→搓圆→整形→装盘→最终饧发→烘烤→冷却→包装→成品。

④ 冷冻面团的生产。原料→预处理→调粉→发酵→分割→整形→冷冻→解冻→最终饧发→烘烤→冷却→包装。

(3)操作要点

① 原辅料预处理。小麦粉作为面包加工的基础原料,应根据季节不同适当调整其温度,夏季贮存于干燥、低温和通风的地方,以降低其温度;冬季应存放在温度较高的地方,以提高粉温。投料前应过筛,除去杂质,使其形成松散而细小的颗粒,还能混入一定量的空气,有利于面团的形成及酵母的生长繁殖,促进面团发酵成熟。

酵母在使用前要检验是否符合质量标准。无论是鲜酵母,还是普通干酵母,在搅拌前一般应进行活化。对于鲜酵母,应加入酵母重量 5 倍、30℃左右的水;对于干酵母,应加入酵母重量约 10 倍的水,水温 40 ~ 44℃。活化时间为 10 ~ 20 min,期间不断搅拌,使之形成均匀的分散溶液。为了增强发酵力,可以在酵母分散液中添加 5%的砂糖,以加快酵母的活化速度。即发活性干酵母不需要进行活化,可直接使用。

硬度过大或极软的水都不适宜面包加工。硬度过大的水会增加面筋的韧性,延长发酵时间,使面包口感粗糙。极软的水会使面团过于柔软发黏,使面包塌陷发不起。硬度过大的水可以加入碳酸钠,经沉淀后使用。极软的水可添加微量磷酸钙或硫酸钙。

② 面团搅拌。面团的搅拌,就是将处理过的原辅材料按照配方的用量,根据一定的投料顺序,调制成适合加工的面团。面团搅拌方法如下:

a. 一次发酵法:一次发酵法是将全部的原辅材料按一定的投料顺

序分别投入调粉机内,顺序是将全部的面粉和水投入调粉机内,再将砂糖、食盐及其他辅助材料一同加入调粉机内,开始搅拌后加入已准备好的酵母溶液,待混合片刻后加入油脂,继续搅拌至面团成熟。

b. 二次发酵法:二次发酵法是分两次进行的,第一次是将全部面粉的 30% ~70%(通常 50%)及全部酵母溶液和适量的水调制成面团,待其发酵成熟后,再进行第二次调制面团。第二次调制是将第一次发酵成熟的面团放到调粉机中,加入剩余的原辅材料和适量的水搅拌至成熟,再进行第二次发酵。

c. 快速法:快速法是将面粉、酵母和改良剂这 3 种原料先放进搅拌缸内,启动开关慢速搅拌 2 min,使 3 种原料混合均匀。然后把配方中适温的水倒入,糖和盐最好预先溶在水里,中速搅拌成团。这时再将油加入,用高速搅拌至面筋完全扩展。如果是只有一个转速的卧式搅拌机,仍可按照该投料顺序,搅拌 20 ~ 30 min,待面团表面光滑,不粘手时即可停机。搅拌中延迟油的加入,是为了防止油在水与面粉未充分均匀的情况下首先包住面粉,造成部分面粉的水化欠佳、影响面筋质量,搅拌好的面团温度应为 23℃,天冷可稍高 1 ~2℃。

③ 面团发酵。面团发酵是一个十分复杂的微生物学和生物化学变化过程。面团发酵过程中,酵母大量繁殖,产生二氧化碳气体,促进面团体积膨胀;改善面团的加工性能,使之具有良好的延伸性,降低弹性,为面包的最后饧发和烘焙时获得最大体积奠定基础;使面团和面包得到疏松多孔、柔软似海绵的组织和结构;使面包具有诱人的芳香风味。

不同的发酵方法,发酵工艺条件是不同的。对两次发酵法来说,第一次调粉后,一般只需要在 27 ~29℃下发酵 4 h,第二次调粉后,在 28 ~32℃下发酵 1 h 左右。发酵适度的面团称为成熟面团。未成熟的称为嫩面团,发酵过度的称为老面团。用成熟面团制得的面包,皮薄,有光泽,瓤内的蜂窝壁薄、半透明,有酒香和酯香味。用成熟度不足的嫩面团烘烤出来的面包,皮色淡,有皱纹,灰白色,无光泽,蜂窝壁薄有大气泡,有酸味和不正常的气味。

辨别面团成熟度的一种方法是:用手指轻轻插入面团内部,抽出手指后,四周面团不再向凹处塌陷,被压凹的面团也不立即恢复原状,仅在凹处周围,略有下落,这是适度成熟的面团;如果被手指压下的面团,很快恢复原状,这种面团还嫩;如果凹处面团随手指离开而很快塌陷,这是成熟过度的面团。另一种辨别方法是用手将面团撕开,如内部呈丝瓜瓢子状,说明面团已经成熟。如果用手握面团,手感发硬或粘手,说明面团还嫩;手感柔软且不粘手就是成熟适度;如果面团表面有裂纹或有很多气孔,说明面团成熟过度。

④ 面团整形。将发酵好的面团做成一定形状的面包胚称为整形。面团整形包括分块、称量、滚圆、中间饧发、成型、装盘(装模)等工序。

面团的切块和称量是按照成品的重量要求,把发酵好的大块面团切割成小块面团,并进行称量。由于面团仍在发酵过程中,所以切块和称量必须在限定时间内完成。确定面包胚重量时要考虑烘焙中将损失 10% ~20% 的重量。小厂用手工切块,大厂用切块机切块。

滚圆,把分割得到的一定质量的面团,通过手工或特殊的机器——滚圆机,搓成圆形。分块后的面团不能立即进行整形,而要进行滚圆,使面团外表有一层薄的表皮,以保留所产生的气体,使面团膨胀,同时,光滑的表皮有利于以后工序机器操作中不会被黏附,烘出的面包表皮也光滑好看,内部组织颗粒均匀。在滚圆操作中,要注意的是撒粉不要太多防止面团分离。用机器操作时,除了撒粉不要太多外,还要尽量均匀,以免面包内部有大的孔洞或出现条状硬纹。

中间饧发也称静置。小块面团搓圆后,排除了一部分气体,内部处于紧张状态,面团缺乏柔软性,如果立即成型,面团表面易破裂,内部将裸露出来,不利于保持气体。静置一会儿,使面团得到松弛缓和,有利于后面的压片;通过酵母产气,调整面筋的延伸方向,压片时不易破坏面团的组织状态,又可增强持气性;使面团表面光滑,易于成型操作。中间饧发 12 ~18 min,温度 27 ~29℃,相对湿度 70% ~75%。

成型分为手工成型和机械成型。各式花色面包多用手工成型。产量大的主食面包的生产采用机械成型。机械成型的操作一般分为三个步骤:先将圆面团滚压成椭圆形薄片,厚度一般为 6mm 左右,再卷成圆柱形,最后圆柱体面团经过压板,较松的面团被压紧,同时面团的接缝也被黏合好。

装盘(装模)就是将成型后的面团装入烤盘(烤模)内,然后送去饧发室饧发。

⑤ 面团饧发。饧发的目的是使面团重新产气、膨松,以得到制成品所需的体积,并使面包成品有较高的食用品质。饧发室温度一般控制在 35~39℃,含油比较多的品种控制在 23~32℃,相对湿度在 80%~90%,以 85% 为宜。饧发时间为 55~65 min,它与酵母用量、饧发温度、面团成熟度、成型时的排气程度等有关。

饧发程度的判断,一是观察体积。面包胚入炉后,体积还将增长 20% 左右,所以饧发时膨胀到 80% 即可。二是观察面包坯的膨胀倍数。一般以饧发到面包胚原来体积的 2~3 倍时为宜。三是观察面包坯的柔软度和透明度。在饧发前,面包胚不透明,触感硬。饧发适度,则面团表面呈半透明薄膜状。如果饧发过度,用手一触面团即破裂,跑气塌陷。

⑥ 烘烤。饧发好的面包胚送入烤炉,在热的作用下,制成结构疏松、易于消化、具有特殊香气的面包。期间发生一系列的变化。

面包胚入炉后,面团饧发时积累的二氧化碳和入炉后酵母最后发酵生产的二氧化碳及水蒸气、酒精等受热膨胀,产生蒸汽压,使面包体积迅速增大。随着温度的不断提高,体积的增长速度减慢,最后停止增加。面包体积这种变化,是物理、微生物学、生物化学和胶化学性质变化的结果。

面包的烘焙分为三个阶段。初期阶段,面包胚初入炉,炉内温度较低,相对温度较高(60%~70%)。上火 120℃,下火 250~260℃,有利于面包体积增长,时间 2~3 min。第二阶段,面包瓤温度达到 50~60℃,上下火同时提高温度,最高温度可达 230~240℃,面包开始定形。第三阶段,面包皮着色和增加香气,上火温度高于下火温度。上火 210~220℃,下火 140~160℃。炉温过高会把面包烤焦。

面包烘焙的时间相差很大。面包的重量越大,烘焙温度越低,烘焙时间越长。装模的面包比不装模的面包烘焙时间长。一般小圆面包只需 8 ~ 12 min,大面包需要 1 h 左右。适当延长烘焙时间有利于提高面包质量。因为水解酶的作用时间长,面包中的糊精、还原糖和水溶物增加能提高面包的消化率,同时还有利于面包色、香、味的形成。

"三分做,七分烤"。烤炉的性能至关重要。一般应选择能控制上、下火温度并有加湿装置的烤炉。产量很大时,应选择隧道式电烤炉。产量不大时,可选用电烤箱。

⑦ 面包的冷却与包装。新出炉的面包温度高,皮脆瓤软,没有弹性。如果立即包装或切片,受到挤压或碰撞,必然造成断裂、破碎或变形。另外,由于温度高,易在包装物内结成水滴,使皮和瓤吸水变软,同时也给霉菌繁殖创造条件。大面包会产生表皮皱纹现象。对于需要切片的面包,瓤内水分高,柔软而黏度大,不宜切片。因此,面包出炉后必须经过冷却。

有些面包生产厂商为了缩短生产时间,往往采用电扇直接吹在面包上冷却,这种方法不宜采用。因为用电扇吹,虽然面包外表已冷却,但内部却没有完全冷却,将导致表皮收缩现象,因此,应该采取自然冷却法。

面包冷却后要及时包装,一是可以保证食品卫生,避免在运输、贮存、销售过程中受到污染。二是可以避免面包的水分继续蒸发,延长面包的保鲜期。三是外包装可以增加产品的美观性。

(4)质量要求

① 色泽:表面金黄色至棕黄色,色泽均匀一致,有光泽,无烤焦、发白现象存在。

② 形状:圆形面包必须是凸圆的,截面大小应相同,其他的花样面包都应整齐端正,所有的面包表面均向外鼓凸。

③ 组织结构:切面上观察到气孔均匀细密,无大孔洞,内质洁白而富有弹性,果料散布均匀,组织蓬松似海绵状,无生心。

④ 气味和滋味:食之暄软,不粘牙,有该品种特有的风味,而且有酵母发酵后的清香味道。

3.1.2 杂粮面包

（1）原料配方

高筋面粉 400 g、全麦粉 100 g、水 435 g、干酵母 1 g、亚麻籽 50 g、燕麦片 50 g、葵花籽 50 g、盐 11 g。

（2）操作要点

①辅料准备：将葵花籽用烤箱 200℃烤 8 min 左右，闻到香气即可，将水和谷物都混合均匀，放冰箱冷藏浸泡一晚。

②调粉：将混合面粉、浸泡的五谷（连同水）和剩下的水，放入盆中，揉成面团，盖保鲜膜静置 30 min。加入干酵母揉匀，然后加入盐继续揉匀，至面团表面光滑能拉开薄膜即可。

③预发酵：将揉好的面团在 27℃左右下发酵 30 min 后，对面团进行第一次折叠；放回容器继续发酵 30 min，再次折叠；放回容器继续发酵 30 min，进行第三次折叠；放回容器继续发酵 30 min，盖上保鲜膜冷藏 24 h，取出面团。

④饧发：按压面团略微排气，后静置 1 h 回温，然后盖上保鲜膜在 36～38℃下发酵 1 h。发酵 1 h 后，用手指按压面团，面团会缓慢弹回一部分，说明发酵完成。

⑤分割成型：根据制作面包所需的面团分量，将面团均匀地分成若干小面团，然后将面团的外边向内折，收口朝下放置，用手掌覆盖整个面团，把面团揉圆，这样可以将气体保留在面团内。

⑥割包：将成型好的面团倒在烘焙纸上，用刀子在面团上划几刀。因为发酵过程中酵母会分解面粉中的大分子产生二氧化碳，割包就是为了给这些气体引流。

⑦烘烤：将烤箱预热 1 h 后连同烘焙纸、面团一起送入烤箱，烤箱调制 230℃烘烤 25 min。然后把烘焙纸和烤盘取出，再烤 15 min 左右，至表皮金黄。

3.1.3 华夫饼

华夫饼起源于比利时中世纪。面饼由烤盘底部成凸凹格子状的专门电饼铛烤制,从而形成辨识度极高的格子图案。比利时华夫饼分为布鲁塞尔华夫饼和列日华夫饼,前者用软面团制作,酥脆轻薄,略带咸味,呈长方形,其最佳拍档是鲜奶油、冰激凌与巧克力酱,因为配料的甜味能中和饼之微咸;后者以硬面团制作,面饼密度更大,甜度更高,多为不规则井字形,再淋上鲜奶油、冰激凌、草莓或樱桃酱汁,口感酸甜适中,美味无穷。

华夫饼属于点心类,主要原料是鸡蛋和牛奶,含有丰富的蛋白质、脂肪、维生素和铁、钙、钾等人体所需要的矿物质。

(1)原料

松饼粉、水、鸡蛋、炼奶、花生酱、牛油、牛奶(松饼粉 1 kg,加水或牛奶 500 g,鸡蛋 500 g)。

(2)制作步骤

① 用少许的冷开水将松饼粉放入搅拌机打匀,也可以手工放入食品盆里用筷子打匀,然后倒入牛奶 、鸡蛋继续打匀。

② 松饼机预热 2 min,刷适量牛油,再取半杯浆料倒入预热好的松饼机铁盘上,铺满整个松饼机。

③ 盖上机器烤 2 min,至没有蒸汽冒出即可起锅。

④ 将松饼机打开把已做好的松饼摆放于盘中,抹上花生酱和炼奶即可(花生酱和炼奶可加可不加,可根据自己的口味加入其他果酱)。

(3)小贴士

① 华夫饼一定要保持中小火。

② 每次倒面糊时,都要刷一次油。

③ 为了华夫饼上色均匀,请移动模具,使其受热均匀。

④ 模具预热好的状态为滴一滴水会迅速消失。

华夫饼为即食早餐在制作过程中没有添加防腐剂,其主要营养成分为蛋白质、碳水化合物、维生素等。华夫饼属于西方老少皆宜的早餐,但因其含大量的糖分,故糖尿病患者不宜多吃。且大量食用华夫饼会导致上火,在食用时可搭配水果,更加健康。

3.1.4　千层面

（1）原料配方

用料：面粉 100 g、鸡蛋 1 个、水适量、橄榄油 1 勺、猪肉 100 g、番茄酱 2 大勺、洋葱半个、胡萝卜适量。

辅料：盐 2 勺、黑胡椒粉 1 勺、黄油 20 g、蒜 1 瓣、高汤 100 g、淡奶油 30 g、牛奶 20 g、红酒 2 勺、马苏里拉奶酪适量。

（2）操作要点

① 制作千层面皮：面粉加入鸡蛋和 1 勺水、橄榄油。拌匀成团后，静置饧面片刻。千层面皮有两种方法，一种是炒面糊，铺在肉酱中间再烤，成品比较稀软。另一种是和面擀成面片，汆水后再铺叠，成品脱模后可以切块，比较方便分食。

② 制作白酱和番茄肉酱：淡奶油加面粉和牛奶拌匀，用中火边加热边搅拌 5 min，直到稍浓稠后离火，加入盐和黑胡椒粉调匀备用。猪肉洗净，切大块，放入破壁机或料理机中。搅拌 15 s 左右，停止程序，取出猪肉蓉。

③ 翻炒蒸煮：小火将黄油融化，爆香蒜末、洋葱丁、胡萝卜丁。放入猪肉蓉、盐和黑胡椒粉翻炒。加红酒、番茄酱、高汤拌匀并煮沸后，盖上锅盖用小火煮 15 min，煮至黏稠，盛出备用。

④ 擀面：将面团擀成薄片，切成焗盘大小，放入沸水中煮 1 min 左右，取出厨房用纸吸净水分。

⑤ 搭面皮：在烤盘底部刷一层白酱，盖一片千层面皮，再刷白酱，铺番茄肉酱。重复千层面皮、白酱和番茄肉酱的动作 3～5 次（根据烤盘深度而定），直到填满烤盘。最后一层是白酱，在表面撒奶酪碎。

⑥ 烘烤：表面用锡纸包好，放入预热好的烤箱中层，上下火 180℃，烤 30 min 左右。因为用的是自制的千层面皮，比市售机器压制的稍厚，所以用锡纸包住烤，能使面皮熟透，又不会因烘烤时间延长而失水变硬。打开锡纸，放到烤箱上层，再烤 5～10 min，表面上色即可。

取出晾凉，用勺子直接在焗盘里挖着吃，或者倒扣在盘里，切块食用皆可。

3.1.5　法式橄榄面包

（1）原料配方

富强粉 250 g、食盐 2 g、砂糖 3 g、干酵母 2 g、热水（约 30℃）130 g、黑橄榄（去核）75 g、手粉（富强粉）适量。

（2）操作要点

① 前期准备：将黑橄榄切成 5 mm，放在纸巾上吸收液汁。将保鲜膜剪成长约 30 cm，在表面上撒上少许手粉后均匀铺开至同盆大小（第一次发酵时使用）。

② 混合材料：将富强粉倒入盆中，加入食盐和砂糖混合均匀，加入干酵母后继续混合，最后加入热水。将材料与水混合在一起之后，将面团与四周面粉混合，用手继续按压 1～2 min。

③ 揉和：将面团从盆中取出放置工作台上，使用单手将面团向前推，再折回，重复上述动作 30 s。将面团拉伸至 30 cm 长放入黑橄榄，然后揉和，使黑橄榄均匀分布在面团中，揉圆面团。

④ 第一次发酵：将面团放入盆中，把撒好手粉的保鲜膜盖在盆上，30℃发酵 1.5 h 左右，当面团膨胀为原来的两倍大小时即第一次发酵成功。

⑤ 排气、揉和、分割：轻轻拍打发酵好的面团，排出多余气体，再简单进行揉搓，揉好面团后将面团均匀分割，分好的面团室温下放置 15 min。

⑥ 造型：每次取出一个面团，用手轻轻地按压平整，将面团进行两次左右对折，将手放在面团中心部分，前后滚动，直到面团长度达到 24 cm，用手轻轻按压面团两端大致 2 cm 左右的位置，前后滚动，将其滚细。

⑦ 第二次发酵：将面团与烤盘一起用塑料袋套好，30℃进行 50 min 的第二次发酵，面团膨胀到两倍大小，第二次发酵完成。

⑧ 烘焙：将发酵好的面团撒上手粉，用刀在其表面上刻画痕迹，放入电烤箱中 200℃烘烤 18 min 即可，中间可将烤盘取出前后颠倒一下。

3.1.6　蔓越莓奶酪餐包

（1）原料配方

① 面团：高筋粉 88 g、细砂糖 12 g、酵母 1 g、奶粉 3 g、全蛋 10 g、酸奶 30 g、牛奶 17 g、黄油 8 g、盐 1 g。

② 馅料：奶油奶酪 50 g、糖粉 15 g、蔓越莓干 12 g。

③ 装饰：融化黄油适量。

（2）操作要点

① 和面程序：将除黄油外的所有面团料倒入面包桶，搅拌成均匀面团，加入黄油，再次和面。

② 搅拌发酵：搅拌至能拉出薄膜，放入碗中，进行基础发酵，接着将糖粉与软化的奶油奶酪混合，搅拌至顺滑。加入切碎的蔓越莓，拌匀，备用。待面团长大至两倍时，排气，分割成 3 等份，滚圆，松弛 10 min，擀成饼状，放入三分之一馅料，包起，捏紧收口，收口向下，放入烤盘中。进行最后发酵。

③ 烘烤冷却：待面团长至 2～2.5 倍大小，放入烤箱，中层，上下火 180℃，烤约 20 min，表面金黄，出炉，刷一层融化黄油，置晾架上冷却后即可食用。

（3）注意事项

① 根据面粉吸水性不同，酌情调整酸奶的用量，揉成柔软的面团。酸奶可用普通的市售全脂牛奶代替。

② 奶油奶酪是一种软质奶酪，也是制作奶酪蛋糕最常用的原料。其质地柔软，因此可以直接揉到面团里，与面团完美的融合。奶油奶酪本身含有一定的乳脂肪，所以这款面包的配料里不需再添加黄油了，最后出炉时刷了一层融化黄油，起装饰作用。

③ 蔓越莓干可换成葡萄干或其他水果干，制作不同口味的面包。

3.1.7　香酥红豆饼

（1）原料配方

低筋面粉 200 g、白砂糖 40 g、水约 100 g、黄油 40 g、红豆若干。

（2）制作步骤

① 和面：将面粉过筛，把面和好，放在一边饧发 30 min 左右。

② 制作馅料：利用面团松弛的时间来处理红豆馅，将提前泡过一晚的红豆放入锅中，加入适量的清水，开火煮豆子，将红豆煮至酥烂，没有汤汁，即可关火。红豆已经浸泡一晚，因此非常好熟，稍煮一段时间豆子就会裂开，达到我们需要的效果。在煮好的红豆中加入适量白糖，并用勺子不断地搅拌、碾压，不要全部捣烂，保留一些豆子，这样吃起来口感最好。

③ 制作饼皮：制作油皮包油酥，即红豆饼皮。将醒过的油皮、油酥分别搓成长条，并分成 10 段。取一块油皮擀平，包入油酥，封口捏紧，避免油酥漏出，饧面 3 ~ 5 min。

④ 成型：用手掌将面团压平，用擀面杖擀成长条状，再将其卷起，此后再饧 3 ~ 5 min。

⑤ 饧面：再次用手掌压平，擀成长条，卷起，再饧 3 ~ 5 min。然后将这个饧好的小面团擀成圆面皮。

⑥ 包馅：最后包入红豆馅，做成小饼的形状。

⑦ 蒸烤：在小饼表面刷蛋黄液 2 次，放入预热 200℃的烤箱，烤 20 ~ 30 min，表面呈金黄色即可。

3.1.8 松饼

（1）原料配方

低筋面粉 100 g、牛奶 105 g、鸡蛋 1 个、盐 1 g、砂糖 15 g、牛奶 105 g、玉米油 10 g、泡打粉 5 g、蜂蜜适量。

（2）操作要点

① 把低筋面粉、砂糖、泡打粉、盐都放进料理盆中混合搅拌均匀，备用。

② 再准备一个新的料理盆，分别把鸡蛋、牛奶、玉米油倒入盆中，充分搅拌，混合均匀到看不到油花。

③ 把混合均匀的面粉混合物过筛到液体中，过筛可以减轻结块。

④ 用搅蛋器一字搅拌均匀。静置 10 ~ 20 min。

⑤准备一口不粘锅加入适量玉米油,选一个中等大小的勺子,盛一勺面粉糊,以一点为中心,从锅上方 20 cm 处往下倒,面糊会自动流成一个圆形。这一步是松饼好看的关键点之一。

⑥面糊倒好以后开小火,慢慢进行烤制。90~120 s,看到松饼表面出现很多气泡并依次破裂时,翻面。制作第一个时,根据第一个饼的颜色来随时调整时间和火力。

⑦翻面后烙制大概 30 s 背面上色即可。

⑧做下一个松饼时,一定要把锅降温,直接用水冲洗锅底,用厨房纸擦拭,把面糊倒好后再开火烙。这一步是松饼上色均匀的关键。

⑨所有的松饼都烙好后,上下折叠放置,再浇上适量的蜂蜜即可。

3.1.9　俄罗斯大列巴

(1)原料配方

啤酒 100 g、麦芽糖 30 g、面粉 500 g、盐 5 g、酵母、牛奶 250 g、橄榄油 40 g。

(2)操作要点

①啤酒中倒入麦芽糖,放入微波炉用中火加热 1 min 取出。把取出的啤酒用勺搅匀,使糖浆和酒充分地融合。把啤酒晾至 40℃ 以下时倒入酵母。倒入酵母后充分搅匀使之溶化,搅至无颗粒为好,然后盖上保鲜膜。

②把烤箱预热到 50℃,然后再设定在发酵挡位上,温度大约在30℃,把兑入酵母的啤酒和麦芽糖浆放入烤箱,发酵大约 6 h 即可。

③制作涂抹面糊,把面粉用 10 倍的清水混合均匀,然后上火熬煮,面糊熬至稍微呈黏稠状时取出备用。

④制作面团,把盐倒入面粉中拌匀,然后倒入橄榄油用手搓匀,搓至无颗粒状为好。

⑤用发酵好的酵母啤酒糖浆混合液态活性浆水和面,然后面粉中兑入牛奶和清水,并且混合均匀。把和匀的面团放到案板上反复搓揉,大约 15 min 即可。

⑥把面揉匀后放入钢盆内盖上保鲜膜进行基础发酵,面盆静置在自然室温内,温度在 24~26℃发酵至大约 45 h,发酵久一些令其微酸最好,因为列巴就是微酸口味的面包。

⑦面团发酵膨胀至两倍大时取出。在案板上按压排净里面的空气,然后揉至面团光洁即可。

⑧把揉好的面团用手团圆放入烤盘。把烤盘置入烤箱,调至发酵档令其发酵。面团再次发酵至 2~2.5 倍大时取出,然后在最后发酵好的坯料上涂抹面糊。

⑨面糊涂匀后进行烘烤,上下火预热 180℃,烤盘置入烤箱内的中下架,烘烤大约 60 min。面包烤至通身金黄便可取出,把烤好的面包放在晾架上晾凉便可食用。

3.1.10 芝士香肠比萨

(1)原料配方

①馅料:芝士肉肠 2 根、青椒 1 个、红椒 1/2 个、洋葱 1/3 个、蘑菇 4 个、菠萝适量、马苏里拉奶酪 150 g、车达奶酪 100 g。

②比萨酱:番茄 1 个、洋葱碎适量、糖 2 勺、盐半勺、比萨草 3 勺、黑胡椒碎少许。

③面团:高筋面粉 220 g、牛奶 140 g、砂糖 5 g、干酵母 2.5 g。

(2)操作要点

①揉面团:将黄油以外的面团材料放入面包机中,开始揉面,约 10 min 揉成光滑面团后,加入切成小块的软化黄油,继续揉面 20~30 min,揉成光滑面团,发酵。加牛奶的时候注意观察面团的湿度进行调整。

②准备馅料:准备馅料所需食材,马苏里拉奶酪切碎,车达奶酪刨丝待用,番茄切小块,洋葱切丁,芝士香肠切片,厚度约 3 mm。

③炒比萨酱:油锅烧热放少许玉米油,下适量洋葱丁爆香,下番茄丁和比萨草、盐、糖、黑胡椒碎小火炒至番茄变软成酱,盛出放凉待用。

④制作饼胚:面团发酵至两倍大时,戳洞不回缩、不塌陷即为发好,取出面团,排气后滚圆,盖保鲜膜 15 min,擀成比萨盘大小的圆形,

用叉子在面饼上均匀地扎孔,用勺子在面饼表面均匀涂上晾凉的比萨酱。

⑤ 放馅料:撒一层车达奶酪碎,饼坯上依次放上彩椒丁、洋葱丁、蘑菇片、菠萝丁,均匀地铺上芝士香肠片,最后在表面厚厚的铺一层马苏里拉奶酪碎。

⑥ 烤制:烤箱预热上火 175℃,下火 160℃,烤 15 min,再调到 180℃,烤 5 min。烤好后取出,用轮刀切块。烤好的比萨颜色金黄,饼皮表面酥脆,内里松软,浓浓的芝士拉起长长的丝,足足的馅料,完美的比萨制作成功。

3.1.11　吐司面包

吐司面包的口感柔软细腻,吃法也有很多,深受广大群众喜爱。吐司面包即为在面包上涂上一层蒜泥或是奶油再去焙烤的面包,或是用面包机焙烤再涂上酱料。

(1)制作原料

高筋面粉260 g、细砂糖20 g、盐3 g、鸡蛋1 个(50 g)、干酵母3 g、牛奶202 g、黄油26 g。

(2)制作步骤

面团搅打、一次发酵、分割排气滚圆、松弛、擀卷、二次发酵、烘烤。

① 初步制作面团。将除黄油外的所有材料倒进厨师机搅拌缸,先慢速搅拌,等完全融合成团后开始中高速搅拌,等到面团从搅拌缸底慢慢脱离,能够比较完整的被面勾扯起时停止搅拌。

② 搅打出有手套膜的面团。加入室温软化的黄油,慢速搅打面团和黄油,等面团完全吸收黄油后,调整为中高速继续搅打面团,一直搅打到面团跟缸壁碰撞发出明显拍打声,继续搅打一两分钟后停止搅打。

③ 第一次发酵。取一个塑料盆,内壁上涂抹适量玉米油,将面团表面整理平整后放入塑料盆中,塑料盆口盖上保鲜膜,放入发酵箱,以 28℃,80%湿度进行 1 h 左右的发酵,面团发到原体积 2 倍时发酵完毕。

④ 分割、滚圆和松弛。分割:桌面上撒一些面粉,取出发酵好的面团,称一下重量后用刮板均分成 3 份;

滚圆和松弛:将面团的面筋撑开,包裹住整个面团,同时让面团形成圆球形,然后放在室温下,盖上保鲜膜,让面团松弛 20 min。

⑤ 排气、擀卷。用擀面杖从圆形面团中间开始到团尾结束,排出面团中的气体,然后将擀好的面团放入吐司盒中。

⑥ 二次发酵。将吐司盒放入 35 ℃、80% 湿度预热好的发酵箱中,待发酵至吐司盒 9 分满时发酵结束。

⑦ 烘烤。将发至 9 分满的模具取出,盖好上盖,放入预热好的上下火 180 ℃的烤箱中烘烤 40 min 左右,烤好后取出侧倒在晾网上。待到吐司面包完全凉透后再裹上保鲜膜或保鲜袋,密封之后放在阴凉干燥处。

3.1.12 法棍

(1)制作原料

高筋面粉 400 g、低筋面粉 100 g、酵母 5 g、水 300 g、盐 8 g、糖 10 g、黄油 8 g(室温软化)。

(2)制作步骤

① 将水倒入和面桶中,加入酵母搅拌均匀。

② 加入粉类搅拌均匀,和成表面光滑的面团,加入室温软化的黄油。

③ 再加入食盐揉均匀,面团能拉出膜即可,揉好面团用保鲜膜盖住,室温 28 ℃发酵 1 h 左右,发酵时面团温度不宜过低,为了使发酵温度均匀,让面团增强面筋,发酵过程中进行 1~2 次的翻面,发酵完成的面团很有弹性。

④ 轻压排气后将面团分割成 100 g 的小面团,搓圆后再松弛 10 min。

⑤ 将面团擀长,卷成圆柱形。

⑥ 将接口处朝下,搓成长条。

⑦摆放到垫有烤盘纸的烤盘里,筛上低筋面粉,用刀快速划几道

口子。根据面包长度划口,长 70 cm 的棍子面包上划 7 刀,50 cm 划 5 刀,30 cm 划 3 刀,要求破皮不破肉。

⑧ 放入烤箱,烤箱调至发酵功能,发至原体积的 1.5 倍大即可。

⑨ 10 min 发酵好后,放入预热好的烤箱烘烤,上火 180℃,下火 160℃,烘烤时喷蒸汽,让面包表皮酥脆,让面团膨胀有光泽度,烤 25 min 即可。

（3）菜品特色

低筋面粉可以使其变软,高筋面粉可以使其内部组织的气孔打开,硬度提升。正宗的法棍不加黄油和糖,这里为了改善口感和味道加入了一些。

（4）烹饪技巧

预热完成后在烤箱最底层放烤网,烤网上放一盘煮沸的开水,再放面包进去烤,最后十分钟提前把热水去掉。从装饰到烘烤的动作要求连贯。

3.1.13　西多士煎馒头片

（1）原料配方

面粉 250 g、清水 125 g、酵母 3 g、鸡蛋 2 个、火腿适量、盐适量。

（2）操作要点

① 辅料处理:鲜酵母放入盆中加水搅拌打成泥浆状备用,将鸡蛋打散放入碗中,加入适量食盐搅拌均匀。

② 和面:先将面粉 200 g 倒入盆中,将鲜酵母泥浆稀释成溶液（一般面粉和水的比例为 2∶1）,倒入面粉揉制成面团,在 30~32℃ 的温度中发酵 2~3 h,随后再加入其余面粉、揉搓均匀后盖布或者锅盖盖好等待发酵,夏天 20 min 即可,冬天适当延长至 30 min。

③ 揉制:将发酵好的面团拿出揉匀排掉气体,切分成等份大小的面块,把表面揉光滑。将做好的馒头面胚静置 15 min 左右。

④ 蒸制:锅里加足冷水,将发酵好的馒头面胚放入蒸笼,等到水烧开后再蒸 20 min 左右关火,取出即可。

⑤ 切片:将蒸制的馒头切薄片,火腿也切成薄片备好待用。

⑥蘸液、包裹:将切好的馒头片拿出,两片馒头片中间加入一片火腿,将馒头两面用筷子蘸取蛋液,使馒头两面完全蘸到蛋液,包裹住火腿片。

⑦煎制:拿出平底锅,打开火,将锅烧热,倒入油,将馒头片放入,开始煎制,煎制过程中需要时刻注意翻面,避免焦煳。煎至两面呈金黄色,捞出放在厨房纸上,吸油。

⑧修整:将不规则的边切掉,修整美观,自中间切开,摆盘,完成制作。

3.1.14 泡芙

泡芙是一种源自意大利的甜食。奶油面皮中包裹着奶油、巧克力或者冰激凌。制作时使用水、奶油、面和鸡蛋做包裹的面包。

(1)制作原料

①外壳:面粉 100 g、无盐黄油 80 g、水 160 g、盐 2.5 g、砂糖 5 g、鸡蛋 4 个。

②奶油:砂糖 10 g、蛋黄 1 个、牛奶 100 g、奶油香精适量、鲜奶油 10 g。

(2)制作要点

①首先将烤箱设定到 200℃ 的温度预热,之后将外壳和填充用奶油的面粉都分别过筛 2 次,备用。

②制作外壳:在锅内放入黄油、水、盐和砂糖加热,并用打蛋器搅拌,黄油全部融化后,转小火加入面粉。用力搅拌大约 5 min,锅底有薄膜出现时关火。在锅内还有余热时,放入 1/3 打散的鸡蛋,用打蛋器迅速搅拌,搅拌均匀之后,将剩余的鸡蛋液也全部投入锅内,并搅拌均匀。搅拌至糊状时,就可放入裱花袋,在垫上烤箱纸的烤盘上挤压成一个个圆球状。手指上稍微蘸水后抚平挤压出来的尖头。然后用喷雾器在表面都均匀地喷上一层水雾。用烤箱 200℃ 烤 20 min,接着用 160℃ 烤 15 min 即可。取出,待凉。

③制作奶油:在锅内放入黄油、砂糖、蛋黄和 2 大勺牛奶,用打蛋器搅拌均匀后加入剩余的牛奶和奶油香精。开中火加热,并不停地

搅拌至厚糊状为止。趁还有余热时,用力搅拌上劲。然后在锅底垫上冷水毛巾,在锅内分几次徐徐加入鲜奶油,迅速搅拌成光洁的奶油状即可。之后将做好的奶油放入容器,盖上保鲜膜,待凉。

④最后将填充用奶油放入裱花袋装上1.5 cm口径的裱花头。用刀剖开外壳,在里面注满奶油即可。

制作过程中需要注意的地方:面糊受热会膨胀,所以挤在烤盘上的小圆形面糊之间要留有足够空隙。如果想要泡芙的形状比较规则,那么需要调整面糊的形状,用手指蘸水后调整成规则圆形。

⑤面糊送进烤箱后千万不要打开烤箱门,因为烤箱内部是热对流,遇到冷空气会让泡芙无法膨胀。鸡蛋液是用来调整面糊厚度的,所以不一定要全部加进去。蛋液要一点点加,把面糊调整到合适的厚度即可。泡芙的外皮有着酥脆的口感,所以最好在吃之前再填上馅料。因为如果过早填入馅料,外皮会吸收馅料里的水分而变得湿软。

3.1.15　肉松饼

(1)原料配方

① 面皮配方:面粉20 kg、奶酥油4 kg、大豆油2 kg、白砂糖3.2 kg、麦芽糖0.8 kg、水6 kg、食用盐200 g、胡萝卜素40 g、脱氢乙酸钠6 g。

② 酥皮配方:猪油9.5 kg、大豆油9.5 kg、面粉21 kg。

③ 馅料配方:绿豆馅20 kg、肉松6 kg、奶酥油1.7 kg、大豆油2 kg、胡萝卜素17 g、食用盐50 g。

(2)操作要点

① 调皮、配馅。

A. 馅饼面皮的生产工艺:

a. 在和面机中加入配方中的奶酥油、大豆油、白砂糖、麦芽糖、食用盐、脱氢乙酸钠及水开机搅拌均匀后加入胡萝卜素开机搅拌均匀。

b. 按配方加入相应的面粉搅拌均匀。

c. 将搅拌好的面团挖到双倍和面机内开机搅拌至面团打发,15～20 min;在搅拌期间将约2.2 kg的水分3～4次加入。

B. 馅饼酥皮生产工艺:按配方称取猪油、大豆油加入和面机中开机搅拌均匀,再加入面粉搅拌均匀。

C.馅饼馅料生产工艺:按配方称取绿豆馅及奶酥油加入和面机中开机搅拌均匀后,再加入大豆油、食用盐开机搅拌均匀,加入胡萝卜素混合液开机搅拌均匀后,加入肉松搅拌均匀。将调好的面皮、酥皮、馅料分别用白色周转框装到成型区。

② 成型。取适量面皮和酥皮按 1∶0.2 的比例,以面皮包酥皮用擀面杖擀均匀折三处后放置饧面约 35 min。将饧好的面团用擀面杖擀至成型机进料口大小相当的长条形面团放入成型机中,将馅料倒入成型机馅料槽中,调节相应的皮馅比进行成型(皮∶馅=1∶1)重量控制在 38 g±2 g(每盘 48 个)。将成型好的馅饼半成品均匀排在烤盘中,上烤车推入烘烤区。

③ 烘烤、冷却。将排好的整盘饼放入烤炉中用:一区上火210℃±10℃,下火 210℃±10℃,二区上火 230℃±10℃,下火230℃±10℃;三区上火 220℃±10℃,下火 220℃±10℃烘烤即可(一般二区火比一区少 2~3℃);中间手工翻饼;烤 13~14 min,把烤好的馅饼放于烤车上于摊凉室冷却至 20~40℃(1~2 h)即可包装。

3.1.16 牛角包

牛角包是西方人早餐常吃的一种面制品,是一种外形酷似牛角的面包。因为其营养丰富且烹饪相对简单而广受欢迎。

(1)制作原料

高筋面粉 140 g、酵母 2 g、盐 1.5 g、全蛋液 20 g、淡奶油 22 g、牛奶 45 g、糖 30 g、黄油 20 g、鸡蛋液(刷表面)适量、黑芝麻适量。

(2)制作步骤

① 把除黄油外的所有食材一起放入容器中。

② 揉成光滑的面团后移至案板上,揉成粗膜状态。

③ 加入软化的黄油,继续揉、搓、摔、打,直至揉出薄薄的手套膜,达到扩展阶段。

④ 把揉好的面团放入容器中,发酵至原来的 2.5 倍大。

⑤ 揉匀排气后分成均匀的四份,盖保鲜膜饧发 20 min。

⑥ 把饧发好的面团揉成胡萝卜状,擀成长度约为 35 cm 的三角形。从宽的那面轻轻卷起,直至全部卷完成牛角状。

⑦ 把所有的面团全部做成牛角形状,排放烤盘内,再次发酵至原来的 1.5 倍大。

⑧ 表面刷鸡蛋液,再撒一些芝麻装饰。

⑨ 烤箱 175℃预热,放入中层上下火烤 15 min,烤至面包表面金黄色出炉即可。

牛角包不仅味道鲜美,同时也有极高的营养价值,营养丰富,不仅有蛋白质,碳水化合物和脂肪等营养物质,还含有维生素 E 和多种人体所需的矿物质:钠、磷、钾、铜、硒、铁、锰、钙、镁、锌,以及维生素 B_2,胡萝卜素,胆固醇,烟酸等人体所需的营养素,营养十分丰富。

3.1.17　百吉饼(硬面包)

(1)原料配方

主料:燕麦粉 500 g、小麦面粉 500 g。

辅料:酵母 30 g、橙皮 20 g。

调料:盐 15 g、蜂蜜 75 g、黄油 75 g。

(2)操作要点

① 将酵母粉放入碗内,用温水化开;黄油放入一个大碗中,倒入适量热水,加入蜂蜜、精盐,最后倒入酵母液搅拌均匀,备用;将橙子皮用水浸泡洗净擦碎备用。

② 将燕麦粉和面粉与黄油酵母液混合,加入适量温水和成稍硬的面团,放案板上揉至圆滑有弹性时,放到抹有黄油的盆内,盖上湿毛巾,放到温暖处发酵约 2 h。

③ 将发酵好的面团放案板上。使用手掌根部推开面团然后收回聚拢,不断改变方向重复这一动作。等面不再粘手、粘台面之后揉成4 个小面剂子,放入涂过黄油的模子里,撒上擦碎的橙子皮,盖上一块湿布,饧面 5 ~ 10 min。将面团放在大容器里,盖上保鲜膜放进冰箱冷藏 12 h。冷藏结束取出,室温回暖 30 min。将面团倒在油纸或锡纸上,小心不要破坏气泡,轻轻扯起四边折向中心,面团呈方形。将方

形面团的四个角轻轻折向中心,稍微捏一下收紧收口。放入冷的烤箱,室温发酵 30 min。轻轻将面团连锡纸一起挪到手掌上,小心地倒扣到烤盘上。

④ 在面团表面喷点水,筛一层薄面粉,对角线割两刀。放入烤箱烤,烤箱预热后在上层放一个空烤盘,里面倒 1 cm 深的热水,将放有面团的烤盘放入倒数第二层,220℃烘烤 20 min,取出上层的烤盘,将放有面团的烤盘移到中间层,继续烘烤 20 min 即可。取出晾凉,切成片,即可食用。

(3)制作要诀:可用鲜橙子皮或鲜橘子皮代替橙皮。根据个人口味还可以加入带有浓郁的胡椒和香料的熏牛肉和奶油奶酪。

3.1.18　曲奇饼干

(1)原料配方

低筋面粉 200 g,黄油 130 g,细砂糖 35 g,糖粉 65 g,鸡蛋 50 g,奶粉 25 g,香草精约 1.25 mL。(参考份量 30 ~ 40 个)

(2)操作要点

① 黄油切成小块,室温使其自然软化。

② 用打蛋器搅打黄油至顺滑。

③ 加入细砂糖和糖粉,继续搅打至黄油顺滑,体积稍有膨大。

④ 分 3 次加入打散的鸡蛋液,每一次都要搅打到鸡蛋与黄油完全融合再加下一次。

⑤ 搅打完成后,黄油应呈现体积蓬松,颜色发白的奶油霜状。

⑥ 加入香草精,继续搅打均匀。

⑦ 筛入低筋面粉。

⑧ 用橡皮刮刀或者扁平的勺子,把面粉和黄油搅拌均匀,直到面粉全部湿润即可,不要过度搅拌。将面糊装入裱花带,用合适的裱花嘴在烤盘上挤出花纹,即可放入预热好的烤箱烤制。烤箱中层,将温度调至 190℃,烤制 10 min 左右。

(3)注意事项

① 在将鸡蛋液加入黄油的时候,一定要分次加入,并且每一次都

搅打到鸡蛋和黄油完全融合再加下一次。一定不要操之过急,以免出现蛋油分离。

② 黄油并不需要打过头。整个搅打过程控制在 5 min 左右即可(视具体情况而定)。

③ 将黄油切成小块放在碗中,放入微波炉或者烤箱中加热一会儿,可以快速软化黄油。

④ 用 30 g 可可粉代替等量面粉,就可以制作出巧克力口味的黄油曲奇,抹茶味也同理。

⑤ 曲奇饼干烤制时间短,很容易烤糊,最后几分钟一定需要仔细观察饼干状态,烤到合适的上色程度后即可取出。

3.1.19 白面包

(1)原料配方

高筋面粉250 g、牛奶180 g、酵母3 g、糖40 g、盐3 g、黄油20 g。

(2)制作要点

① 准备好所需材料,把所有材料放在一起,鲜奶不要一次全下,先留一些,之后视面团的状态再慢慢添加,以防因为各品牌的面粉吸水性不同而导致的面团过于湿黏。

② 材料中除黄油外,放入厨师机桶,开启低挡位搅拌,搅拌到成团后,再加入室温软化奶油,搅打到奶油都融入面团里,开启高挡位,继续搅打面团至薄膜状态。

③ 面团完成。取出面团,盖上保鲜袋,置于密闭空间中(如微波炉中),旁边放杯热水帮助发酵至两倍大,中途及时更换掉放凉的热水以保持温度,大约 50 min 后,手指沾点水,戳入面团,如果凹洞不回弹,就表示发酵完成。发酵时间会依气候而有所不同,请根据实际状况调整。发酵完成后,用手压几下把面团排气,轻压感觉有气体散出即可。

④ 然后把面团分割成等量的 8 份。全部滚圆后,收口朝下,盖上湿布或保鲜膜,松弛 10 min。

⑤ 松弛好之后,取出面团,用较细的擀面棍用力在中间压出凹

痕,注意应用力压到底,但是不能压断面团。表面撒少许高筋面粉作为装饰,然后准备进行第二次发酵。

⑥ 同上放入密闭空间,放置热水帮助发酵,热水及时更换。大约50 min 后,二次发酵完成,面团体积已明显变大了,将烤箱预热190℃,预热完成后把面包放入,温度改为140℃,烤制 15 min,中间调头一次。

⑦ 出炉冷却 5 min 后,可以移到网架上冷却,这样面包的底部才会干爽。

3.1.20 牛乳吐司

（1）原料配方

高筋粉250 g、奶粉8 g、酵母菌2.5 g、盐3 g、糖30 g、牛乳165 ~ 180 g、全蛋液30 g、无盐黄油25 g。

（2）操作要点

① 将面糊原材料中除盐和无盐黄油之外的所有食材混合,搓成面糊。面糊揉至粗膜状态后,添加无盐黄油和盐再次揉至能够扯出比较牢固的透明薄膜即可。

② 放进器皿,放入冰箱5℃冷藏发酵10 ~ 12 h 取出。

③ 室内温度下放置40 ~ 60 min 升温。

④ 将面糊取下,轻按排气管,称重后等分成三份,卷圆后盖上保鲜袋松弛 15 min。

⑤ 取一个松弛好的面糊,擀成椭圆形,由上而下翻卷,盖保鲜袋松弛 10 min。

⑥ 再次擀面,改成牛肋条状,边缘的气泡用力拍掉,再翻卷。

⑦ 面糊放进吐司面包盒,放到温度37℃上下,湿度75%的自然环境下发酵至八九分满。

⑧ 放进预热好的电烤箱中低层,左右管 170 ℃ 烤制 5 min,转160℃再次烤制 35 min。

⑨ 顶端着色要立即盖锡箔纸,出模至制冷架晾凉。

（3）注意事项

吐司面包是面包的一种,对比于我们中国人喜爱蒸制,欧洲人更喜爱蛋糕烘焙食材。吐司面包能够与多种食材开展搭配,给人产生奇特而震撼的味蕾感受。现阶段较多搭配的是番茄沙司、甜杏仁酱、乳酪、新鲜水果片等。

3.2 西式早餐谷物制品

早餐谷物食品是以谷物如玉米、大米、小麦、燕麦等为主要原料加工而成,加入牛奶(冷食)或稍煮片刻就可食用的早餐食品。在欧美等大多数发达国家发展已有相当长的历史,他们已根据各国的原料特点和人们的饮食习惯,开发了各具特色的谷物早餐食品。这类食品特点:一是有益于身体健康。早餐谷物食品原料是各种五谷杂粮,富含食物纤维,对身体有一定保健作用。二是营养均衡。多种谷物组合加牛奶,营养呈均衡性。三是天然品质。这类食品基本上是天然原料,一般不加人工添加剂。四是食用方便。早餐谷物食品不论是即食还是速煮,食用都很方便。这类早餐食品主要以冲调谷物食品为主(谷物或其他淀粉质类原料),添加或不添加辅料,经熟制或干燥等工艺加工制成,直接冲调或冲调加热后食用的食品,如营养代餐粉、麦片、米糊等,具有营养丰富、冲调即食、携带方便等特点;同时还具有独特的产品特性,如糙米即食冲调粉,既富含膳食纤维、B 族维生素、矿物元素,也富含生育三烯酚、植物甾醇、谷维素、二十八碳烷醇、角鲨烯、磷脂、(神经酰胺)米糠素等功能活性成分,同时解决了其风味差、口感粗糙、不易消化等缺点。

3.2.1 谷物早餐粉

(1)配方

燕麦粒55%、大豆14%、花生仁3%、芝麻3%、白糖25%。

(2)工艺流程

原料处理→混合→磨粉→配料包装。

(3)操作要点

① 原料处理:分别将燕麦、大豆、花生仁、芝麻进行清理、除杂,用

清水清洗,再以中火炒熟。

②混合、粉碎:将炒熟的各原料进行充分混合,并加以粉碎。

③磨粉:将粉碎后的混合料磨成细粉。

④配料:按配方比例,加入白糖,混合均匀。

⑤包装:按需要重量要求用食品塑料袋进行包装,即为成品。

(4)产品特点

本复合营养粉营养丰富,香甜可口,食用方便,用开水调和即可食用,宜做早餐和旅游食品。

3.2.2 粒状谷物早餐

(1)配方

混合粉 100 kg(富强粉 50 kg、甜荞粉 24 kg、苦荞粉 10 kg、小米粉 16 kg)、人造奶油 8 kg、白砂糖 10 kg、食盐 1.0 kg、速发酵母 0.5 kg、碳酸氢钠 1.0 kg、奶粉 1.0 kg、单甘酯及可可粉适量。

(2)工艺流程

原料处理第一次面团调制→发酵→第二次面团调制→成型→烘烤冷却、整理、包装。

(3)操作要点

①原料处理。

荞麦粉制备:荞麦去杂与表面清理后,磨粉与筛选,得荞麦粉待用。

小米粉的制备:将小米经烘烤、去壳,然后磨粉,经筛理,即得小米粉。

②第一次面团调制:将上述各粉进行混合即成混合粉,加食盐、酵母、适量水,调制成面团。

③发酵:在调温调湿箱中进行发酵,温度为 20℃,湿度为 75%,发酵时间为 8 h 左右。

④第二次面团调制:按顺序在原发酵好的面团中加入人造奶油、单甘酯(按使用说明书配制)、奶粉、白糖、碳酸氢钠、可可粉等剩余原辅料,调制成面团。

⑤成型:用成型机使之成为小长方形,为防止面团黏辊,可撒少许干面粉。

⑥ 烘烤:分两段控制烘烤温度。先在210℃下烘烤5~7 min 后,再在120℃左右的低温下缓慢烘烤至成熟酥脆。

⑦ 冷却、整理、包装:冷却至室温,除去碎粒后,进行包装,即为成品。

(4)产品特点

本品为小长方体粒状,呈巧克力色,表面有清晰的平行条纹,断面细腻均匀,口感松脆略硬。将其投入牛奶中5~8 min,不溃散,口味、香气正常营养丰富,是一种具有市场前景的谷物早餐食品。

3.2.3 水果麦片

在西方,水果麦片也是比较常见的早餐之一。它省时省力,并且带有许多的大豆蛋白及其甲基纤维素,能够推动胃肠消化吸收,所以水果麦片是非常容易消化吸收的。水果麦片主要是用燕麦片和水果干混合在一起制作而成的一种营养食品。燕麦片是燕麦粒轧制而成,呈扁平状,直径约相当于黄豆粒,形状完整。燕麦去壳可以磨成粗细不同的燕麦片,或是弄软碾平做成燕麦卷。经过速食处理的速食燕麦片有些散碎感,但仍能看出其原有形状。

(1)原料配方

燕麦片,水果(如苹果,香蕉,草莓等),酸奶,亚麻籽油。

(2)操作要点

① 准备食材:准备好适量的燕麦片,水果(如苹果,香蕉,草莓等),酸奶,亚麻籽油。

② 切丁:将水果切成合适大小的块儿,加入一勺亚麻籽油。

③ 拌匀:将水果块和麦片混合均匀,加入酸奶搅拌即可。

在水果麦片中,主要成分是水果和麦片。同时,成品水果麦片中会加入白砂糖,植物油,增加甜度的食品添加剂,以及防腐剂等。有的水果麦片中还会添加坚果、椰子片增加风味。人们经常将水果麦片和酸奶拌在一起食用,口感更佳。

3.3 西式早餐肉制品

3.3.1 西式灌肠

西式灌肠主要起源于欧洲,如德国、奥地利、英国、法国等,例如,色拉米香肠、法兰克福香肠、图林根香肠、斯图加特香肠、博洛尼亚肠、维也纳香肠等都是以产地命名的。由于地理和气候条件的差异,西式灌肠的种类也各异。在气候温暖的意大利、西班牙南部和法国南部,主要生产干制和半干制香肠;而气候比较寒冷的德国和丹麦等国家,因保存产品比较容易而主要生产鲜肠和熟制香肠。此后随着香料的使用,西式灌肠制品的品种不断增加。

(1)配方

西式灌肠最主要的配方是牛肉、猪肉、脂肪、淀粉、食盐和水,常见的其他配料是白糖、香辛料、磷酸盐和亚硝酸盐等抑制细菌的添加剂。灌肠制品分为鲜肉香肠、生熏香肠、熏煮香肠、熟制香肠、干和半干香肠(发酵香肠)、其他六大类。

① 鲜肉香肠。这类肠的原料肉主要是新鲜猪肉,绞碎后加入调料与香辛料,充填入肠衣内,不加硝酸盐和亚硝酸盐腌制;未经煮熟和腌制,未食用时通常在 0～4℃ 条件下贮藏,保质期可达 2～4 d,食用前需要熟制,因此称为生鲜香肠。这类产品包括图林根鲜猪肉肠、基尔巴萨香肠、博克香肠等。这类香肠除用肉为原料外,还添加其他食品原料,如猪头肉、猪内脏、鸡蛋、土豆、淀粉、面粉、面包渣等。这类香肠由于本身含水分多,组织柔软又没经过加热杀菌工序,所以一般不能长期贮存。

② 生熏香肠。这类产品在生产过程中对原料肉进行腌制或不进行腌制,加工过程中要进行烟熏处理,但不需要熟制加工,消费者在食用前自行熟制处理,如烟熏猪肉香肠、意大利猪肉香肠等。烟熏增加了产品的颜色和风味,提高了产品的保藏期。

③ 熏煮香肠。用经腌制或未经腌制的肉块,经搅碎、调味、充填

入肠衣中,再进行水煮,有时稍微烟熏,即成香肠成品。这种肠最为普通,占整个灌肠生产的一大部分。欧洲一般以畜禽的肝、肺、舌、头肉等作为原料,因为这些原料很易受细菌污染,因而制作过程中必须先加热,与其他调味料混合后灌入肠衣,再烟熏、蒸煮处理。其中典型的产品有肝肠、血肠和舌肠。这类产品有的由于含有大量的胶原蛋白,产品的弹性、质地较好,韧度强,有的产品质地较松软,可以涂抹在面包上食用,往往作为早餐香肠,在欧美诸国较为普遍。

④ 熟香肠。这类香肠产品使用的原料和加工工艺与熏煮香肠类似,熟制产品一般不经烟熏,如肝肠、啤酒色拉米香肠,有时候也把这类产品归于熏煮香肠中。

⑤ 干和半干香肠(发酵香肠)。发酵香肠也称生香肠,是指将绞碎的肉和动物脂肪同糖、盐、发酵剂和香辛料等混合后灌进肠衣,经过微生物发酵而制成的具有稳定的微生物特性和典型的发酵香味的肉制品。发酵香肠的最终产品通常在常温条件下贮存、运输,并且不经过熟制处理直接食用。在发酵过程中,乳酸菌发酵碳水化合物形成乳酸,使香肠的最适 pH 值降低到 4.5 ~ 5.5,从而引起肉中的盐溶性蛋白质变性,形成胶结构。较低的 pH 值、添加的食盐和较低的水分活度构成了主要的栅栏因子,保证了产品的稳定性和安全性。

西式发酵香肠起源于意大利,而后传入德国、匈牙利和美国等。早在 2000 多年以前,罗马人就知道用碎肉加盐、糖和香辛料制作美味可口的香肠,而且这类产品具有较长的保质期。但是当时的产品主要是通过自然发酵和成熟干燥制成的干香肠。这类产品至今在欧洲的一些国家仍很普遍。近几十年来,随着加工技术的不断改进和冷藏工艺的发展,欧美一些国家相继生产出不经干燥的香肠或只经部分干燥的半干香肠。总的来说,干香肠因具有独特的风味和较长的保质期仍然受到人们的喜爱。由于加工条件、产品组成及添加剂的不同,发酵肠的种类很多,通常按照产品加工过程的长短,最终产品的水分活度和水分含量,将其分为下述几种。

A. 涂抹型发酵香肠:加工周期 3 ~ 5 d,水分含量 34% ~ 42%,水分活度 0.95 ~ 0.96。

B. 加工周期短的切片型发酵香肠:加工周期 1～4 w,水分含量 30%～40%,水分活度 0.92～0.94,典型产品:美国夏季香肠。

C. 加工周期长的切片型发酵香肠:加工周期 12～14 w,水分含量 20%～30%,水分活度 0.82～0.86,典型产品:德国、丹麦、匈牙利的色拉米。也可根据发酵香肠的 pH 值和干燥失重,将发酵香肠分为干香肠和半干香肠两大类。

⑥ 其他。这类产品种类繁多,要求标准也各不相同,如午餐肉和肉糕等。

(2)工艺流程

① 生鲜香肠的工艺流程。绞肉→斩拌混合→灌肠→打结→冷却→包装→冻藏。

② 乳化香肠的工艺流程。斩拌→充填→淋水→烟熏→蒸煮→冷却→包装。

(3)操作要点

① 生鲜香肠。

A. 原料的选择。原料肉种类的确定,要根据生产的实际,同时要考虑原料肉的颜色、保水性、黏着力以及瘦肉和肥肉的比例。鲜香肠总的来说多是猪肉加工的香肠,也有用鲜牛肉加工的香肠。鲜猪肉通常选用两种原料:猪分割肉的边角料和整个去骨的白条肉,或是鲜肉,或是冻肉。

用于猪肉香肠的猪边角肉应当是新鲜的,以保证产品维持鲜肉的色泽,最好是当天宰杀的猪隔天就使用,腰部背部的肥边角肉是较好的材料,肩部修割下来的边角料、腹部边角料也是不错的材料,有时也用到无骨肩部肉和颈背肉,所有的猪边角肉应至少冷却到1.1℃,有些厂家甚至冷却到-2.2℃,以改善其加工性能。

冻边角肉也可以做,但很难保证肉的颜色,同时这类肉制成的产品也较容易发生酸败或腐败现象。对于所有的生鲜香肠,新鲜对于货架寿命和味觉非常重要;另外,生鲜香肠中不得含有软骨和骨头,软骨碎片都不可以,因为这些骨头很容易在剔去肩胛骨、胸骨或腿骨时带在肉上而损坏刀刃,影响咀嚼。用鲜猪肉生产生鲜香肠最重要的是卫生及产品的快速冷却,只要冷却迅速,原料卫生,鲜肉做的香肠货架寿命就是理想的。欧美等国家习惯用冷冻肉作原料,一旦用热鲜肉,就要十分重视卫生,尽量不要污染胴体,尽量不带、少带细菌,缩短加工时间。

生鲜香肠的质量在很大程度上还取决于边角料的选用。部位不同,肉的口味也不尽一致,肥瘦的比例对香肠的味觉、质地和嫩度都有决定性的影响。从嫩度的角度上看,肥香肠比瘦香肠好,如果边角料太肥,可以将肩胛部的瘦肉多混入一点,只要精选边角料,就可以做出美味可口、档次较高的香肠。

B. 绞肉。在绞肉之前,肉温应冷却到接近冻结点。瘦肉一般先进行绞碎,通过绞肉使原料肉易于和香辛料等辅料混合,使肌浆蛋白渗出,筛出骨碎片,使颜色、口感一致化,要随时保持绞刀锋利,并尽可能将肉温保持低的温度。为此可以采取低温绞肉,或适当加一些湿冰,它所带来的水分增加,要定量计算扣除,一般生鲜香肠中很少加水,或不加水,这要根据具体配方来定。绞肉机用的筛孔板孔直径为 5 mm,绞后还可以再进行斩拌,也可以直接将瘦肉进行斩拌。

C. 斩拌混合。将绞好的碎肉放入斩拌机,加入所需的盐和香辛料,可以分批加入,也可以一次加入,最后加入切成约 12 mm 的脂肪或肥肉方丁,在斩拌的过程中也要防止温度升高,进行低温斩拌,有必要的话加入碎冰,增加的水分在配方计算中要扣除,或加固体干冰降温。

D. 灌肠。混合均匀的肉馅可以直接灌入粗纤维韧性的肠衣或是倒入灌肠机并将其挤压灌进肠衣。高档鲜猪肉香肠一般用小或中等口径的肠衣,中低档的用小口径的猪肠衣。肠衣在灌装之前要用水冲洗干净,然后用手挤压洗过的肠衣,将水排尽,否则肉馅接触水会退色,失去鲜香肠应有的光亮色泽,影响产品的感官品质也会造成微生物的二次污染,影响产品的货架期。肠衣灌好馅后操作者用手指紧紧夹住肠末端,使肠衣充满,消除空气囊,这样的香肠圆润丰满,外观耐看。灌制的温度也很重要,温度过高脂肪会液化,一般温度控制在2.2℃。

E. 打结。灌好的肠胚放在灌装机前面的工作台上,长短取决于用什么样的肠衣。为了加工和销售的方便,香肠肠胚要扭转成更短的等距离长度的肠节,我国目前用得比较多的是用绳子打结。肠节的长短因市场、品种而异。肠衣很薄且易破,加工时要小心,如果肠衣质量好可以用机械的扭结设备。

F. 冷却、包装、冻藏。灌肠打结以后,进行冷却包装,标上包装日期,在 -30℃急冻库中快速冻结,然后贮藏。短期贮藏在 -3.5 ~ -5.5℃,这种香肠以短期消费为主,美国的市场占有率约有 15%。

② 乳化香肠。

A. 原料选择。乳化型香肠基本上是由斩切得很细的肌肉组织(瘦肉)、脂肪组织和水组成。水中加入了食盐、腌制剂和调味料产生颜色和风味,并且在某种程度上稳定了这种混合物。生产乳化型香肠的技术关键是结合水和结合脂肪。前者是利用肌肉蛋白来稳定地结合肌肉本身和外加的水分,后者是利用肌肉蛋白和水构成的蛋白质网状结构吸附脂肪。动物屠宰时肉的 pH 值约为 7.2,几小时后即降到低于 5.8,从而显著影响肌动球蛋白的持水性。随着 pH 值的降低,蛋白质结构越来越排斥水分。肉的持水能力在 pH 为 5.0 ~ 5.2 (肌动球蛋白的等电点)时最低,宰后牛肉的 pH 值从 7.2 降到 5.3 ~ 5.6,猪肉降到 5.6 ~ 5.8,与体内糖原分解为乳酸有关。从技术上安全的角度讲,我们应该使用 pH > 5.7 的肉来制作乳化型香肠,添加食盐和含磷酸盐的腌制剂可稍稍提高 pH 值,因而改善保水能力。以 pH 值为基准选择原料肉在工艺上和经济上有很大意义,特别适合生产乳化型香肠的原料是具有正常的宰后成熟模式,没有 PSE 和 DFD 肉特征,但具有相对高 pH 值的肉。原则上必须用低 pH 值的肉加工脱水干香肠,而用高 pH 值(牛肉 > 5.8,猪肉 > 6.0)的肉加工乳化型香肠。

B. 斩拌。斩拌是乳化香肠生产中最关键的工序,蛋白质的释放程度与乳化有很重要的关系,蛋白质释放的越多,它与脂肪、水的乳化体系形成得就更好。乳化的第一步为提取蛋白质,斩拌程序是先将腌制好的瘦肉放入斩拌机中斩拌,若以牛肉为主的混合肠,则斩拌程序为先牛肉后猪肉;乳化的第二步是加脂肪、混合辅料和适量的水或冰,经过斩拌机不断地剁碎、斩细、拌和成浆糊状,使肠馅均匀,增加黏合力,并使肠馅中的蛋白质和水形成一个整体,把脂肪包起来,增加成品率。在斩拌过程中要控制好肠馅颗粒大小,也就是斩拌的程度。如果斩拌不充分,则瘦肉中的蛋白质提取不充分,脂肪颗粒太大,达不到乳化的要求;如果斩拌过度,则脂肪颗粒很小,脂肪颗粒的总表面积增大,使蛋白不足以包裹所有的脂肪颗粒,脂肪就会析出,所以斩拌要充分又不能过度,达到要求的细度就停机。另外还要控制好斩拌时的温度,在斩拌过程中,机械作用使肠馅温度迅速升高,有利于蛋白质的提取,但温度过高会发生"跑油"现象。而原料的保水性随着温度的升高而下降,它直接影响到成品率,肉温升高也易加速脂肪氧化酸败。为了控制度,一是要求环境温度不超过18℃,二是开机后加入冰屑或冷水(加水量按配方设计要求);如果是猪肉香肠,当温度达到14℃时停止斩拌,如果是猪肉牛肉混合香肠,则温度达到16℃时停止斩拌。此外,还要求斩拌刀具锋利,投料不得超量,以免发生挤压现象,影响蛋白的提取和肠馅的乳化。斩拌机启动时,一般先低速后高速,如果有淀粉,淀粉要在加入脂肪稍后加入,从开始斩拌到乳化结束都要迅速,尽量缩短时间,以保证乳化肠质量。

C. 充填。乳化肠充填的加工操作和设备与一般香肠生产相同,乳化肠在充填的过程中要控制温度。在充填过程中,肉糜的温度应控制在15℃以下。

D. 淋水。充填好的乳化肠要将其送到喷淋室淋水 10 min 左右,主要使肠衣上的小孔打开,在后续烟熏的过程中使烟熏风味进入乳化肉糜中,不淋水的肠衣一般会干燥收缩。一般冷却水的温度越低越好,但是实际操作中用低温的水较困难,要求水的温度保持在10 ~ 14℃。

E. 烟熏。烟熏的目的是使乳化肠具有一定的风味和颜色,增加乳化肠的保存期。一般来说,经过烟熏的乳化香肠的保存期比没有烟熏的要长一倍左右,乳化的质量越好,烟熏的温度越高,烟熏的时间就越短,烟熏温度通常在 65 ~ 68℃,烟熏时间 50 ~ 60 min。

F. 蒸煮和冷却。根据实际情况,一般取乳化香肠蒸煮结束时的中心温度为72℃。蒸煮完毕的乳化香肠,立即用20℃左右的水冷却10~15 min,再移到2~5℃的冷库中冷却24 h,待乳化肠的中心温度冷却到2~5℃时,包装销售。

(4)加工实例

① 西式早餐——雅果肠。早餐肠产品在德国等欧美国家非常受欢迎,是人们眼中的美食,食用之前或烤或煎,口感香嫩多汁、清香可口,在国内也越来越受欢迎。早餐肠生产产量逐年增长,市场份额越来越大,在肉制品中是一款非常有潜力的产品。

A. 配方。鲜牛肉20 kg、鲜猪肉25 kg、牛舌5 kg、细盐1.25 kg、胡椒面100 g、肉蔻面50 g、白糖250 g、硝酸钠5 g。

B. 操作要点。

a. 绞肉:将清洗干净的肉放入绞肉机直接绞碎。(注意肥瘦尽量分开)

b. 腌制:按次序加入:亚硝酸盐、糖、盐、味精、复合磷酸盐、异抗坏血酸钠,然后静置腌制。

c. 熬肠汤:把胡椒、花椒、桂皮、豆蔻、八角和小茴香用纱布包好,加入适量水熬煮备用。

d. 斩拌、混匀:将腌好的肉倒入斩拌机,匀速斩拌,同时按一定次序加入淀粉、分离蛋白、卡拉胶,并将提前煮好的香料水倒入,加入色素水,倒入冰水,斩拌时间视乳化状态而定。

e. 灌肠:把斩拌好的肉馅倒入灌肠机中,把猪小肠放入清水浸泡开后套入灌肠管,开始灌肠(注意松紧度)。灌好的肠体尾部打两个结,依据包装袋的大小拧结成段。

f. 晾干:把灌好的肠挂在晾晒架上晾干(注意肠与肠之间留有适宜的长度)。

g. 烘烤蒸煮:把晾晒好的肠推进烟熏炉。烘烤:炉内设置温度60℃,实际温度60℃、23 min;蒸煮:炉内设置温度82℃,时间设定45 min,提前5 min停止蒸煮。

h. 包装:将冷却好的肠体均匀一致地放入包装袋内,注意摆放整齐美观,放入真空包装机热合封口(注意封口处不能有油污,封口后检查是否封好,是否存在漏气现象)。

i. 品评:把灌肠切成片,进行感官品评。

C. 产品特点。

外观:出炉的香肠呈嫩红色,形状饱满,放置一夜出现核桃纹,颜色加深。切面有少许气孔,为非真空斩拌所致。

口感:口感弹脆,入口香嫩可口。

② 芝士香肠卷。

A. 原料配方。猪后腿肉750 g,盐15 g,黑胡椒1.5 g,孜然粉1.5 g,淀粉45 g,冰水55 g,生抽30 g,料酒15 g,蜂蜜5 g,芝士片60 g,面粉170 g,糖70 g,全蛋液30 g,牛奶70 g,黄油15 g,面包糠30 g,番茄酱、沙拉酱适量。

B. 操作要点。

a. 面团制作:先将面粉170 g放入盆中,放入糖25 g,全蛋液30 g,牛奶70 g混合揉成面团,继续揉5 min左右加入黄油,再继续揉至面团呈光滑状;将其均匀分成单份50 g的面团,滚圆,盖保鲜膜,松弛20 min左右,备用。

b. 香肠制作:肠衣准备:肠衣洗去表面的盐,套在灌肠器上对着水龙头冲洗肠衣内部,再用清水泡1 h,可在清水中滴入几滴料酒,去肠衣表面的盐及味道。

猪肉搅拌:猪肉洗净沥干水分,去皮去筋,切小块,绞成肉馅。将芝士片切碎,取40 g放入肉馅中,冰水和淀粉勾兑,分3次加入拌好的肉馅,盖上保鲜膜放冰箱冷藏2 h。

灌装:肠衣一端套在灌肠器上,一端打结。腌好的肉馅放入灌肠器进行灌肠。灌好以后末尾打结,打结时在尾端留下一定的空间,防止过紧造成爆裂。中间用棉线扎成小段。

晾干:灌好的肠挂在通风处半小时晾干表面的水分。

煮肠:晾好的香肠用牙签在每段扎上几个小孔,水没过香肠。用中小火慢慢煮,煮到肠漂浮起来即可。

c. 成型:将松弛好的面团擀成宽度和香肠长度相当的长条形,将剩余的芝士碎裹在香肠上,然后慢慢卷起,捏紧收口;刷上蛋液,再裹上一层面包糠即可。

d. 烘烤:将已成型的芝士香肠卷放入 160℃ 的电烤箱中烘烤 25 min。

e. 装饰:烘烤完成后,挤上适量的番茄酱和沙拉酱即可食用。

③ 西式红肠。

A. 原料配方。

配方一:精瘦肉 90 kg、生猪油 10 kg、淀粉 20 kg,加配料精盐 3.3 kg,食用硝 10 g、味精 300 g,五香粉 250 g;肠衣用猪小肠,所配长度约 300 m。

配方二:精瘦肉 30 kg,肥肉 20 kg、牛肉 50 kg、淀粉 10 kg、蒜 300 g、胡椒粉 100 g,肠衣用牛大肠。

B. 操作要点。

a. 腌制:将原料肉用盐腌制,使盐分混合均匀地进入肉体。按照上述配料计算,一般加盐量为肉重的 3% ~5%。同时加入盐重 5% 的食用硝,瘦肉先削皮剔骨,和肥肉分别腌制,揉搓均匀后,置于 3~4℃ 冰箱(库)内冷藏 2~3 d。

b. 绞拌:将腌制过的肉切成肉丁加上配料,装进绞肉机绞碎,然后倒入经清水溶解过的淀粉中拌匀,肥肉丁或猪肉这时也可加入。肉馅充分搅拌,边搅边加清水,加水量为肉重的 30% ~40%,以肉馅带黏性为准。

c. 灌肠:用灌肠机将肉馅灌入肠衣内,灌肉后每隔 20 cm 左右为一节,节间用细绳扎牢。

d. 熏烤:将红肠放进烘箱内烘烤,烘烤温度掌握在 65~80℃,烘烤时间按肠衣细粗控制在 0.5~1 h。烘烤标准以肠衣呈干燥,肉馅呈红色为佳。

e. 水煮:将红肠水煮,水煮温度为 80℃,水煮时间因肠衣种类而不同,羊肠 10~15 min。猪肠 20~30 min,牛肠 0.5~1.0 h。水煮标准是肠体发硬,有弹性即可。

④ 捷克香肠。捷克香肠来自东欧,香肠有突出的大蒜味道及微

淡的香辛料风味;制作简单,主要以灌肠为主;食用时可以中火煎或蒸煮,最适合午餐或晚餐单独食用或者加到其他菜肴上;传统上捷克香肠是以猪肉为原料,牛肉,羊肉,鸡肉也可以,但是必须添加适量的脂肪。

A. 原料配方。新鲜猪肉 1000 g、香肠配料 34 g、肠衣 1.5 ~ 2.0 m、腌料:水:原料肉 = 3.4:10:100、水(冰水或凉水)100 g。

B. 操作要点。

a. 选择新鲜猪肉或冷冻猪肉,脂肪含量为20% ~30%,建议在冷冻状态下(-4℃)将原料肉绞碎(绞肉机孔板直径4 mm),备用。没有绞肉机的家庭也可直接选购市售猪肉馅。

b. 腌制:每100 g原料肉中加入3.4 g香肠配料及10 g冰水。先将配料与冰水混匀溶解后再与原料肉混合均匀。建议添加适量着色剂,使香肠颜色更加诱人。

c. 建议采用直径为22 ~24 mm的羊肠衣或38 ~40 mm的猪肠衣进行灌制,灌制时使用漏斗直接套在肠衣上人工灌制,家里有灌肠机可以用灌肠机灌肠。灌制的肠衣口端打结,灌肠要紧松适度,灌制的长度建议在10 ~15 cm,用细绳子结扎。灌好的肠体,要用小针扎若干个小孔,便于烘肠时水分和空气的排除。

d. 灌制好的香肠可放入冰箱冷冻保存,随吃随取,也可直接蒸煮、煎制后食用。

e. 蒸煮时要使香肠中心温度达到72℃,建议蒸煮时间15 min左右,可根据灌肠的大小进行调整、灵活掌握。传统的捷克香肠一般在蒸熟后切成小段,用来熬汤。煎制时,锅中放入少量食用油,中火煎制5 ~6 min,至表面焦黄、中心熟透即可。若不具备灌肠条件,可将与配料混拌均匀的肉糜制作成直径为8 cm左右,厚度为8 ~10 mm的饼状,直接煎制食用。

f. 建议烹制时间和方式:蒸煮15 min左右;油煎5 ~6 min。

⑤ 法兰克福香肠。

A. 原料配方。猪肉(瘦)50%、肥油25%、碎冰25%、盐1.6%、糖1%、白胡椒3%、聚合磷酸盐0.3%、香料3%、味精0.2%、色素(红

色)适量、胶原纤维蛋白肠衣。(以原料肉重计算)

B. 工艺流程。后腿肉修整→绞碎→细切混合→抽真空→充填→结扎→水煮(蒸煮)→干燥腌熏→冷却→包装。

C. 操作要点。

a. 原料肉的选择:精选新鲜猪肉,并加以修整、分切,为降低微生物的快速增殖,除需要低温处理外,作业也要迅速。

b. 细切混合:避免细切过程中肉温上升或细胞汁液溶出而造成风味流失,细切机的平板和刀片需有良好的组合。

c. 细切初期,首先将盐溶性蛋白抽出,增加结着力,因此瘦肉、食盐及聚合磷酸盐是最早加入的。但只是这样细切时,因盐溶性蛋白被抽出产生的黏液会造成肉温的上升,故必须加入碎冰,使肉温保持在 10℃ 以下。

d. 为了防止肉制品中有细切不均匀的肉片和添加物,在细切过程中,要注意将盖上内侧之肉充分混入。

e. 抽真空:时间 5~10 min,其目的是防止肉的氧化酸败。

f. 充填、结扎:使用胶原纤维蛋白肠衣,其具有通气性,且皮很薄。

g. 水煮(蒸煮):其主要目的是杀菌和肉的发色,使肉中的酶失去活性,蛋白质热凝固,增加风味。

h. 蒸煮:设定温度(110℃)、湿度90%,时间 25 min;干燥、烟熏:设定温度(中心温度72℃)、湿度85%,时间 25 min。烟熏材料:以山胡桃木为主。

i. 冷却:经过加热处理后,应迅速用淋浴方式急速冷却,以避免表面形成皱纹。

⑥ 白布丁香肠。白布丁香肠在爱尔兰,苏格兰和英格兰等一些地区非常流行。它是由牛板油(牛羊等腰部的)、燕麦片与韭菜或葱等材料制成。但如果加入血,则香肠就称为黑布丁,同样是血肠的一种。而在许多情况下,白布丁香肠并没有被灌进肠衣,而是与培根,炒鸡蛋,黑布丁香肠一起被做成早餐食用。

A. 原料配方。牛板油、燕麦片、面包屑、牛奶、鸡蛋、猪肠子、葱等佐料。

B. 操作要点。

a. 将牛板油切成6 mm(0.25英寸)颗粒或用6 mm(0.25英寸)板研磨。

b. 将燕麦片和面包屑浸泡在牛奶中,静置12 h。

c. 将燕麦片,面包屑滤水,并加入鸡蛋,和其他配料搅拌均匀,之后,将其灌进26~32 mm的猪肠衣中。

d. 在80~85℃(170~185°F)的热水中煮30 min,然后冷冻保存,备用。

e. 食用前,将其水煮回热或者油炸,而后食用。

C. 注意事项。白布丁香肠往往是用猪脂肪辅料或咸肉(培根)制成的。一般会添加一些丁香和豆蔻香料辅味。传统的白色布丁香肠会添加一些切碎的红枣和西班牙的藏红花。

⑦ 美式乡村香肠。乡村香肠也被称为早餐香肠,因为它经常被作为早餐食用,这是一种流行的美国香肠,由猪肉和调味料做成。

A. 原料配方。新鲜猪肉或冷鲜猪肉1000 g、早餐肠配料85 g、水(冰水或凉水)250 g、腌制比例:腌料:水:原料肉=8.5:25:100;肠衣1.5~2.0 m。

B. 操作要点。

a. 选择新鲜猪肉或冷鲜猪肉,脂肪含量为20%~30%,建议在-4℃将原料肉绞碎(绞肉机孔板直径4 mm)、备用。

b. 腌制:每100 g原料肉中加入8.5 g美式乡村早餐肠配料及25 g冰水。先将配料与冰水混匀溶解后再与原料肉混合均匀。

c. 建议采用直径为22~24 mm的羊肠衣进行灌制,灌制时使用漏斗直接套在肠衣上人工灌制,家里有灌肠机可以用灌肠机灌肠。灌制的肠衣口端打结,灌肠要松紧适度,灌制的长度建议在10~12 cm,用细绳子结扎。灌好的肠体要用小针扎若干个小孔,便于烘肠时水分和空气的排除。

d. 灌制好的香肠可放入冰箱冷冻保存,随吃随取,也可直接蒸煮、煎制后食用。

e. 烹制时间和方式:

蒸煮:蒸煮时要使香肠中心温度达到72℃,建议蒸煮时间15 min 左右,可根据灌肠的大小进行调整、灵活掌握。

煎制:锅中放入少量食用油,中火煎制5~6 min,至表面焦黄、中心熟透即可。食用时以中火煎的方式最佳,煎完后的早餐肠有浓郁标准的西式风味,颗粒肉的口感,油而不腻。

C. 产品特点。正宗的美式乡村香肠会使用上等部位的冷鲜猪肉,不用冻肉、碎肉来降低香肠鲜美的口感,同时不添加淀粉和大豆蛋白等填充物质,与其他肉肠相比,剖面可以看见鲜肉纤维,完美保留紧实的肉质和鲜甜的肉汁。从美式乡村香肠的特点中展现美国人"粗犷实在"的特色。

⑧ 波兰香肠。

A. 原料配方。新鲜冷冻猪肉,肥肉20% ~30% 1000 g、肠衣1.5~2.0 m、食盐、黑胡椒、大蒜、水(冰水或凉水) 100 g,腌料:水:原料肉 =3.4:10:100。

B. 操作要点。

a. 选择新鲜猪肉或冷冻猪肉,脂肪含量20% ~30%,在冷冻状态下(-4℃)将原料肉绞碎(绞肉机孔板直径4 mm),备用。或者直接购买市售猪肉馅。

b. 腌制:每100 g原料肉中加入3.4 g波兰香肠配料及10 g冰水。先将配料与冰水混匀溶解后再与绞制后的原料肉混合,搅拌4~5 min,使各种原料混合均匀,肉馅有黏稠感。

c. 灌肠:灌制时使用漏斗直接套在肠衣上人工灌制,家里有灌肠机可以用灌肠机灌肠。灌制的肠衣口端打结,灌肠要松紧适度,灌制的长度建议在10~15 cm,用细绳子结扎。灌好的肠体,要用小针扎若干个小孔,便于烘肠时水分和空气的排除。

d. 烘干:用烘干机热风烘干。温度控制在60℃,时间50 min。目的是使产品定形、减少肠体破裂。

e. 灌制好的香肠可放入冰箱冷冻保存,随吃随取,也可直接蒸煮、煎制后食用。

f. 烹饪:建议烹制时间和方式:蒸煮 15 min 左右、油煎 5~6 min。蒸煮:蒸煮时要使香肠中心温度达到 72℃,建议蒸煮时间 15 min,可根据灌肠的大小进行调整、灵活掌握。传统的波兰香肠一般在蒸熟后切成小段,用来熬汤。煎制:锅中放入少量食用油,中火煎制 5~6 min,至表面焦黄、中心熟透即可;若不具备灌肠条件,可将与配料混拌均匀的肉糜制作成直径为 8 cm 左右,厚度为 8~10 mm 的饼状,直接煎制食用。

⑨ 意大利香肠。意大利鲜香肠英文名称"Italin susage",意大利名字是"Salsicia",是意大利广泛流行的一种鲜香肠,煮熟或油煎后食用,原料肉选用鲜猪肉和猪脂肪,但有时有些地区也将鲜猪肉预先腌制,使用天然肠衣。意大利鲜香肠的香辛料主要以茴香为主,其他配合当地特产,胡椒、肉豆蔻、小豆蔻、姜、辣椒均可组合选择,调味料可选择红葡萄酒、苹果泥、奶酪渣、玫瑰浸液。依照意大利不同的地方习俗,香肠的原料肉还可以选择鹅肉、马肉和牛肉。这种香肠在适宜的温度和相对湿度下进行长时间缓慢发酵干燥而成,切面肥瘦均匀,红白分明,香味浓郁,酸味适中,气味芳香持久,营养丰富,其香味独特,深受消费者的喜爱。

A. 原料配方。牛腱肉、牛肥肉、肠衣、发酵剂:DCM – 1(丹尼斯克)、复合盐(亚硝酸钠 0.015%、复合磷酸盐 0.30%)、D – 异抗坏血酸钠 0.1%、精盐、白胡椒粉 0.3%、辣椒粉、白砂糖、味精。

B. 工艺流程。牛肉解冻→修正切块→腌制→绞肉(辅料和调味料)→搅拌→灌制→发酵→干燥→真空包装→贮藏。

C. 操作要点。

a. 选用 1 cm 直径孔板将原料精瘦肉和猪背膘脂肪分别绞碎,放置在 0~4℃冷却间备用。

b. 将食盐、砂糖、香辛料、大豆蛋白预先混合均匀,放入塑料袋,排除空气,密封,冷却保存。

c. 使用焙烤胡椒的配方,将胡椒焙烤至干脆并粉碎成 1/4 粒,冷藏备用。使用羊奶酪的配方,选用 1 cm 直径孔板绞碎两遍。冷藏备用。

d. 将绞碎的精瘦肉、脂肪、混合香辛料、焙烤胡椒粒、羊奶酪碎粒放入搅拌机,添加冰水、葡萄酒以及羊奶酪,低速搅拌 1 min,然后高速搅拌 15 ~ 30 s。将搅拌均匀的香肠肉馅放入盛装容器,冷藏备用。

e. 依据不同品种,选用 29 ~ 35 mm 直径的天然肠衣或胶原蛋白肠衣,充填香肠肉馅后应排除气孔。香肠打结长度可以选择 5 ~ 13 cm。

f. 鲜香肠保质期是 0 ~ 4℃冷藏条件下为 1 w, -18℃冷冻条件下为 4 w。

g. 食用方法烧烤或油煎为宜。

⑩ 肉灌肠。

A. 原料配方。肠衣、猪精肉(粗粒)60 kg、猪精肉(细粒)40 kg、白膘 40 kg、胡椒粉 0.126 kg、五香粉 0.625 kg、茴香 0.625 kg、味精 0.625 kg、白砂糖 2.5 kg、淀粉 5 kg、酒 0.5 kg、亚硝酸钠 50 g、红米粉适量、精盐 3.5 kg。

B. 工艺流程。原料肉的修整→低温腌制→绞肉或斩拌→配料与制馅→灌制与填充→烘烤→蒸煮→烟熏→贮藏。

C. 操作要点。

a. 原料肉的修整:腌制、绞碎。

b. 低温腌制:混合盐(通常盐占原料肉重的 2% ~ 3%,亚硝酸钠占 0.025% ~ 0.05%)。腌制温度一般在 10℃以下,最好是 4℃左右,腌制 1 ~ 3 h。

c. 绞肉或斩拌:斩拌时间不宜过长,一般以 10 ~ 20 min 为宜。斩拌温度最高不宜超过 10℃。

d. 配料与制馅:在斩拌后,通常把所有调料加入斩拌机内搅拌均匀。

e. 灌制与填充:肠衣内外肠壁用温水洗涤干净,再将肉馅灌入肠衣内,每灌好一根,用线扎紧、打结,然后再把肠子摊在台板上面,逐根检查,如发现气泡,用针刺排空气,后将肠子穿入木棒上,每根之间要保持的均匀距离,放入挂烘烤铁架,以便顺轨道推进烘房。

f. 烘烤:烘烤温度 65 ~ 80℃,维持 1 h 左右,使肠的中心温度达 55 ~ 65℃。

g. 蒸煮:水煮时,先将水加热到 90 ~ 95℃,把烘烤后的肠下锅,保持水温 78 ~ 80℃,当肉馅中心温度达到 70 ~ 72℃时为止。汽蒸时,只待肠中心温度达到 72 ~ 75℃时即可。

h. 烟熏:将肠均匀挂放在烘房铁架上,顺轨道推入烘房,然后用木屑烟熏,烟熏时间为 5 ~ 7 h,温度保持 60 ~ 70℃,待熏烤肠表面干燥,产生光泽,透出肉馅红色,并有散布均匀的核桃壳式皱纹,肠身有烟熏香气,即成为成品。

i. 贮藏:湿肠含水量高,如在 8℃条件下,相对湿度 75% ~ 78% 时可悬挂 72 h。在 20℃条件下只能悬挂 24 h。水分含量不超过 30% 的灌肠,当温度在 12℃,相对湿度为 72% 时,可悬挂存放 25 ~ 30 h。

⑪ 血肠的加工工艺。

A. 原料配方。畜血 25 kg、猪颊肉 40 kg、猪五花肉 25 kg、畜皮(牛皮或猪皮)10 kg、食盐 1.2 kg、腌制剂 2 kg、白糖 2 kg、胡椒 240 g、多香果 60 g、洋葱 50 g、大蒜粉精 50 g、料酒 50 mL、血豆腐添加剂25 ~ 50 g;绞肉机、斩拌机、灌肠机、肥肉切丁机、打结机。

B. 工艺流程。原料选择→预煮→斩拌→混合→灌肠→煮制→冷却→成品。

C. 操作要点。

a. 原料肉的选择和整理:原料肉经剔骨后,修去遗漏的碎骨、软骨、硬筋、淤血、伤斑、淋巴结等,再分成瘦肉和肥膘,把瘦肉切成 1.5 cm 的条块进行腌制,肥膘则切成 0.6 cm 左右厚的薄片,装浅盘冷藏(不腌制),待变硬后切成 0.6 cm 见方的肉丁备用。

b. 预煮:74℃将肉煮熟。

c. 绞肉或斩拌:原料肉绞制过程应保证绞刀和孔板锋利且定期更换。一般 2 ~ 4 w 磨一次,螺旋压盖松紧适度,太松太紧都会影响绞肉的质量。松紧适宜后,绞出的肉形成类似面条的细长条,而不是散开的肉泥状。否则绞肉过程中机械摩擦产热,从而使温度升高,脂肪有融化现象,影响血肠质量。利用搅拌机快速的旋转和锋利的刀锋,使肉被搅成泥状,达到很好的乳化效果。

斩拌一般分为三段。第一段,先加入瘦肉部分,加入亚硝酸盐、磷酸盐,斩拌 3 min 左右,使肌肉中的盐溶蛋白充分溶出。第二段,加入肥肉、水、糖、味精、维生素 C 等,斩 2 min 左右,使肉馅混合均匀。第三段加入香辛料、香精、淀粉、冰、水,使肉馅达到均匀、细腻、有光泽,斩拌后温度应低于 12℃ 为最佳状态,温度过高,微生物易繁殖,温度过低,盐溶蛋白不能充分析出,达不到最佳乳化状态。

d. 搅拌:将各种物料混合充分提出盐溶蛋白,物料最佳搅拌温度在 0 ~ 12℃,关键是要控制时间,如温度过高,时间过长,容易造成细菌和霉菌的滋生和繁殖。

e. 灌肠:将肠馅灌入肠衣,在 83 ~ 85℃ 条件下煮 1 h 左右,然后快速冷却,即为成品。

D. 产品特点。肠体较饱满,肠馅呈棕褐色,醇香适口。食品卫生指标及添加剂标准应符合国家有关规定。

3.3.2 西式早餐火腿

西式火腿制品的主要组成成分是水分、蛋白质、脂肪、糖类、无机盐、调味品和其他添加物,其中水分、蛋白质和脂肪是重要组分。所以在设计配方时,首先要根据产品档次严格把握水分、蛋白质和脂肪等的构成比例,科学合理地设计配方,大部分西式火腿可以直接食用,其色泽鲜艳,细嫩多汁,味道鲜美,出品率高。

(1)配方

西式火腿最主要的配方是原料肉、食盐、磷酸盐、水或冰、胡椒粉、亚硝酸盐等。西式火腿制品分为意式火腿、烟熏里脊火腿、通脊火腿等。

(2)操作要点

① 意大利式火腿。意大利式火腿的原料要求很严格。原料肉必须符合政府的规定,即旋毛虫在腌制的过程中必须被杀死,因为这种火腿在食用之前是不再煮制的。做意大利式带皮火腿,应该选择质量为 5.44 ~ 6.8 kg,没有擦伤并且组织结构良好,皮下脂肪层不应超过 3.8 ~ 5 cm 的火腿。

A. 原料修整。皮要覆盖整个火腿,去蹄,从股关节处去除骶骨。

B. 腌制。火腿用食盐涂擦。火腿中心温度应保持在 0 ~ 4℃。

使用无菌香辛料。用 0.18 kg 的纯香辛料混合物与 1.81 kg 的食盐混合。在使用之前,应将二者充分混合,每 1 kg 火腿,用 0.044 kg 的食盐和香辛料混合物擦盐后,将火腿放在一个平台上面,叠放四层,皮面朝下。在 0 ~ 4℃的条件下腌制 10 d。然后上下倒换位置,再腌制10 d。然后补盐一次,总共腌制 40 ~ 45 d。腌制期间,用薄膜将火腿遮盖起来,以防被灰尘污染。

C. 整形。将火腿修整成扁平状。

D. 漂洗。将火腿从腌制间取出,放入低于 20℃的水中进行漂洗至少 15 h,期间换水一次。最后用刷子刷拭皮面,防止干燥后出盐。把火腿挂在烟熏架上,并使每个火腿之间保持一定的距离。

E. 烟熏。把烟熏室预热到 30℃,然后放入火腿保持 8 h。生产烟熏火腿时,干燥 24 h 后,开始上烟,直至出现所希望的烟熏色。当50℃下保持 48 h 后,逐渐升高温度到 60℃,再保持 48 h;然后降温到49℃,保持 8 h;然后停止加热,在烟熏室将中心温度降低到 38℃。

F. 干燥。将火腿从烟熏室取出后,在室温下吊挂 6 ~ 8 h。然后在火腿的肉面擦黑胡椒和白胡椒(1:1)混合粉,并擦掉任何可能黏附在火腿皮面的胡椒,注意不要擦破火腿皮面。将腌制好的火腿转移到干燥室,室温为 20 ~ 25℃,相对湿度为 65% ~ 75%,保持 30 d。

② 烟熏里脊火腿。

A. 原料选择。选用平均质量在 5.44 ~ 6.35 kg 猪肉里脊来加工。剔去骨头但不能破坏肉,剔除表面脂肪。

B. 注射腌制。用盐水腌制剂把盐水注入里脊。盐水注射前保存在 0 ~ 4℃,按里脊鲜重的 10% 注射盐水。把里脊放入肉车里,用配制的盐水将其淹没。腌制 4 ~ 6 d。把里脊从中取出,用温水冲淋,用毛刷刷拭。

C. 填充。把里脊放到容易剥皮的纤维肠衣里。两端结扎。再把里脊放到烟熏架上,不要互相接触。

D. 烟熏。把里脊放入预热到 55℃的烟熏室里,保持 30 ~ 45 min至肠衣干燥。升温到 60℃,送烟。烟熏 4 ~ 5 h,停止烟熏升温到 75℃直至里脊中心温度到 70℃。从烟熏室中取出里脊,冷水冲淋冷却至中心温度到43℃。再把里脊挂在室温下1 h使肠衣干燥,即为成品。

③ 通脊火腿。

A. 选择符合卫生要求的猪通脊肉,将盐水注射到其中。盐总用量为肉重的20% ~30%,其中注射量为10% ~15%,剩余的与通脊肉一起倒入滚揉机中滚揉过夜,保持滚揉温度为1~8℃。

B. 腌制好的通脊肉可直接进行修整,穿上线绳,吊挂在烟熏炉内,进行熏制,成品称通脊火腿肉;也可以使用填充机把两条重叠通脊肉一起冲入强力纤维素肠衣内,用拉伸打卡机进行拉伸打卡,然后吊挂在烟熏炉内进行熏制,成品称通脊火腿。

C. 在40~50℃条件下进行1~2 h初步干燥,然后在60~70℃条件下烟熏2~3 h。

D. 烟熏后,在75~85℃条件下煮制1~2 h,当中心温度达到70℃即可。然后立即进行冷却,通脊火腿可采用冷水喷淋法冷却,通脊火腿肉必须自然冷却。

(3)加工实例

① 西班牙火腿。西班牙火腿是连蹄带骨制作,吃的时候必须手工切下薄片。在西班牙有专业切火腿的火腿师,这些人不仅需要一定的天赋和功夫,还得经过数年专业训练。高级火腿师傅一般要配备七八把以上的专业切刀。什么品种的猪,什么部位的肉,什么时间的肉,采用的刀具都不一样。最妥帖的享受方式就是现切现吃,切成薄片摆在温热的盘中,使每一片火腿与空气充分接触,让香味和油脂慢慢渗出。

A. 原料配方。西班牙本地黑蹄猪制成。这种猪毛色较黑,产量少(每年产量大约是十几万只),拥有健硕的后腿和薄而窄的黑色蹄子。

B. 操作要点。

a. 切割、修整:猪腿切割后放血,然后除去猪腿皮面的残毛和污物,接着冷藏,让腿内温度保持在0~1℃。

b. 盐腌:埋藏在海盐中,利用盐来脱水,时间视重量而定。

c. 腌渍:腌过的猪腿放置40~60 d,让盐分渗透到猪腿里面,使里面的水分渗透到猪腿的表面而慢慢蒸发。

d. 洗腿:用热水刷洗,把猪腿表面剩余的盐分刷掉。

e. 风干:保持温度,让火腿自然风干6~9个月。

f. 陈酿:风干之后,放进地窖陈酿,保持温度和相对湿度。

② 里脊火腿。里脊火腿是可直接食用的熟制品,其色泽鲜艳,肉质鲜嫩,口味鲜美适用于大规模机械化的生产,产品标准化程度高。

A. 原料配方。猪背腰肉。

B. 工艺流程。整形→去血→腌制→浸水→卷紧→干燥→烟熏→水煮→冷却→包装。

C. 操作要点。

a. 整形:里脊火腿将猪背部肌肉分割成2或3块,削去周围不良部分后切成整齐的长方形。

b. 去血:指在盐腌之前先加适量食盐、硝酸盐,利用其渗透作用进行脱水以除去肌肉中的血水,改善色泽和风味,增加防腐性和肌肉的结着力。取肉重量的3%~5%的食盐与0.2%~0.3%的硝酸盐,混合均匀涂抹在肉的表面,堆叠在略倾斜的操作台上,上部加压,在2~4℃下放置1~3 d,使其排除血水。

c. 腌制:用干腌、湿腌或盐水注射法均可,大量生产时一般多采用注射法。食盐用量可以以无骨火腿为准或稍少。

d. 浸水:用干腌法或湿腌法腌制的肉块,其表面与内部食盐浓度不一致,需浸入10倍的5~10℃的清水中浸泡以调整盐度。浸泡时间随水温、盐度及肉块大小而异。一般每千克肉浸泡1~2 h,若是流水则数十分钟即可。浸泡时间过短,咸味重且成品有盐结晶析出。浸泡时间过长,则成品质量下降,且易腐败变质。采用注射法腌制的肉无须经浸水处理。因此,现在大生产中多用盐水注射法腌肉。

e. 卷紧:用棉布卷时,布端与脂肪面相接,包好后用细绳扎紧两端,自右向左缠绕成粗细均匀的圆柱状。

f. 干燥、烟熏:约50℃干燥2 h,再用55~60℃烟熏2 h左右。

g. 水煮:70~75℃水中煮3~4 h,使肉中心温度达62~75℃,保持30 min。

h. 冷却、包装:水煮后置于通风处略干燥后,换用塑料膜包装后送入冷库贮藏。优质成品应粗细长短相宜,尺寸均匀无变形,色泽鲜明光亮,质地适度紧密而柔软,风味优良。

③ 帕尔玛火腿。帕尔玛火腿是全世界最著名的生火腿,其色泽嫩红,如粉红玫瑰般,脂肪分布均匀,口感于各种火腿中最为柔软,因此,正宗的意大利餐厅,都有供应这道早餐良品。

A. 原料配方。新鲜猪后腿。

B. 工艺流程。隔离和屠宰→冷却→修割→上盐→搁置→清洗干燥→前期风干→后期风干→涂猪油→成熟和陈化→切片包装(以上过程必须在帕尔马地区进行)。

C. 操作要点。

a. 用来制作帕尔玛火腿的原材料专门要求选 9 个月以上、重约 160 kg(允许有 10% 的浮动空间)重型猪的新鲜猪后腿。

b. 脂肪的一致性:要求每个样本中碘含量不超过70%,亚油酸的含量不超过 15%。

c. 脂肪层厚度:顶级帕尔玛火腿的猪皮不能与下面的肌肉纤维层分离。

d. 新鲜的猪后腿的理想重量是 12~14 kg,不能低于 10 kg。

e. 新鲜猪后腿除冷藏外不允许采用包括冷冻在内的任何防腐处理。不能使用屠宰后不到24 h 或超过120 h 的猪的后腿。

④ 带骨火腿。带骨火腿是将猪前后腿肉经过盐腌后,加以烟熏以增加其保藏性,同时赋予香味而制成的半成品,带骨火腿有长形火腿和短形火腿两种。

A. 原料配方。新鲜猪前、后腿肉。

B. 操作要点。

a. 原料选择:长形火腿是自腰椎留一或两节将后大腿切下,并自小腿处切断。短形火腿则自耻骨中间并包括荐骨的一部分切开,并自小腿上端切断。

b. 整形:除去多余脂肪,修平切口。

c. 去血:在腌之前先加适量食盐、硝酸盐,利用其渗透作用进行脱水以除去肌肉中血水,取肉重量3%~5%的食盐与0.2%~0.3%的硝酸盐混合均匀涂抹在肉的表面,堆叠在略倾斜的操作台上,上部加压,在2~4℃下放置1~3 d,使其排除血水。

d. 腌制:在肉表面擦以食盐、硝酸钾、亚硝酸钠、蔗糖等的混合腌料,利用肉中所含50%~80%的水分使混合盐溶解而发挥作用。按原料肉质量计,一般食盐3%~6%、硝酸钾0.2%~0.25%、亚硝酸钠0.03%、砂糖1%~3%、调味料0.3%~1.0%,调味料常用的有月桂叶、胡椒等,盐糖之间的比例不仅影响成品风味,而且对质地、嫩度等都有显著影响。

e. 浸水:浸入10倍的5~10℃的清水中浸泡以调整盐度。浸泡时间随水温盐度以及肉块大小而异,一般每千克肉浸泡1~2 h,若是流水,则数十分钟即可。浸泡时间过短,咸味重且成品有盐结晶析出。

f. 干燥:经盐水浸盐后的原料肉悬于烟熏室中,在30℃温度下保持2~4 h,至表面呈红褐色且略有收缩时为宜。

g. 烟熏:烟熏时保持温度30~33℃,时间1~2 d,至表面呈淡褐色时则芳香味最好。

h. 包装:烟熏结束后,自烟熏室取出,冷却至室温后转入冷库冷却至中心温度5℃左右,擦净表面后,用塑料薄膜或玻璃纸等包装即可入库。

3.3.3　西式培根

常见的培根早餐吃法包括芝士培根鸡蛋卷、培根火腿三明治等。

(1)原料配方

原料肉100 kg、食盐8 kg、硝酸钠50 g。根据所用原料分为大培根、排培根和奶培根3种,但加工方法基本相同。

(2)操作要点

① 选料:瘦肉型的白毛猪:大培根原料取自猪的白条肉中段,排培根取自猪的大排,奶培根取自猪去掉大排的肋骨肉。

② 剔骨:右手持剔肉刀,左手按住肉块,根据骨头的部位,使刀尖的锋口对准骨的正中,缓缓切割,让肋骨脱离肉体,然后用刀紧贴骨

面将椎骨一同割下。

③ 整形:将去骨后的肉料,用刀修割,使其表面和四周整齐光滑。

④ 腌制:干腌是腌制的第一阶段,将配制好的干腌料敷于肉坯料表面,并轻轻搓擦,待盐粒与肉中水分结合开始溶化时,将坯料逐块抖落盐粒,装缸置冷库内腌制 20~24 h。经过干腌的坯料随即进行湿腌,方法是在缸内先倒入少许盐卤,然后将坯料一层一层叠入缸内,每叠 2~3 层,加盐卤少许,直至装满,每隔两三天翻缸一次。

⑤ 浸泡:培根出缸后用淡水浸泡洗涤,以清除污垢,同时可以降低咸度,避免烟熏干燥后表面出现白色盐花,浸泡时间一般为 30 min。

⑥ 再整形:把不成直线的肉边修割整齐,刮去皮肤上的残毛和油污,然后将肉坯穿上线绳,串挂于杆上沥干水分以待烟熏。

⑦ 烟熏:木材或锯木屑用火燃着后,将沥干水分的坯料移入熏房,熏房温度一般保持在 60~70℃,在烟熏过程中需适时移动坯料上下位置以便烟熏均匀,待坯料肉皮呈金黄色时,表明烟熏完成,即为成品。

3.4　西式早餐蛋制品

禽蛋具有极高的营养价值,所以在人们的日常生活中,会经常出现在我们的餐盘里,然而国内外对于禽蛋的食用方法并不完全相同。国内的禽蛋,经常会被加工成咸蛋、松花蛋、皮蛋等一系列产品,使禽蛋具有其他的特殊风味。当然也会采取一些简单的烹饪方式,直接对禽蛋进行加工处理,如简单地煎炒。但在国外,对于禽蛋的食用并没有特别复杂的食用过程,鸡蛋通常被外国人选为他们的早餐食物,将一个鸡蛋进行简单的煎煮,便能满足外国人的需求,因为鸡蛋中具有非常多的蛋白质,能为他们一段时间内的生命活动提供必需的能量,同时通过简单的煎煮,能够极大地保留鸡蛋的营养价值。

不同国家地区对于鸡蛋的饮食习惯并不完全相同,但这并不影响其在各种形态中所发挥的营养价值,它可以满足人们不同口味、口感的需求,市面上的蛋制品种类丰富多彩,是为了能够从不同方面均衡人们的营养,满足人们的需求。

3.4.1　西式早餐煎蛋卷

(1)原料配方

鸡蛋、培根(五花熏咸肉)、2~3个洋葱、半个香菇、蘑菇、3~4朵黄油、适量黑胡椒、海盐、芝士、百里香、蒜、黄西红柿(小)、红西红柿(小)、适量调味番茄酱,或者生抽,辣酱。

(2)操作要点

①辅料处理:切培根,注意切的时候不要切太大,将洋葱和蘑菇、香菇洗净切丁(切片也可以),在碗中打三个左右鸡蛋,把鸡蛋打匀至有很多小泡泡,这样做出的煎蛋卷会非常嫩。将黄西红柿和红西红柿切半放入碗中,加入沙拉酱、糖醋汁调好放置一旁备用。

②烹饪:锅热后,在锅中倒适量橄榄油,先炒培根,炒香后将洋葱和蘑菇、香菇丁放入,然后继续用大火炒,这样炒出来的蘑菇、香菇就不会水水的,加入少量海盐和黑胡椒,然后加入少量百里香和蒜片,炒香后调制小火,将鸡蛋倒入,不停地轻轻推动,将鸡蛋推到锅的前面去,然后将锅翘起来,继续将鸡蛋轻轻往前推,然后将后面的鸡蛋往前折,用铲子抵住鸡蛋,使鸡蛋定型,现在鸡蛋处于半熟状态,再加入一点点芝士,然后将火稍微调大,让它的底部再烹饪一下,待定型后,就用铲子掀起为半圆形或者卷成卷,马上滑入盘子中。

③淋酱和配菜:放入调好的番茄沙拉,再在鸡蛋上淋上想吃的酱料,如番茄酱、沙拉酱等,这样西式早餐煎蛋卷就做好了。

3.4.2　法式蛋皮土司

(1)原料配方

吐司3片、鸡蛋2个、火腿2片、黄瓜半根、面粉15 g、黄油适量、白兰地1小勺、白糖5 g、牛奶50 g、沙拉酱适量。

(2)操作要点

① 准备吐司3片、黄瓜半根、方形火腿1块。黄瓜切片,火腿切成小丁。

② 取一片吐司,抹少许沙拉酱,整齐的码上切好的黄瓜片,另一片抹上沙拉酱放上切好的火腿。

③ 将吐司叠放整齐,用锯齿刀切去四边的面包皮,再从中一剖两半。

④ 将材料鸡蛋 2 个、牛奶 50 g、糖 5 g、白兰地 1 小勺、过筛低筋面粉 15 g 混合搅打均匀,打好的蛋液用筛网过滤一遍。

⑤ 倒入已刷上融化黄油的电饼铛或者烧热的煎锅,迅速煎成蛋皮,将吐司放在蛋皮中间,卷起包好即可。

(3)注意事项

煎蛋皮时的火候控制很重要,温度太高会煎得焦黑,温度太低会成死面饼,所以电饼铛或者煎锅的火力要选择好。一定要选择大火,锅体烧得非常热时,迅速倒入蛋液旋转锅底,就可以煎出一块完美的蛋皮,营养全面均衡,是早餐的最佳选择。

3.4.3 西式蛋卷

(1)原料配方

新鲜鸡蛋 3 个、彩椒 1 个、洋葱 1 个、奶酪适量、午餐肉适量、盐适量、黄油 15 g。

(2)操作要点

①辅料处理:把彩椒、洋葱、午餐肉洗净之后沥干水分,用刀切成丁一同放入盘中备用。把鸡蛋打入碗里,加入适量盐,将其搅拌成鸡蛋液备用。

②制备馅料:在锅里放入适量黄油,转到中火将其烧热,把刚刚切好的彩椒丁、洋葱丁、午餐肉丁都放入锅里进行炒制。再添加奶酪适量、盐适量进行煸炒,直至奶酪完全融化即可,盛入盘中备用。

③煎制成形:在锅里放入 5 g 黄油,转到中火烧热,等到油一热立即转到小火(越小越好),倒入搅拌好的鸡蛋液摊平进行煎制,直到鸡蛋底面呈现焦黄色的固体,翻面继续煎制。等到两面都呈现焦黄色后,则煎制完成,关火。

④卷饼:将煎好的鸡蛋饼盛入盘中摊好,把做好的馅料倒入鸡蛋

饼上均匀摊好,再将鸡蛋饼卷好即可食用。也可以根据自己口味挤上自己喜欢的酱料,比如沙拉酱、芝士酱、番茄酱、海鲜酱等。

(3)注意事项

①在煎制鸡蛋的时候必须转到小火,否则鸡蛋液表面会出现气泡。

②做馅料时要适量,不能太多,否则鸡蛋饼卷不上。

③煎制鸡蛋轻一点,防止鸡蛋散了,鸡蛋饼做出来外观不好看。煎制鸡蛋时间不宜太长或太短,以免影响口感。

3.4.4 苏格兰炸蛋

(1)原料配方

鸡蛋4个、洋葱3/4颗(150 g)、混合绞肉300 g、盐和黑胡椒各少许、低筋面粉1大匙、肉豆蔻粉1/2小匙、面包粉100 g、沙拉油1小匙、沙拉油适量、小番茄6颗。

(2)操作要点

① 将水倒入锅内,完全覆盖鸡蛋,开大火煮。待煮沸后转中火,持续滚动鸡蛋,煮8 min。捞出放入冷水,在水中剥除蛋壳。

② 洋葱切末。平底锅加热并裹上沙拉油,以偏弱的中火拌炒洋葱至透明,然后移放到搅拌盆中放凉。

③ 将佐料放入洋葱末中,用手和拌直到质地变黏稠为止。

④ 将面衣用的鸡蛋打成蛋汁备用。水煮蛋抹上面衣用的低筋面粉。第三步的外馅馅料取1/4分量铺开于掌心上,放上水煮蛋,一边延展馅料,一边将鸡蛋包覆起来。

⑤ 把面衣用的低筋面粉搓抹于其上,然后沾附面衣用的蛋汁,并裹上面包粉。

⑥ 锅内倒入大量炸油,加热至170℃。将其下锅油炸约5 min,直到表面呈现焦黄。盛盘,并佐上小番茄即可。

3.4.5 欧姆蛋

(1)原料配方

新鲜鸡蛋、盐、黑胡椒粉、油、牛奶、牛肉、平菇、青菜、沙拉酱、番茄酱。

（2）操作要点

① 原料处理:鸡蛋打入小碗中,加入少许盐、黑胡椒粉、牛奶,用筷子将蛋液和辅料搅拌均匀。

② 配菜处理:将洗净的牛肉和平菇都切成大小均匀的小块,放入少量盐和黑胡椒粉腌制十分钟,平底锅刷油,开中火待油热后放入牛肉粒和平菇粒,翻炒出香味后装入盘中备用。将火腿切成片状,平底锅中加入少许食用油,锅热后小火慢煎,待一面变至金黄色了翻面,两面都由粉红色变成金黄色了盛出备用。在炒锅中加入清水,大火烧开,放入青菜,30 s后捞出备用。

③ 煎蛋:中火热锅,再在锅中倒入少许食用油,将搅拌好的蛋液倒入锅中,倾斜锅以使蛋液平均覆盖锅面,没有被覆盖到的地方用铲子摊平,待蛋液基本凝固后,用铲子轻轻拨动煎蛋,待煎蛋能自由滑动时,就可以关火了。此时,将煎过的火腿片平铺在煎蛋上,将炒熟的牛肉粒和平菇粒平铺在煎蛋的半边,放上热水焯过的青菜,挤上沙拉酱,制作步骤就完成了。

④ 装盘:用铲子轻轻将没有放置内料的半边煎蛋铲起,覆盖在另半边上,铲起整个煎蛋底部,使煎蛋里面的馅料不掉出来,放入盘子中,在成型的煎蛋上面挤上沙拉酱、番茄酱,欧姆蛋就制作完成了。

3.4.6　西式炒蛋

（1）原料配方

4个60 g左右的鸡蛋、10 g奶油或者10 g牛奶、0.4 g盐、10 g黄油、少许黑胡椒。

（2）操作要点

① 原料准备:打散鸡蛋,加液体(常见的是加入牛奶,但加奶油会更浓郁更具有奶香),加入盐(在打蛋的时候加盐,然后静置15 min,最后鸡蛋炒出来会更水嫩,如果不提前加盐会让鸡蛋很枯,口感没有那么滑嫩),鸡蛋尽量打散多让空气进去,这样口感更软嫩也更好看。

② 鸡蛋的翻炒:平底锅加热,用小火,放10 g的黄油,倒入鸡蛋混

合液,一直不停地搅拌,直到锅内没有可以流动的液体,鸡蛋上还有一点点湿的时候,马上停火出锅。(不用担心鸡蛋没有熟,余温会将鸡蛋变熟)

③ 装盘:最后在鸡蛋上面撒些黑胡椒即可。

西式炒蛋最经典的吃法就是配上烤好的吐司,放上西式炒蛋,上面撒上黑胡椒即可。

3.4.7　西班牙蔬菜烘蛋

西班牙蔬菜烘蛋,绵密的烘蛋口感与蛋香,搭配各种蔬菜再加上起司,是一道美味的西式早餐料理。

(1)原料配方

主料:洋葱1/4 颗切丁、甜椒切丁、番茄切片、西蓝花、黄奶酪、甜椒。

配料:鸡蛋 1 颗打蛋汁、鲜奶 5～8 mL、太白粉一点点、适量盐、适量橄榄油。

(2)操作要点

① 平底锅加一点油下洋葱,炒至洋葱变软甜味出来后再下甜椒拌炒一下,倒入蛋汁、太白粉、水和牛奶拌匀。关火利用平底锅余温让蛋汁底部凝固(同时煮水烫西蓝花),把平底锅内的食材倒入烤盅。

② 放入西蓝花(烫至七分熟)、番茄、甜椒丁并撒上一点黄奶酪。

③ 烤箱预热 10 min,烤盅放入烤箱时上面盖烘焙纸、上下火180℃,10～15 min。注意把握好火温和烘烤时间,蛋汁全熟后将烘焙纸取出,烤 1 min 让表面稍微上色。

④ 烤完,冷却到烤盅不烫手,最后撒上洋香菜香料即可。

3.4.8　蛋黄酱

蛋黄酱是一种调味油,是由食用植物油脂、食醋、果汁、蛋黄、蛋白、食盐、糖、香草料、化学调味料、酸味料等原料组成。一般使用精制色拉油,不使用氢化油,其乳化形式为水包油型。以蛋黄酱为基本原料,可调制出炸鱼、牛扒以及虾、蛋、牡蛎等冷菜的调味汁。添加番茄汁、青椒、腌胡瓜、洋葱等,可调制出用于新鲜蔬菜色拉或通心粉色拉的调味汁。

(1)原料配方

植物油、蛋黄、芥末酱、柠檬汁或白醋、盐、胡椒。

(2)操作要点

① 将水和酿造醋混合,边搅拌边添加酿造醋使之溶解。向蛋黄、食盐和香辛料中加 1/3 量上述溶液,调成糊状。用搅拌机边搅边添加色拉油和 2/3 量的上述溶液,便制成极稳定的乳化液。这种蛋黄酱在保存中黏度无下降现象。

② 色拉油的分量不宜多,用点滴方式加入。待体积增大后,且完全融合时,便可以用汤匙加入。加入色拉油的时间应慢,使油与蛋黄有完全融合的时间。若打好的蛋黄酱太浓或颜色太黄,可以加入一点蛋白调匀。

3.4.9 蛋挞

(1)原料配方

鸡蛋 4 个、牛奶 250 mL、白砂糖 40 g、淡奶油 100 g、炼乳 35 g、黄油 40 g、低筋面粉 150 g、水 75 g。

(2)操作要点

① 蛋挞皮:把水倒入低筋面粉并向里面加入黄油,然后用手稍微搅拌一下后放到干净的面板上反复揉搓,揉成光滑的面团,用保鲜膜包起来放入冰箱饧 40 min。然后拿出来擀面团,把事先软化的黄油抹到面皮上,然后从一端慢慢卷起收紧,用保鲜膜卷起放冰箱中定型。冷藏结束后拿出分段。每个模具上放入一段,按住中心向两边按压。这样蛋挞皮就可以放在冰箱冷冻了。

② 蛋挞液:将牛奶、淡奶油、炼乳、白砂糖放入奶锅中,燃气灶开小火加热,煮到稍微要开的时候关火;蛋白和蛋黄分离,将 4 个蛋黄搅拌均匀备用。煮好的奶油液放凉,直到摸上去不热为止,再将蛋黄加入奶油液中搅拌均匀,搅拌好的蛋挞液一定要过滤一遍,这是为了保证蛋挞液的细腻。

③预先把蛋挞皮解冻,然后把蛋挞液倒进蛋挞皮中,八分满即可。

④蛋挞的烘焙:烤箱提前预热,蛋挞入烤箱上下火180℃烤制25 min,好吃的蛋挞就可以出炉。

3.4.10　培根肉滑蛋

（1）原料配方

面包片3片、黄油30 g、大蒜4瓣（需要压成泥）、罗勒碎1小勺、培根滑蛋材料:培根30 g、新鲜鸡蛋3个、牛奶2大勺、淡奶油1大勺、黄油8 g、葱末1大勺、食用盐、黑胡椒碎若干。

（2）操作要点

①在锅中加入准备好的黄油,加热融化,然后向锅内加入蒜泥和罗勒。炒香出锅,要小火慢慢地炒。

②将面包片或法式面包棍切成片状,在面包片上均匀地涂上大蒜油。然后将烤箱预热,把均匀涂好大蒜油的面包片放入预热220℃的烤箱,用适合的温度烤8 min左右,至金黄即可。将烤好的面包取出。

③将3个蛋置于碗中并搅拌均匀,向搅拌均匀的蛋液中加入3勺中式调羹的新鲜牛奶,然后向蛋液中再加入适量的盐、胡椒粉等调味品,搅拌均匀,备用。

④将准备好的培根切成小粒,然后在锅内加入少量植物油,加热,然后放入锅中煎至上色后出锅,备用,再向锅内加少许黄油,待融化后,倒入准备好的蛋液。用木勺小火慢慢搅动,均匀翻动,一定要注意火候,温度不能过高,不然容易糊锅,等鸡蛋凝固后立刻关火出锅,盛入盘中。

⑤在炒好的鸡蛋中撒入适量葱末和煎炒好的培根,一份美味可口的大蒜面包配培根肉滑蛋就做好了。

3.4.11　土耳其散蛋

（1）原料配方

青甜椒2个、橄榄油8勺、番茄2个、鸡蛋4个、盐适量、干红辣椒

4个、干百里香2勺。

（2）操作要点

① 甜椒去籽切碎，番茄去皮切丁，鸡蛋打散。

② 锅中热油，将甜椒碎放入，中火炒至甜椒变软，切勿将甜椒变焦糖色，翻炒约3 min。

③ 放入番茄丁，慢炖5～7 min，加入百里香。

④ 将鸡蛋倒入，若喜欢略湿的口感，略搅拌2～3次即可；或继续小火搅拌1～2次，加入盐调味，离火就能够完成土耳其散蛋。

3.4.12　奶油花蛋糕

（1）原料配方

蛋糕胚料（特制粉2.5 kg、鸡蛋5 kg、白砂糖粉2.5 kg、香兰素0.005 kg、水约0.25 kg）；奶油膏料（奶油1.75 kg、牛奶浆2.5 kg、白兰地酒0.05 kg、可可粉0.1 kg、食用色素和香蕉香精适量）；冻粉块料（白砂糖0.25 kg、冻粉0.05 kg、水约0.25 kg、食用色素和香蕉香精适量）；饰面用苹果酱或果料0.25 kg。

（2）操作要点

①制蛋糕胚：将蛋液、白砂糖放入打蛋机内搅拌溶化，加入香兰素继续打20～30 min，起发体积增加2～3倍，呈乳白色，筛入面粉，拌匀成蛋糕糊。将蛋糕糊灌入铺纸、涂油的铁圈模，入炉烘烤。炉温控制在160℃以下，烘烤约30 min。出炉冷却，即为蛋糕胚。

② 装饰料调配：奶油膏将奶油放入桶中，用木搅拌板打发，成乳黄色。然后分次加入牛奶浆，搅拌至再呈乳黄白色，并能立住花时，加入白兰地酒、香精搅匀。

③ 冻粉块：将冻粉用清水洗净，加水0.75 kg浸泡。待泡软后，加热融化，再加糖后，过滤除杂。继续熬制，当品温达103～106℃时出锅。分成3等份，分别加入香精并调成红、黄、绿三色，冷却成冻粉块。

④ 装饰成型：将蛋糕胚去掉垫纸，用刀整形。修整下的碎边料，经选择后，搓碎过筛，备粘边用。将整形好的蛋糕胚抹上奶油膏和果酱，即为成品。

3.4.13 蛋白花蛋糕

(1)原料配方

蛋糕胚料(特制粉2.5 kg)、鸡蛋4.5 kg、白砂糖粉2.5 kg、香兰素0.005 kg、水约0.25 kg);蛋白膏料(蛋清液0.5 kg、白砂糖2.5 kg、冻粉0.05 kg、水约2.25 kg、柠檬酸、香蕉香精、食用色素适量);冻粉块料和饰面果酱和奶油花蛋糕相同。

(2)操作要点

将冻粉用清水洗净、浸泡,泡软后加水入锅,微火熬煮。冻粉溶化后,加入白砂糖,继续熬溶;过滤后,滤液再熬至107~110℃。将熬好的糖浆浇入已搅拌起发的蛋清液中,边冲边搅打。然后加入香蕉香精和柠檬酸液。搅打至蛋白能立住丝时连同容器移放在热水浴上,保持一定温度,以备挤花用。

装饰成型:用蛋白膏代替奶油膏。其他制作程序和方法与奶油花蛋糕相似。

3.4.14 西多士

西多士也叫"法兰西多士",原料很常见,做法简单快捷,口感又好,是一种很受欢迎的西式早餐。

(1)原料配方

鸡蛋1枚、吐司面包3片、芝士片1片、花生酱若干、黄油15 g、炼奶或奶油若干、牛奶10 mL。

(2)操作要点

① 辅料处理:把吐司面包的四条边去掉,将2片面包的其中一面都涂上花生酱,拿一片芝士夹在中间,挤上炼奶再将另一片盖上,并切成四小块备用。碗中打入一枚鸡蛋,加入10 mL牛奶,并依据个人喜好加入适量炼乳,搅拌均匀备用。

② 烹饪:将准备好的面包放入蛋液中,等待蛋液完全浸润。平底锅中放入15 g黄油,等黄油融化,油温五成热放入裹好蛋液的面包,先煎周围四面,微焦后在煎正反两面,注意全程要用小火慢煎。

③ 加料摆盘:盛出西多士,淋上炼乳或者蜂蜜即可食用。

(3)产品特点

随着西多士传入不同国家和地区,西多士也有了咸味的烹饪方法:

① 火腿,洋葱切丁,放入蛋液中,加少许盐和黑胡椒粉提味;吐司中间切掉适量,留完整边框。

② 锅里放少量黄油,吐司中间倒适量蛋液火腿洋葱丁,用小火煎,待蛋液差不多凝固时把切掉的吐司盖上,翻面继续煎,煎至面包微微发干即可出锅。

③ 淋上沙拉酱或者番茄酱即可。

3.4.15 早餐蛋饼

(1)原料配方

鸡蛋 300 g、蔬菜(黄瓜、胡萝卜、青辣椒)100 g、香肠 1 根、淡奶油 2 勺、精盐 1 茶匙、黑胡椒碎 1 茶匙、迷迭香 1 茶匙、黄油适量、马苏里拉芝士碎 50 g。

(2)操作要点

① 原料处理:洗好蔬菜后,将蔬菜和香肠切成小碎粒,将蔬菜粒、香肠粒、马苏里拉芝士碎放在一个碗中,鸡蛋打入另一个碗中,加入盐、黑胡椒碎、淡奶油、迷迭香搅拌均匀,材料备用。

② 开火放料:开火将平底不粘锅中水烧干后,将黄油放入锅中,小火,之后倒入鸡蛋液,将鸡蛋液摊至盖完锅底,厚度平均,然后均匀撒入蔬菜碎、香肠碎、芝士碎,等待片刻,在底部稍稍凝固时一点点推动蛋液,等鸡蛋快熟时,用锅铲小心将蛋饼折合成半月形。

③ 移锅煎蛋:将半月形状的蛋移到不粘锅中进行煎,小火煎至鸡蛋底部金黄色,翻面后煎至金黄色后即可出锅。

3.4.16 班尼迪克蛋

(1)原料配方

无菌鸡蛋 4 个、黄油 50 g、辣椒粉少许、盐少许、柠檬 1/3 个、大番茄1个、英式马芬1个、培根2片,欧芹少许,蜂蜜少许(以上调味均以个人口味为准)、菜籽油少许。

(2)操作要点

①汤锅中倒入水烧开备用,倒入少许的盐和醋,用勺子将汤锅里的水搅成旋涡,分别打入两个鸡蛋,煮制5 min后捞出备用。

②马芬开半分别抹上黄油,大番茄圆切4片撒上盐和黑胡椒备用,另取一个平底锅开火,将马芬放入锅中煎至金黄取出摆入盘中。

③锅中倒入少许菜籽油,放入大番茄煎上色取出摆放在马芬上;将培根放入锅中煎熟后摆放在大番茄上,再将刚刚煮好的水波蛋放上去。

④荷兰酱:汤锅中的水继续烧开,取一个碗放入黄油融化,倒入两个蛋黄放在烧开的锅上匀速搅拌,慢慢倒入融化好的黄油,搅拌直至浓稠,再加入少许的盐、辣椒粉、蜂蜜和柠檬汁调味搅拌均匀,这样口感绵密的荷兰酱就做好了。

⑤将打好的酱汁舀在水波蛋上,将欧芹切末撒在上面即可。

(3)注意事项

① 黄油不能过分融化,否则奶和油会分离,这样打出来的酱汁颗粒太粗口感不够绵密。

② 煮水波蛋时火候不宜太大。

3.4.17　蛋卷包饭

(1)原料配方

米饭、洋葱、胡萝卜、木耳、鸡肉、鸡蛋、熟芝麻等。

(2)操作要点

① 首先将洋葱洗净,切成碎末备用。然后将木耳洗净,接着在冷水里浸泡2 h以上,等待木耳完全胀发,木耳胀发完全后放入锅中蒸熟,然后剁成末备用。

② 在锅中加入适量冷水,把鸡肉放进冷水中蒸煮,待煮熟煮透后,把鸡肉铲出后晾凉,等鸡肉凉后切成小丁备用。

③ 把平底锅烧热,放入少许油,先放入洋葱炒香至透明,再放入

木耳翻炒 1 min,最后放入鸡肉丁一同翻炒。

④ 倒入凉米饭,用铲勺压拌,翻炒均匀,可以加入少许盐调味。准备一个寿司卷帘,上面放上保鲜膜,倒上炒好的米饭馅料,卷好备用。

⑤ 将胡萝卜刨成丝,剁成末。把鸡蛋打入大碗中,接下来加入胡萝卜末,加入少许盐,一同搅拌均匀。

⑥ 把搅拌好的鸡蛋放入锅里煎成蛋饼,全程小火,轻轻摇晃平底锅,让蛋液受热更均匀。

⑦ 在加热过程中蛋饼会慢慢凝固成型,蛋液凝固的时候放入米饭,米饭要放在蛋饼的一侧,这样更容易卷。借助铲子和筷子,从一侧轻轻卷起(不要等蛋饼全熟再卷,如果全熟后卷很容易松开),最后将卷好的米饭蛋饼切成合适大小装盘食用即可。

3.4.18　西班牙土豆鸡蛋饼

(1)原料配方

鸡蛋 3 个、土豆 150 g、洋葱 150 g、盐适量、黑胡椒适量、油。

(2)操作要点

① 鸡蛋、土豆和洋葱。土豆去皮洗净后切成小薄片,然后用清水冲去表面淀粉沥干待用,如果放置时间较长就浸入清水中防止其变质。

② 洋葱去老皮洗净后切小块。

③ 锅中放入足够多的油(能没过材料),烧到 6 成热的时候(手放在油的上方能明显感到热气),放入土豆片和洋葱片用中火炸到土豆边缘微微变焦黄,洋葱的香味出来,这个过程需要 5 ~ 10 min 的时间,需要时不时地搅拌一下,防止土豆粘锅。

④ 在炸土豆的时候,将鸡蛋打成鸡蛋液。炸好的土豆和洋葱捞出以后用厨房纸吸干,将其和洋葱放入鸡蛋液中拌匀,加入适量的盐和黑胡椒调味。

⑤ 平底锅烧热,放入少量的油(最好是橄榄油),倒入鸡蛋液,抹平,用小火煎至蛋饼表面开始凝结。

⑥ 用大盘子扣在平底锅上,将平底锅翻转,蛋饼翻面到盘子中,然后将其推入平底锅中,用小火煎熟,将煎好的蛋饼盛入盘中即可。

(3)注意事项

难点在于蛋饼的翻面和掌握火候,火一定要小,否则很易煎糊。建议饼要煎小些;饼的厚度不超过 1 cm。

3.4.19　牛角包

牛角面包是一种食品,主要材料有高筋面粉、低筋面粉等,辅料有干酵母、糖、蛋、植物黄油、牛奶等,口味偏甜,如"可颂"等奶油面包卷,却是法国人通称的"维也纳甜面包或甜点",有点类似我们的甜甜圈或美式 Donuts,有巧克力、果酱、奶油、葡萄干等多种口味。

(1)原料配方

小麦面粉 250 g、盐 1 g、干酵母 5 g、白砂糖 5 g、水 125 g、黄油175 g、鸡蛋 1 个。

(2)操作要点

① 在 125 g 40℃左右的温水里浸泡活性干酵母,再放入适量盐和白砂糖,过 5 min 左右,会看到酵母蓬松起来,说明酵母已经活性化。

② 把黄油和面粉迅速搅拌好(可以用搅拌机,也可以用手),最好让黄油保持凉的状态,不易化掉。

③ 把刚才泡好的酵母水倒入面团里,用手擀。

④ 擀成球形,用保鲜膜包好,放进冰箱冷藏 1 h 以上(最好是冷藏一晚)。

⑤ 把 125 g 黄油放进保鲜膜或者保鲜袋里,用擀面杖拍。

⑥ 拍成 1 cm 左右厚度的方形,放进冰箱冷藏 30 min(之后需要把黄油团放入刚才做好的面团里,所以要算好合适的大小,把袋子事先折成所需要的大小以后,拍黄油直到拍满折好的袋子里)。

⑦ 冷藏 1 h,拿出面团,擀成四叶草形状,中心部分要比周围厚。

⑧ 把黄油团放进四叶草面团里,合好 4 个叶子部位。

⑨ 用擀面杖把表面弄平以后用保鲜膜包好,放进冰箱,冷藏 6 h以上(最好放一晚)。

⑩ 冷藏完以后拿出来用擀面杖擀成长方形。

⑪对折两次,然后再对折两次形成四层。

⑫ 放进冷冻室里冷冻 30 min 以上,然后拿出来重复刚才的过程,重复 3~4 次,完成了之前重复的过程,最后把它弄平,开始切出三角形模型。

⑬ 轻轻地卷,卷的时候不能太用力,因为它之后需要膨胀,卷得太紧会妨碍膨胀,卷好以后在室温放 2 h 左右,先让它进行第一次膨胀,过 2 h 之后给面团涂好鸡蛋液,放进预热到 200℃ 的烤箱里,烤12 min 左右。

3.5　西式早餐奶制品

3.5.1　卡蒙贝尔奶酪

卡蒙贝尔奶酪用途广泛,可以直接食用,也可以搭配西芹、胡萝卜、面包、水果等食物食用,可以搭配各种饮料,如果汁、咖啡、红茶、牛奶等,在西式早餐中是常用的一种奶酪,同时是味道最淡的一种奶酪,属于花皮软质奶酪,手感较软,好似新鲜蛋糕,因其易于在高温下融化,适合烹饪菜肴,并可以佐酒直接食用。其特征是有白色天鹅绒般外皮,奶酪瓤随着成熟期的延长而变得稀软,且带有蘑菇香气。

(1)原料配方

原料奶、乳酸菌、凝乳酶、氯化钙、盐等。

(2)操作要点

① 向牛奶中加入乳酸菌,进行发酵,牛奶中本身含有一些有益菌,它们能将乳糖转化成乳酸,产生一种香味,并引发凝结。

② 接下来加入凝乳酶、氯化钙使牛奶凝固,等待一会儿牛奶就会分解为乳清和凝乳,黏稠的凝乳被用来制作奶酪,将乳清去除。

③ 将凝固的凝乳进行切割,切割的目的是加快乳清排出。

④ 切割后用 55℃ 的水煮制,将残留的乳清进一步去除。

⑤ 然后加盐,进行后熟,在熟化过程中,奶酪表面会形成一层白

霉。在制作干酪的过程中,原料乳的选择,凝结的方法、排水的程度、接入的菌种、加盐的多少、包装的方法、成熟的方式、贮藏的地方、温度、湿度等一系列因素都影响着产品。一般很多干酪成熟期较长,但卡蒙贝尔奶酪是软质奶酪,其成熟期很短,为 3 ~ 4 w,成熟后奶酪表面会有一层白色绒毛,且随着成熟期的延长奶酪内层会变得更加稀软。

(3)注意事项

西式早餐中常在外层焦香的吐司中放入煎蛋并搭配火腿片和卡蒙贝尔奶酪片,再搭配牛奶或者咖啡食用。除此之外,小型的奶酪火锅也在西方很常见,卡蒙贝尔奶酪火锅可以直接吃,也可以用西芹等蔬菜或者面包蘸着吃,也可以搭配水果一起食用。西方人还会食用一种菜品,即将三个土豆煮熟捣烂,拌入大量蔬菜、培根和卡蒙贝尔奶酪,调入适量盐、胡椒粉和牛奶,简单美味,营养丰富。

3.5.2　高达奶酪

高达奶酪,又称荷兰高达干酪,是世界上著名的干酪之一,出产于荷兰南部和乌得勒克地区,其普通型直径 30 cm,厚 10 cm,圆形,重为 5 ~ 15 kg,风味温和。高达是最知名的圆孔干酪类型的代表。

(1)原料配方

原料奶、氯化钙、硝酸钾、发酵剂、凝乳酶、盐水、蜡等。

(2)工艺流程

原料奶→标准化→净乳→杀菌→冷却→添加氯化钙、发酵剂、硝酸钾→添加凝乳酶→切割→搅拌→排乳清→加温→搅拌→排乳清→第二次加温→搅拌→排乳清→堆积→压榨成形→正式压榨→冷却→浸盐→干燥→涂层→成熟。

(3)操作要点

① 要生产出质量稳定的高达干酪,首先要保证原料奶标准化后含脂率 2.8% ~ 3.2%。

② 高达奶酪制作过程中需排出大量乳清,因为均质抑制乳清排出,所以不能进行均质。

③ 当凝块达到所要求的硬度时要对凝块进行切割,切割的目的在于切割大凝块为小颗粒,从而缩短乳清从凝块中流出的时间,并增加凝块的表面积,改善凝块的收缩脱水特性。

④ 在搅拌凝乳粒的同时还要升温,其目的是促进凝乳粒收缩脱水,排出游离乳清,使凝乳变硬形成稳定的质构。

⑤ 应该控制好凝乳粒的 pH 值,当凝乳粒的 pH 值达到 6.1 ~ 6.2 时,排掉全部乳清,开始堆积。如果凝乳粒 pH 值高于 6.2 时,会使成品干酪水分过高。凝乳粒 pH 值低于 6.1 时,导致凝乳粒粘接不好,凝乳粒之间会有空隙出现。

⑥ 干酪正式压榨前凝块温度要降低,低于液体脂肪的固化温度,否则脂肪将排出,损失于乳清中。要想获得致密凝乳块压榨的压力应在 85 ~ 95 kPa,有条件要抽真空,有利于冷却凝乳。

(4)注意事项

干酪块冷却后需浸盐,目的是调整干酪中的酸生成,赋予干酪咸味,使干酪风味更好。干酪表面涂层可以起到使干酪表面成熟和抑制霉菌生长的作用。干酪在盐浸后进行涂层挂蜡,目的是防止霉菌侵入。

3.5.3 菲达奶酪

菲达奶酪是希腊享誉国外的最有名的奶制品和标志性美食。它的乳脂肪含量一般在 40% ~ 50%,色泽乳白,质地柔软,有咸味,常用于早餐、开胃菜的制作,也可用于沙拉或是用于橄榄油调制成调味汁。

(1)原料配方

巴氏杀菌牛乳(或者绵羊乳和山羊乳混合)、食盐、凝乳酶、氯化钙、柠檬酸、发酵剂(乳酸乳球菌乳酸亚种、乳酸乳球菌乳脂亚种、嗜热链球菌、德氏乳杆菌保加利亚亚种)。

(2)工艺流程

原料乳接收→标准化→杀菌→注入奶酪槽→加入发酵剂→加入凝乳酶→凝乳→切割→搅拌装模→排乳清→脱模→切碎→盐渍→成熟。

（3）操作要点

① 原料乳要求：新鲜无抗牛乳，无不良气味，无掺杂使假，每 100 g原料乳的脂肪指标为 3.10% ~ 3.30%，蛋白质为 2.95% ~ 3.10%，pH 值为 6.4 ~ 6.8。

② 标准化：通过分离稀奶油或添加脱脂乳对原料乳进行标准化，使得最终蛋白质：脂肪 = 0.9 : 1。

③ 杀菌：Feta 奶酪采用 72℃/16 s 或者 62℃/30 min 的方式巴氏杀菌。

④ 加入发酵剂：将杀过菌的原料乳冷却后注入奶酪槽中，添加发酵剂，搅拌均匀，预发酵 1h。

⑤ 加入凝乳酶：将凝乳酶用 10 倍纯净水稀释成酶溶液，混合均匀直接倒入奶酪槽中，然后搅拌 3 ~ 5 min，整个凝乳时间是 45 ~ 60 min。

⑥ 切割：使用奶酪切割刀将其切割成小方块，切割时间控制在 5 min以内。

⑦ 搅拌装模：当凝乳粒达到适宜大小后开始搅拌，整个搅拌时间控制在 20 min 以内，然后把凝乳粒和乳清一起倒入 Feta 奶酪特制模具内。

⑧ 排乳清：将奶酪模具在室温下自重 18 ~ 24 h，每隔 60 ~ 90 min 翻转奶酪模具一次，以排出乳清，然后放入压榨机内，压榨 3 ~ 5 h，此阶段对成品 Feta 奶酪的硬度、酸度和湿度都会产生重要的影响。

⑨ 盐渍：当凝块 pH 值达到 4.7 时，从模具内取出，使用切割刀将其切成立方块，然后将切好的奶酪块浸泡在 12% ~ 16% 的食盐水溶液中，时间 14 ~ 16 h，温度控制在 16 ~ 18℃，使此时 Feta 奶酪盐浓度达到 2% ~ 3%。

⑩ 成熟：将奶酪块浸泡在 6% ~ 8% 食盐水溶液中，同时添加 0.06% 氯化钙和柠檬酸，使溶液 pH 值达到 4.6，在 8 ~ 10℃ 的条件下成熟 60 d，然后在 2 ~ 4℃ 的条件下保存。

3.5.4　莫扎瑞拉干酪

莫扎瑞拉干酪起源于意大利,由其独一无二的可塑性和鲜凝乳在热水中的揉捏处理而著名。这样的处理赋予成品干酪特有的纤维结构、融化性和拉伸性。莫扎瑞拉干酪随着比萨饼快餐的流行而推广,并被广大消费者所接受。在美国,以水分含量和干物质中脂肪含量为判定标准,将莫扎瑞拉干酪分为4种:莫扎瑞拉干酪、低水分莫扎瑞拉、部分脱脂莫扎瑞拉、低水分部分脱脂莫扎瑞拉。

莫扎瑞拉干酪表面像瓷器一样洁白光滑,口味细腻柔软带一点酸味和咸味,味道清淡。当切开时,流出白色含水的液体带着牛奶的芬芳。是最符合中国人口味的干酪之一,也是目前在中国零售最多的奶酪之一。莫扎瑞拉干酪功能性要比风味更重要,从用户观点来看可拉伸性最重要,用它来制作比萨饼时,可融性、可拉伸性、色泽、发泡和游离出油都是重要特性。

操作要点如下。

①发酵:首先将未经巴氏杀菌的牛奶加入发酵剂(链球菌属),鲜奶中的糖和乳糖开始转变成乳酸。

②凝乳:奶酪达到适当的酸值时,加入凝乳酶使奶蛋白质变性而产生"凝块"。

③切割:乳完成后,使用特殊刀具对凝块进行切割,使其成为细小的颗粒。排乳清:对前面处理过的凝块进行加压使凝块中的乳清都排出来。

④堆酿:将凝块沉落到桶底互相堆积在一起,析出的乳清从桶底流出。

⑤热烫拉伸:这是莫扎瑞拉非常独特的一个制作步骤。堆酿后,莫扎瑞拉奶酪需要先进行热烫拉伸即将凝乳泡在热水中搓捏使其有可延伸性。由于莫扎瑞拉奶酪的这一拉伸的步骤让其具有良好的可延伸性、塑型。充分拉伸后的凝乳看起来像卷起来的鸡胸肉,需要对它进行塑型,有的卷起后成为拳头大小般的球形,有的被编成如同麻花瓣样,也有传统的车轮状的。

⑥ 盐渍:将塑型后的奶酪浸入盐水中进行盐渍,切成小块的凝块加入食盐后能很好地溶解某些蛋白质并有助于捏合,同时也适当地控制熟化过程中细菌的活性。完成后,即可将奶酪放入成熟室中在适当的环境下成熟。

3.5.5 萨默塞特布里奶酪

萨默塞特布里奶酪属于软质白霉奶酪,原产于法兰西岛大区。萨默塞特郡与法兰西两地纬度十分接近,因此萨默塞特郡也出产布里奶酪。

(1)原料配方

牛奶20 L、发酵剂4 g、凝乳酶4 g。

(2)工艺流程

温度进行第一阶段:32℃期间

温热牛奶→加入发酵剂→切割凝乳。

温度进行第二阶段:40℃期间

凝乳酶→加压力。

温度进行第三阶段:常温

成型→加压→加盐→成熟。

(3)操作要点

① 温热牛奶将牛奶放入双层加热锅,缓慢加热到32℃,加入用牛奶融化后的发酵剂,充分搅拌,静置1 h。

② 切割凝乳:用手插入凝结的牛奶中,缓缓向上捞起,牛奶块破裂形状,此时就可以切割凝乳,凝乳切割成2 cm²的凝块,在这种状态下放置10 min。

③ 制作奶源:使用63℃低温杀菌的牛奶,因为经过高温消毒的牛奶已经不能作为原料。如果是从奶牛饲养户处弄来的鲜奶,除了过滤加温消毒外,还要提前告知供应商,不要在挤奶的前一天过分喂奶牛很多水,防止降低牛奶质量。另外一定要劝诫供应商,不要试图在牛奶中添加奶牛的副产物。

④ 消毒环节:在制造过程中,容易滋生霉菌斑,导致奶酪不能食

用。所以制造奶酪的工具,一定要在力所能及的范围内消毒。由于双手也有很多细菌,同时制作奶酪过程中需要接触热水,建议戴上消毒的橡胶手套。

⑤ 温度控制:制作奶酪的乳酸菌,发酵温度都有相应的温度范围,例如奶酪中嗜热链球菌属于高温发酵菌种,在加热牛奶的过程中,低于发酵温度,就会产酸不足,温度过高,就会延长凝乳的时间,同时出现蒸煮味道。

3.6　西式早餐蔬菜制品

3.6.1　水灼西蓝花

西蓝花,原产自意大利,是生活中比较常见的蔬菜,是西式早餐中常见的菜肴。

(1)原料配方

西蓝花 300 g、彩椒(红、黄)约 60 g、洋葱 20 g、橄榄油 30 mL、黑胡椒粉适量、羊乳奶酪碎 50 g、生抽适量、海盐 2 g。

(2)操作要点

① 西蓝花去梗洗净;彩椒切成块。

② 汤锅加水烧开,加 5 mL 油、加盐,加入西蓝花煮几分钟。

③ 起锅前,加入彩椒煮 30 s;洋葱切成丝,放入小碗中,加入橄榄油、胡椒粉、生抽,洋葱切成丝,并加适量水,入微波炉高火煮 1 min。

④ 西蓝花调料便完成了;西蓝花捞出,趁热加入羊乳奶酪碎,拌匀。

⑤ 将调料加入西蓝花中,并拌匀。

⑥ 装盘。

(3)注意事项

西蓝花的煮熟程度根据个人喜好决定;因为羊乳奶酪有一定咸度,因此拌菜时不用再加盐。

3.6.2　柠香油醋汁沙拉

柠香油醋汁蔬果沙拉制作简单,调味汁用鲜柠檬汁增酸提鲜,材料除蔬菜外添加圣女果和柠檬果皮,做出的沙拉成品色彩艳丽,口感清爽,实属消暑佳肴。

(1)原料配方

生菜50 g、苦菊50 g、紫甘蓝50 g、圣女果50 g、黄瓜1根或者喜欢的蔬果;新鲜柠檬1个挤汁、白醋1茶匙、油茶籽油1调羹(色拉油、橄榄油都可以)、蜂蜜1茶匙、生抽1调羹、芝麻油1茶匙、盐少许以及黑胡椒粉少许。

(2)操作要点

① 准备原料。购买好所用材料并将其放在菜板处备用,方便制作时拿取。

② 将蔬菜冲洗干净放在容器中备用。另取纯净水或者凉开水,再加入1杯冰块水浸泡15 min,这样浸泡过后的蔬菜更脆,吃起来口感更好。

③ 制作油醋汁。取一个碗倒入1调羹油茶籽油(色拉油、橄榄油)。

④ 在油碗中倒入白醋,油醋的比例大概1:2,这个比例可以根据自己的口味调整,喜欢酸的可以多放些醋。并挤入柠檬汁,柠檬皮去筋膜留作拌菜用。

⑤ 操作完上述步骤后,加入蜂蜜,充分调拌均匀。

⑥ 最后加入生抽、芝麻油和黑胡椒粉等调料搅拌均匀,油醋汁制作完成。

⑦ 蔬菜水果洗净沥去水分。

⑧ 生菜、苦菊切成段,生菜撕碎留作备用。

⑨ 黄瓜、紫甘蓝切成丝,圣女果一切两半,柠檬皮也切成丝,放在碗中备用。

⑩ 将切好的蔬菜水果倒入搅拌盆,加入油醋汁。

⑪ 用勺子和筷子上下翻拌均匀。

3.6.3　鲜虾紫甘蓝沙拉

蔬菜沙拉会最大限度地保持住蔬菜中的各种营养不至于被破坏或流失。同时,蔬菜中富含丰富的维生素 C、维生素 A 以及人体必需的各种矿物质、大量的水分和纤维素,可以促进健康,增强免疫力,使早餐营养更加均衡。

(1)原料配方

西芹 70 g、虾仁 70 g、彩椒 50 g、西红柿 130 g、紫甘蓝 60 g、盐 2 g、料酒 5 mL、沙拉酱 15 g。

(2)操作要点

① 将洗净的西芹切成段;将洗净的西红柿切成瓣。

② 将洗好的彩椒切成小块;将洗净的紫甘蓝切条,再切成小块,备用。

③ 在锅中加水烧开,放入盐,依次倒入提前准备好的西芹段、彩椒块、紫甘蓝丝,拌匀,煮半分钟至其断生,捞出,沥干水分备用。

④ 把洗净的虾仁倒入沸水锅中,煮至沸;淋入适量料酒,搅匀,再煮 1 min 至熟。

⑤ 把煮熟的虾仁捞出,沥干水分,备用。

⑥ 煮好的西芹、彩椒和紫甘蓝倒入碗中。

⑦ 放入西红柿、虾仁,加入沙拉酱,搅拌均匀,一份完美低脂营养丰富的鲜虾紫甘蓝蔬菜沙拉就做好了。

(3)注意事项

紫甘蓝不宜焯水过久,否则会破坏其营养成分。如果嫌沙拉酱偏酸,可以加入一些炼乳,比例约为 3∶1,即 3 份沙拉酱加 1 份炼乳。

3.6.4　希腊菲达芝士沙拉

希腊沙拉在希腊又被称为"Summer salad",因为它是一种异常清爽,适合在夏季早餐食用的沙拉。所用的奶酪是菲达芝士,所以又可以称为希腊菲达芝士沙拉。原料有切片的樱桃,番茄,黄瓜和红洋葱等蔬菜,腌黑橄榄,常用的奶酪品种菲达芝士只用盐,黑胡椒,上好的橄榄油和柠檬汁调味。由于橄榄和菲达芝士本身都有咸味和酸味，有些版本还会包含腌凤尾鱼（也带咸酸味），所以在放调料的时候盐应该适当减少，甚至不放。

（1）原料配方

樱桃小番茄 100 g、黄瓜 50 g、红洋葱 50 g、生菜 100 g、彩椒 1 枚、腌橄榄 3 枚、菲达芝士 30 g、意大利黑醋 1 汤匙（15 mL）、橄榄油（特级初榨）2 汤匙（30 mL）、粗盐 1/4 汤匙、黑胡椒、柠檬汁 2 汤匙。

（2）操作要点

① 红洋葱去皮切丝泡在冰水 5 min。

② 樱桃小番茄、黄瓜洗净切成小片，生菜洗净撕成小片，将以上加工好的食材，放入容器中，混合备用。

③ 将菲达芝士切成小丁，加入步骤②中搅拌混合好的食材中。

④ 将意大利黑醋缓缓倒入橄榄油中，同时轻轻搅拌成沙拉汁。

⑤ 将沙拉汁和腌橄榄倒入沙拉中，上下摇动以混合均匀。用额外的柠檬汁、盐或者黑胡椒来调味。

3.6.5　马苏里拉奶酪番茄沙拉

（1）原料配方

大番茄 4 个、火腿片适中、海盐适量、意大利香醋适量、初榨橄榄油 4 汤匙、现磨黑胡椒适量、马苏里拉干酪 275 g，切厚片、新鲜罗勒叶 8 ~ 10 片，撕成条状。

（2）操作要点

① 将番茄洗净备用。

② 将番茄和马苏里拉奶酪切片，在番茄片上撒些黑胡椒粉和盐，这样味道更均匀。

③ 将火腿切成小块，莴苣叶或碎丝。大蒜切末（可选）、罗勒叶切丝、海盐、黑胡椒、橄榄油、意大利香醋（意大利香醋如果没有，可以与苹果醋和红糖 6∶1 混合）加上所有的配料，搅拌均匀。

④ 摆盘，将西红柿和鲜马苏里拉芝士放在盘子里摆好：取一个盘子、一片番茄、一片新鲜马苏里拉奶酪、一片罗勒叶摆放在盘子里。

⑤ 最后浇上初榨橄榄油,用香菜做点缀装饰,这道沙拉就完成了。

3.6.6　蓝莓蛋皮什锦沙拉

（1）原料配方

鸡蛋1个,牛肉片50 g,莴苣1/4个,芹菜1棵,葱1.5棵,莴苣、紫色莴苣各30 g,罐头玉米粒3大匙,小黄瓜1条,苜蓿芽20 g,小番茄3个,蓝莓一小把,无糖酸奶一罐,欧芹少许,柠檬半个。

（2）操作要点

① 葱洗净,切末;牛肉切小片,放入碗中加入盐,胡椒拌匀并放置10 min;鸡蛋打入碗中,加入料搅匀,抹上一点点黄油,倒入平底锅,用小火慢慢把鸡蛋煎成蛋皮,盛出,切成长度宽度均匀的长条,铺入盘中备用。

② 莴苣剥下叶片洗净,控干水分,用手撕成小片,芹菜摘去叶片洗净,焯水至断生捞出,控干水分,切成大小均匀的长段,均放入碗中备用。

③ 平底锅中抹上一点黄油烧热,放入牛肉大火炒至变色,加入黑胡椒煮开,盛入蔬菜碗中加入生菜拌匀,倒入蛋皮,撒上葱末。

④ 小黄瓜洗净,切成薄片,小番茄洗净,对半切开,欧芹切碎,苜蓿芽洗净,沥干水分备用。

⑤ 玉米粒罐头打开,取出玉米粒,放入盘中加入莴苣、紫色莴苣、小黄瓜、苜蓿芽、小番茄。

⑥ 将准备好的新鲜蓝莓洗净,控干水分后倒入盘中,淋入千岛沙拉酱或者番茄酱,搅拌均匀,挤入半个柠檬,撒下欧芹碎,倒入无糖酸奶然后搅拌均匀,让每一颗蓝莓都裹上酸奶和沙拉酱番茄酱。

3.6.7　蔬菜比萨

（1）原料配方

中筋面粉200 g、酵母3 g、盐适量、橄榄油适量、比萨酱(或番茄酱)、马苏里拉奶酪、西蓝花半个、洋葱半个、口蘑4～6个、西红柿1个、青椒2个。(蔬菜食材不局限于以上几种,可以根据自己的口味和喜好随意搭配)。

（2）操作要点

① 和面：酵母放入温水中搅拌均匀，静置 5 min。把融化酵母的水倒入面粉中，先用筷子搅拌，再用手和面，加盐、橄榄油，揉成光滑的面团，盖上保鲜膜，饧面 1 h。揉出面团中的空气，重新盖上保鲜膜，继续饧面 0.5 h。

② 备料：西蓝花撕成小朵，口蘑切片，洗净后，放入开水中焯烫 2 min 至熟，捞出后过冷水，沥干水分。西红柿洗净后，对半切开，去除蒂部，再切成小牙，用刀将有汤汁的内芯部分去除，只留西红柿的厚皮部分，切成小碎块备用（西红柿的汤汁部分可以直接吃掉，或放一些白糖拌食）。马苏里拉奶酪切小片，洋葱切丝，青椒切丝。

③ 将饧发好的面团取出，在案板撒一些干粉，把面团压扁擀成 2～3 mm 厚的薄片，烤盘铺锡纸，把面片放入烤盘。

④ 在面片上均匀涂上一层比萨酱或番茄酱，加一层马苏里拉奶酪片，再依次铺上处理好的西蓝花、口蘑、西红柿、青椒、洋葱，再盖一层马苏里拉奶酪片。

⑤ 放入预热好 200℃的烤箱中烤 8～10 min 至吐司表面金黄，奶酪融化，取出即可食用。

3.6.8　酸甜番茄酱

番茄酱，为番茄的酱状浓缩制品，以成熟红番茄为原料，经破碎、打浆、去皮和籽后浓缩、罐装、杀菌制成。成品为鲜红色的酱状体，具有番茄的特有风味。

（1）原料配方

新鲜番茄（约 700 g）、冰糖 100 g、柠檬 1 个。

注意：锅可以用不锈钢锅、电饭锅、砂锅等，不用铁锅。铲最好是木的。

（2）操作要点

① 准备一锅热水（60℃左右即可，不必烧开），将洗净的番茄放入锅中，焖 2 min 后，番茄自动脱皮。

② 将去皮的番茄切成几大块。番茄中如果有未成熟的、绿色的

籽,要去掉,以免影响口感。

③ 用搅拌机将番茄打碎。番茄先切大块,再打碎,是为了避免在切的过程中损失太多的汁水。

④ 将打碎的番茄汁水倒入锅中,加入冰糖,煮开后转小火熬。煮至比较黏稠时,要不时地用铲子搅一搅,避免粘锅。

⑤ 熬至黏稠,呈现"酱"的状态时,挤入适量柠檬汁,继续熬 3 ~ 4 min即可。

(3)营养价值

① 番茄酱中除了番茄红素外还有 B 族维生素、膳食纤维、矿物质、蛋白质及天然果胶等,和新鲜番茄相比较,番茄酱里的营养成分更容易被人体吸收。

② 番茄的番茄红素有抑制细菌生长的功效,是一种优良的抗氧化剂,能清除人体内的自由基,抗癌效果是 β - 胡萝卜素的 2 倍。

③ 番茄酱味道酸甜可口,可增进食欲,番茄红素在含有脂肪的状态下更易被人体吸收。尤其适合动脉硬化、高血压、冠心病、肾炎患者食用,体质寒凉、血压低、冬季手脚易冰冷者,食用番茄酱胜过新鲜番茄。

3.7　西式早餐汤羹类

3.7.1　奶香虾仁蘑菇汤

(1)原料配方

黄油 15 g、淡奶油 5 g、牛奶 150 g、鲜虾 40 g、白蘑菇 10 g、洋葱 5 g、面粉 10 g、黑胡椒适量、盐适量、料酒 5 g、水 150 g。

(2)操作要点

① 虾去虾线后,加入适量黑胡椒和少许盐,腌制备用。

② 锅内加入少量黄油,将虾仁翻炒熟至金黄,盛出备用。

③ 锅烧热,放入少量黄油烧热融化,倒入洋葱末翻炒至金黄色后加入蘑菇片继续翻炒,直至蘑菇变软发黄;将虾仁倒入其中,加入适量牛奶和水煮开备用。

④ 锅中加入少量黄油,待黄油融化完全后倒入面粉,一直不停地炒,炒到面粉有些微黄时加入上述的汤汁以及适量淡奶油,在加的同时,用勺子不停地搅拌均匀,继续熬制至适宜的浓稠度。

⑤ 最后再放适量的盐与黑胡椒,即可。

3.7.2 番茄冷汤

西班牙有道特色冷汤——西班牙番茄冷汤,源于西班牙南部的安达卢西亚,是道略带辛辣味的夏日提神冷汤,使用西红柿、洋葱、蒜头、面包、橄榄油等材料制成。含有丰富的番茄红素,是一道无须动火烹煮的清润冷汤,喝一口,冰爽的口感,立刻让夏日的暑气瞬间消逝。

(1)原料配方

西红柿250 g、洋葱5 g、辣椒1~2 g、蒜1g、香菜2 g、初榨橄榄油5 g、苹果醋(或柠檬汁)5 g、盐2 g。

(2)操作要点

① 首先挑选成熟味道浓郁的红果番茄,圆形的中等大小番茄,如果有彩色的小番茄留几个做装饰最好。

② 番茄去蒂,洋葱、蒜、香菜、辣椒都切碎一起放入搅拌机。辣椒建议用辣一点的小辣椒,放一点点,能够提味儿,不吃辣也可以省略。不用担心洋葱和蒜的量较少降低刺激感,食物最后会呈现开胃有层次的感觉。橄榄油、盐、苹果醋混合倒入搅拌机(苹果醋可以用比较清爽的红酒醋、柠檬汁替代,根据酸度不同灵活调整,苹果醋酸度比较柔和)。

③ 放入搅拌机打碎至细腻,放冰箱冷藏1 min。

④ 摆盘前取出搅拌均匀,倒入容器七八分满,摆上切成小块的彩色小番茄和香菜叶或者罗勒叶,最后淋上橄榄油。

3.7.3 西式蔬菜汤

(1)原料配方

牛肉块约750 g、长土豆6 个、红萝卜块2 杯、西芹6 瓣、洋葱1

个、胡椒粉 1/2 茶匙。

（2）操作要点

① 往锅里放冷水和牛肉，再升中火，煮至水沸，浮沫漂起，可收火，捞起牛肉，用热水冲干净牛肉块。

② 将牛肉和拍扁的姜块放入压力锅，放约 1/3 锅的水，接着放胡椒粉 1/2 茶匙，将锅盖盖好，压约 10 min；再将红萝卜切滚刀块，土豆切块，放进锅里，盖好锅盖，但是要将限压阀移开，不使用限压阀的功能，煮 20 min 左右。

③ 将芹菜切成粒、洋葱切块，一并放入锅里，盖好盖子，同样不用限压阀功能，煮 15 min 即可，汤到要食用时再放盐。

（3）注意事项

肉块焯水时应使用冷水下锅，不要开太猛的火，这样才能让肉里面的血水慢慢渗出来，不过等到肉块盛出冲水时最好使用热水，肉就不会因为骤冷而收缩。其次就是煮汤时最好不要先放盐，这样才能让材料的营养慢慢释放出来，若是先放盐就会有凝固作用。

3.7.4　奶油蘑菇浓汤

（1）原料配方

蘑菇 3 个、熟火腿片/培根 1 片、黄油 20 g、牛奶 240 g、鸡粉 1 小勺、冷饭小半碗、香料适用。

（2）操作要点

① 黄油 20 g 放入锅中小火加热至融化，倒入牛奶一起加热。

② 蘑菇切成片，火腿或者培根切成粒，加入锅中慢慢煮。

③ 将所有材料倒入搅拌机里，加入小半碗冷饭，搅打至看不见颗粒。

④ 将搅匀的材料倒入锅中，加入鸡粉，煮开后盛起，撒香料。

3.7.5　土豆浓汤

（1）原料配方

土豆 150 g、培根 1 片、洋葱 1 小块、牛奶或奶油适量、黄油适量、少许盐、黑胡椒。

（2）操作要点

①土豆洗净去皮，切成小块，洋葱切丝，培根切碎，切小块或切丝。

②锅内放入小块黄油，小火至黄油融化，放入洋葱丝，不停翻炒，把洋葱炒软。

③放入土豆块炒一小会后加入少许清水，煮到土豆变软；煎培根不用放色拉油，用木铲不停地翻炒直到颜色变深，肉质变脆。

④把煮软的土豆块和洋葱丝盛到搅拌机里，再加一点剩下的汤汁，一起搅打成泥。

⑤将成泥的土豆倒回到汤锅中，加入牛奶，最后加入盐、黑胡椒粉调味，最后撒上培根。

3.7.6　玉米青豆浓汤

（1）原料配方

罐装甜玉米 300 g、洋葱 30 g、火腿 30 g、青豆 30 g、牛奶 300 mL、鸡汤 100 mL、黄油 30 g、盐 1/2 匙、黑胡椒粉 1/2 匙。

（2）操作要点

①洋葱洗净切成细碎粒；火腿切成 0.5 cm 大小的丁；倒出甜玉米粒，沥干水分待用。

②中火烧热锅中的黄油，放入洋葱碎粒炒香。

③再加入甜玉米粒翻炒片刻，加入鸡汤煮沸后关火。

④将煮好的甜玉米粒连汤一起倒入搅拌机中搅打，再逐次加入牛奶一起搅打成甜玉米糊，将搅打好的甜玉米糊倒入小汤锅中，中火烧沸。

⑤加入火腿丁、青豆煮熟，最后加盐和黑胡椒粉调味即可。

3.7.7　奶油番茄浓汤

（1）原料配方

番茄 400 g，鲜奶 250 g，油、盐、栗粉各适量。

（2）操作要点

① 番茄用沸水稍浸，去皮、籽、切块；鲜奶、盐、栗粉调成稠汁。

② 锅内加水 75 g，烧沸，下番茄煮开后，加入鲜奶稠汁，煮熟后淋少许熟油即可食用。

③ 用鲜牛奶、味精、糖、盐、淀粉调成稍稠的汁。

④ 净锅上火，放入少量水烧开，把番茄倒入锅内煮片刻，用先前调好的芡汁勾芡，不断搅动炒锅，待汤汁略浓淋上油即可出锅。

3.7.8　法式奶油芦笋浓汤

（1）原料配方

高汤（或罐头鸡汤）800 mL、淡奶油 150 mL、盐 10 g、黑胡椒碎 5 g、香叶 2 片、黄油、汤匙 30 g、洋葱切丝。

（2）操作要点

① 土豆洗净去皮，切成小块。芦笋切去根部，削去茎部老皮，然后将芦笋尖部切下待用。

② 小火加热炒锅中的黄油，融化后放入洋葱丝和去好皮的芦笋茎部，小火炒至软烂，然后放入高汤（或罐头鸡汤）和香叶，大火烧开后放入土豆小块，小火煮制 40 min，直至土豆块熟透后，将香叶挑出。

③ 将煮好的汤汁、料晾凉，一同倒入搅拌机中，搅打成芦笋汤汁。另用沸水烧沸后将芦笋尖放入氽 1 min，沥干水分。

④ 把搅打好的芦笋汤汁倒入锅中加热，然后调入淡奶油和盐混合均匀，最后摆入芦笋头，撒上黑胡椒碎即可。

3.7.9　罗宋汤

（1）原料配方

卷心菜 1 个、胡萝卜 2 个、土豆 3 个、西红柿 4 只、洋葱 2 个、西芹 2 瓣、牛肉半斤、香肠 1 根。

（2）操作要点

① 将牛肉洗净，切成小块。准备一个汤锅，放大半锅水，将牛肉冷水下锅，开大火煮沸，改用小火焖制 3 min。

② 将蔬菜一一洗净,土豆、胡萝卜、西红柿去皮,卷心菜切一寸长菱形,土豆切滚刀块,胡萝卜切片,西红柿切小块,洋葱切丝,芹菜切丁,红肠切片备用。

③ 在牛肉汤烧至 3 min 后,取一口大的炒锅,锅烧热后放入油100 g,奶油 100 g,油烧热后先放入土豆块,煸炒到外面熟了放入红肠,炒香后放入其他蔬菜,再放入番茄酱和番茄沙司(按汤的量估算尽量多放),放入精盐一勺大火煸炒 1~2 min 后趁热全部放入汤里,汤继续小火熬制。

④ 再将炒锅洗净,擦干,开小火把锅烤干后,把面粉放入锅内,反复炒至面粉发热,颜色微黄就趁热放入汤里,用大汤勺搅匀。再熬制20 min 左右,根据个人口味放盐和糖调好口味,放入胡椒粉即可食用。

3.8　西式早餐果汁类

果汁是由优质的新鲜水果(少数采用干果为原料),经挑选、洗净、榨汁或浸提等方法制得的汁液,是果蔬中最有营养价值的成分,风味佳美,容易被人体吸收,有的还有医疗效果。果汁可以直接饮用,也可以制成各种饮料,是良好的婴儿食品和保健食品,还可作为其他食品的原料。

新鲜果汁中大部分为水分,其次是糖分,所含酸主要是苹果酸、柠檬酸和酒石酸等。酸的含量虽然比糖分少,但却极为重要,它能使果汁具有温和的酸味,调节果汁的风味。果汁中所含少量单宁、蛋白质,是使果汁混浊的因素之一。果汁中的矿物质主要是钙、磷、钾、钠等。果汁中色素是类胡萝卜素和花色素等,这些色素在碱性调节下容易变色。果汁中还含有热敏性维生素及芳香物质等。

3.8.1　果汁和蔬菜汁的分类

(1)果汁(浆)及果汁饮料(品)类

① 果汁:采用机械方法将水果加工制成的未经发酵但能发酵的

汁液,或采用渗滤或浸取工艺提取水果中的汁液再用物理方法除去多余的水量制成的汁液,或在浓缩果汁中加入与果汁浓缩时失去的天然水分等量的水制成的具有原水果果肉色泽、风味和可溶性固形物含量的汁液。

②果浆:采用打浆工艺将水果或水果的可食用部分加工制成的未经发酵但能发酵的浆液,或在浓缩果浆中加入与果浆在浓缩时失去的天然水分等量的水制成的具有原水果果肉色泽、风味和可溶性固形物含量的制品。

③浓缩果汁和浓缩果浆:是用物理方法从果汁或果浆中除去一定比例的天然水分而制成的具有果汁或果浆应有特征的制品。

④果肉饮料:在果浆或浓缩果浆中加入水、糖液、酸味剂等调制而成的制品,成品中果浆含量不低于300 g/L。用高酸、汁少肉多或风味强烈的水果调制而成的制品,成品中果浆含量(质量体积分数)不低于200 g/L,含有两种或两种以上果浆的果肉饮料称为混合果肉饮料。

⑤果汁饮料:在果汁或浓缩果汁中加入水、糖液、酸味剂等调制而成的清汁或浑汁制品。成品中果汁含量不低于100 g/L,如橙汁饮料、菠萝汁饮料等。含有两种或两种以上果汁的果汁饮料称为混合果汁饮料。

⑥果粒果汁饮料:在果汁或浓缩果汁中加入水、柑橘类的囊胞、糖液、酸味剂等调制而成的制品,成品果汁含量不低于100 g/L,果粒含量不低于100 g/L,果粒含量不低于50 g/L。

⑦水果饮料浓浆:在果汁或浓缩果汁中加入水、糖液、酸味剂等调制而成的、含糖量较高、稀释后方可饮用的制品。成品果汁含量不低于50 g/L乘以本产品标签上标明的稀释倍数,如西番莲饮料浓浆。含有两种或两种以上果汁的水果饮料称为混合水果饮料浓浆。

⑧水果饮料:在果汁或浓缩果汁中加入水、糖液、酸味剂等调制而成的清汁或浑汁制品,成品中果汁含量不低于50 g/L。如橘子饮料、菠萝饮料、苹果饮料等,含有两种或两种以上果汁的水果饮料称为混合水果饮料。

（2）果汁饮料生产的一般工艺

果汁饮料有天然果汁（原果汁）饮料、果汁饮料、带果肉果汁饮料等，这些饮料的主要原料可以变化，但生产的基本原理和过程大致相同，一般是经过果实原料预处理，榨汁或浸提，澄清和过滤，均质，脱氧，浓缩，成分调整，包装和杀菌等工序。对于混浊果汁，则不经过过滤。

（3）操作要点

① 原料的选择和洗涤。

A. 原料的质量要求。选择优质的制汁原料，是果汁生产的重要环节，对制果汁原料的质量要求如下：供制果汁的原料应有良好的风味和芳香味，色泽稳定，酸度适中，并在加工和贮存过程中仍然保持这些优良品质，无明显不良变化。汁液丰富，取汁容易，出汁率较高。原料新鲜，无烂果。采用干果原料时，干果应无霉烂或虫蛀，为提高果汁品质及出汁率，应采用和培育专门适宜加工果汁的品种。

B. 原料的洗涤。榨汁前为了防止榨汁时杂质进入果汁，必须将果实充分洗涤，一般采用喷水冲洗或流动水冲洗。对于农药残余量较多的果实，可用稀酸溶液或洗涤剂处理后再用清水洗净。洗涤也是减少微生物污染的重要措施。对于带皮榨汁的原料，充分洗涤就显得更为重要。还需要进行消毒处理（使用漂白粉、高锰酸钾等杀菌剂），果实原料的洗涤方法可根据原料的性质、形状和设备条件加以选择。洗涤后由专人剔除病害果、未成熟果、枯果和受伤果。

② 榨汁和浸提。榨汁是制汁生产的重要环节，含果汁丰富的果实，大多采用压榨法来提取果汁。含汁较少的果实，如山楂等可采用加水浸提的方法来提取果汁。除了柑橘类果汁和带果肉果汁外一般榨汁生产常包括破碎工序。

A. 破碎和打浆。榨汁前的破碎是为了提高出汁率，尤其对皮、肉致密的果实来说，破碎工序更是必要的。果实破碎程度要适当，破碎后的果块应大小均匀，果块太大出汁率低；破碎过度果块太小，造成压榨时外层的果汁很快地被压榨，形成一层厚皮，使内层果汁流出困难，反而降低了出汁率。破碎程度视果实品种而定。破碎果块大小可以通过调节机器来控制,如用辊压机破碎,则可调节轴辊的轧距。苹果、梨用破碎机破碎时,破碎后大小以 3～4 mm 为宜;草莓和葡萄等以 2～3 mm 为宜;樱桃以 5 mm 为宜;橘子和番茄可以使用打浆机破碎取汁,但要注意皮和种子不要被磨碎。

果汁加工中使用的破碎机或磨碎机有辊磨、锤磨和打浆机等。不同果实选择不同类型的处理机械,例如,葡萄采用破碎机分离果实与果梗,再通过去梗机除去果梗;番茄、梨、杏、番石榴等采用破碎机或粉碎机将果实破碎,平均破碎颗粒大小取决于机器类型。加工带果肉果汁广泛采用打浆破碎操作,打浆机筛孔大小可根据产品要求选用。粉碎果实用得最广泛的磨碎机是摩擦式破碎机,如苹果加工时就可采用这类机器。

B. 榨汁。榨汁方法依果实的结构、果汁存在的部位及其组织性质以及成品的品质要求而异。大多数水果其果汁包含在整个果实中,一般通过破碎就可榨取果汁,但某些水果如柑橘类果实等,都有一层很厚的外皮。榨汁时外皮中的不良风味和色泽中的可溶性物质会一起进入果汁中。同时柑橘类果实外皮中的精油,含有极易变化的 d－苎烯,容易生成一种异臭;果皮、果肉皮和种子中存在着柚皮苷和柠碱等导致苦味的化合物,为了避免上述物质大量地进入果汁中,这类果实就不宜采用破碎压榨取汁法,而应该采用逐个榨汁的方法。另外,某些果实榨汁时压力不宜过大,而且只允许极少量的囊衣渣滓和外皮进入果汁中。石榴皮中含有大量单宁物质,故应先去皮后进行榨汁。

果实的破碎和榨汁,不论采用何种设备和方法,均要求工艺过程短,出汁率高,要防止和减轻对果汁色香味的损害,最大限度地防止空气混入。对于果汁含量较少的果实,可采用加水浸提法,例如,山楂片提汁时,先剔除霉烂果片,再用清水洗净后加水加热至 85～95℃后,浸泡 24 h,滤出浸提液。

C. 粗滤。粗滤又称筛滤,对于混浊果汁是保存果粒在获得色泽、风味和香味的前提下,除去分散在果汁中的粗大颗粒或悬浮粒的过程。对于透明果汁,粗滤之后还需精滤,或先行澄清后再过滤,务必除尽全部悬浮粒。

　　破碎压榨出的新鲜果汁中含有的悬浮物质的类型和数量,因榨汁方法和果实组织结构的不同而不同。粗大的悬浮粒来自周围组织或果实细胞的细胞壁。果汁中的种子、果皮和其他悬浮物,不仅影响果汁的外观和风味,而且会使果汁很快变质。柑橘类果汁的悬浮粒中含有柚皮苷和柠碱等不需要的物质,可采用低温沉淀法除去。一部分粗滤可在榨汁过程中进行或单机操作,粗滤设备一般为筛滤机,有水平筛、旋转筛、圆筒筛等,此类粗滤设备的滤孔大小为 0.5 mm 左右。

　　③ 果汁的澄清和过滤。对于生产澄清果汁来说,通过澄清和过滤,不仅要除去新鲜榨出汁中的全部悬浮物,还要除去容易产生沉淀的胶粒。悬浮物包括发育不完全的种子,果心、果皮和维管束等颗粒、色粒。这些物质中除了色粒外,主要成分是纤维素、半纤维素、糖苷、苦味物质和酶等,它们的存在会影响果汁的品质和稳定性,必须加以清除,果汁中的亲水胶体主要由胶态颗粒组成,含有果胶质、树胶质和蛋白质,电荷中和、脱水和加热,都足以引起胶粒的聚集沉淀。一种胶体能激化另一种胶体,并使之易被电解质沉淀。混合带有不同电荷的胶溶液,能使之共同沉淀。这些特性就是澄清时使用澄清剂的理论依据。常用的澄清剂有明胶、膨润土、单宁和硅溶胶等。果汁澄清后必须进行过滤操作,以分离其中的沉淀和悬浮物,使果汁澄清透明,果汁中的悬浮物可借助重力、加压或真空等各种滤材而过滤除去。

　　④ 果汁的均质和脱气。

　　A. 均质。均质是混浊果汁制造上的特殊操作,多用于玻璃瓶包装的产品,马口铁罐包装的产品较少采用。冷冻保藏的果汁和浓缩果汁无须均质。均质的目的在于使不同粒子的悬浮液均质化,使果汁保持一定的混浊度,获得不易分离和沉淀的果汁。果汁通过均质设备均质,使果汁中所含的悬浮粒子进一步破碎,使粒子大小均一,促进果胶的渗出,使果胶和果汁亲和,均匀而稳定地分散于果汁中,保持果汁的均匀混浊度。不经均质的混浊果汁,由于悬浮粒子较大在重力作用下会逐渐沉淀而使果汁失去混浊度。

均质设备有高压式、回转式和超声波式等,国内常用的高压式均质机,是在9.8～18.6 MPa 工作压力甚至在40 MPa 的压力下,使悬浮粒子受压而破碎。当果汁通过一个均质阀时,加高压的果汁从极狭小的间隙中通过,之后由于急速降低压力而膨胀冲出,使粒子微细化并均匀地分散在果汁中。胶体磨也用于均质,当果汁流经胶体磨的狭腔时(间隙0.05～0.07 mm),因受到强大的离心力的作用,所含的颗粒相互冲击、摩擦、分散和混合,微粒的细度可达0.002 mm,从而达到均质的目的,超声波均质机是利用强大的空穴作用力冲击作用等而使粒子破碎。

B. 脱气。存在于果实细胞间隙中的氧、氮和呼吸作用的产物二氧化碳等气体,在果汁加工过程中能以溶解状态进入果汁中,或吸附在果肉微粒和胶体的表面。同时在榨汁过程中,由于与空气接触的结果,增加了气体含量,这样制得的果汁中会存在大量的氧、氮和二氧化碳等气体。果汁中存在大量的氧气,不仅会使果汁中的维生素 C受到破坏,而且氧气与果汁中的各种成分反应而使香气和色泽恶化,还会引起马口铁罐内壁的腐蚀。这些不良影响在加热时更为明显。所以在果汁加热杀菌前,必须除去果汁中的氧气。

脱气也称去氧或脱氧,即在果汁加工中除去果汁中的氧。脱氧可防止或减轻果汁中的色素、维生素 C、香气成分和其他物质的氧化,防止果汁品质降低,去除附着于悬浮微粒上的气体,减少或避免微粒上浮,以保持良好外观,防止或减少装罐和杀菌时产生泡沫;减少马口铁罐内壁的腐蚀,然而脱气过程可能造成挥发性芳香物质的损失,为减少这种损失,必要时可进行芳香物质的回收,再加回到果汁中,以使果汁保持原有风味。柑橘类果汁则需去除产生不良气味的外皮精油,一般用减压去油法,这同时也有脱气作用。

⑤ 果汁的糖酸调整与混合。有些果汁并不一定适合消费者的口味,为使果汁符合产品规格要求和改善风味,需要适当调整糖酸比例。但调整范围不宜过大,以免果汁失去原有的风味。一般绝大多数果汁成品的糖酸比例在(13∶1)～(15∶1)为宜。

3.8.2　鲜榨胡萝卜汁

蔬菜瓜果除了可以做成可口的菜肴外,还可以制成富含抗氧化物的果蔬汁饮品。因为新鲜水果蔬菜汁能有效为人体补充维生素以及钙、磷、钾、镁等矿物质,可以促进人体功能协调,增强细胞活力及肠胃功能,促进消化液分泌,消除疲劳。

(1)原料配方

纯净水适量、蜂蜜 1 勺、冰块适量、柠檬汁半勺、薄荷叶适量、胡萝卜 1 个。

(2)操作步骤

① 将胡萝卜洗净后削去外皮,再将胡萝卜切成小丁。

② 粉碎机清洗控干之后,将胡萝卜丁放入食品粉碎机内。

③ 将适量的纯净水加入粉碎机,密封良好。

④ 打开粉碎机开关,开始搅拌粉碎。

⑤ 待胡萝卜丁被搅打成泥状即可关闭机器。

⑥ 将胡萝卜泥放入较大的容器内,进行第一次过滤。

⑦ 将第一次过滤之后的胡萝卜汁进行二次过滤到玻璃杯内。

⑧ 加入 1 勺蜂蜜、少许冰块、1 小勺柠檬汁、2~3 片薄荷叶,即可饮用。

(3)注意事项

早餐可以用胡萝卜汁来搭配面包、鸡蛋食用,这样不仅营养美味而且可以满足人体一天的需求。但是我们需要注意胡萝卜汁不能和山药、白萝卜、醋一起食用,这些食物会破坏胡萝卜里面的营养物质。胡萝卜中富含维生素和胡萝卜素,可以为人体补充大量的维生素。同时胡萝卜汁能够提高人的食欲和抗感染的能力,保护视觉系统。所以西方人早晨会用一杯鲜榨的胡萝卜汁来开启新的一天。

3.8.3　黄瓜汁

(1)原料配方

黄瓜 1 根、青柠檬 30 g、橘子 1 个半、红萝卜 50 g、蜂蜜适量。

(2) 操作要点

① 黄瓜去皮。黄瓜的外皮覆盖着一层保护蜡。虽然可以直接吃，但是保护蜡会破坏黄瓜汁的口感。用果蔬削皮器或光滑锋利的水果刀就可以削好皮。

② 用锋利的刀切去黄瓜的两头。头尾连着茎的部分很硬，不宜食用，建议榨汁的时候直接去掉。

③ 把黄瓜切成大块。切好的黄瓜块长宽高在 2.5 cm 左右。小于这个尺寸，或稍微超出也行，但是不要超出的太多。

④ 把黄瓜块放进食物料理机或者搅拌器里。注意不要放得过多，最上层的黄瓜块离机器盖子应该有 5 cm 的距离。

⑤ 用中速或者高速打烂黄瓜块。大概 2 min 后就可以关掉机器了。此时黄瓜应该呈泥状，不要打得太细。

⑥ 在一个大碗上放上细网滤勺。滤勺的直径应该大于碗口的直径，这样碗口可以直接把滤勺托住。即使不用手拿，滤勺也不会掉进碗里。

⑦ 在滤勺里铺上纱布。纱布可以过滤更多的果肉。也可以用咖啡滤纸替代纱布，效果是一样的。

⑧ 将打好的黄瓜泥慢慢倒进滤勺。倒的时候尽量多倒一些，但是小心不要溢出来。

⑨ 用橡胶刮刀或者金属勺子搅动黄瓜泥，并时不时压一下。搅动可以帮助汁液渗出，流到碗里。需要不停地搅拌，不停地按压，直到所有的汁液都被挤出。

⑩ 把黄瓜汁倒进玻璃杯，冷藏一下就可以喝了。也可以用密封盒将新鲜的黄瓜汁保存在冰箱里，保存时间为 1 W。

3.9 其他西式早餐食品

3.9.1 薯条

薯条是一种以马铃薯为原料，切成条状后油炸而成的食品，起源于比利时。是现在最常见的快餐食品之一,流行于世界各地。其油而不腻、香脆可口的独特风味广受儿童和青少年的喜爱,尤其可以配合着酸甜可口的番茄酱一起食用。

(1)原料配方

马铃薯3个、食盐1袋、牛乳3袋、无盐黄油1块。

(2)操作要点

① 原料处理:选用金黄色肉质的大土豆洗净去皮,切成细细的长条。

② 将切好的马铃薯条过冷水清洗一会儿,倒进食盐水中浸泡10 min左右,取下控干水分,切记一定要去掉水分,否则炸的时候会溅油。注意土豆条不要放入太多,因为太多的土豆条会粘在一起。下锅,中火油煮至七八分熟时捞起来。

③ 土豆条放置凉后,添加牛乳浸泡冷冻3 h,随后控干水分放进冷藏室中冷藏3 h。

④ 锅中放进无盐黄油,中火融化烧开后,放入土豆条炸至金黄色后捞起来控油。

⑤ 烧滚油,土豆条再炸一遍后捞起来即可。

(3)注意事项

薯条没有固定的做法,所加的配料、处理方式的不同使每一种薯条口味都不尽相同。薯条趁热食用最佳,薯条可以根据个人的喜好蘸芝麻椒盐或番茄酱或色拉酱食用,单独食用也别有一番风味。

3.9.2　水果吐司布丁

水果吐司布丁,味道香甜可口,品色上乘,制作方法简单。

(1)原料配方

白吐司2片、水蜜桃适量、奇异果适量、草莓适量、柳橙适量、火龙果适量、蛋黄4个、砂糖60 g、牛奶400 mL、动物性鲜奶油80 mL、糖粉适量。

(2)操作要点

① 将吐司切方丁,水果洗净切小块备用。

② 蛋黄加上砂糖打至变白。

③ 牛奶加温至85℃,倒入拌匀,开火再加热,搅拌至浓稠状后熄火。

④ 随后加入鲜奶油拌匀,先用滤网过滤,再倒入舒芙蕾模型中,以隔水加热的方式蒸烤15 min（烤箱需先以170℃预热10 min以上）即为一般的烤布丁。

⑤ 取出并铺上①的材料,并撒上糖粉,再入烤箱以200℃烤5 min。

⑥ 烤好的吐司水果布丁,再撒上少许糖粉即可。

（3）注意事项

烤箱温度可根据自家的烤箱功率自行调节,烤制完成的时候注意看碗底的蛋液是否凝固。大家可以根据自己口味增减砂糖的用量,根据喜好加入不同水果、坚果等,黄油需要提前软化。

3.9.3　糖浸博若莱西洋梨

糖浸博若莱西洋梨主要以西洋梨、糖水、肉桂,加入法国东南博若莱产区的红酒熬煮而成,是以西洋梨和红酒为主角的水果甜点。也可把红酒替换成白酒,熬煮过后的颜色会带点西洋梨金黄的原色。

（1）原料配方

西洋梨4颗、柠檬1颗、细砂糖300 g、玉米粉35 g、水1500 g、柳橙皮少许、肉桂粉半茶匙或肉桂条2根、博若莱产区红酒半瓶、烘烤过的杏仁片或发泡鲜奶油少许。

（2）操作要点

① 深锅倒入博若莱红酒煮沸3 min,使酒精挥发去酸涩。

② 加入1500 g水,加入糖、柠檬汁、柳橙皮、肉桂粉（条）,煮沸后备用。

③ 西洋梨去皮,切掉西洋梨的尾端,浸泡在红酒糖水里,以小火烹煮约1 h,期间用勺子压住西洋梨以免着色不均。

④ 使西洋梨入味、上色,放至冷却,再放冰箱冷藏一个晚上。

⑤ 舀出一勺红酒糖水和玉米粉混合均匀,在深锅里放入250 g红

酒糖水,加入玉米粉水,用小火煮至浓稠。

⑥ 浓稠的红酒糖水过筛后放凉冷却,放入冷藏室冰凉后备用。

⑦ 舀一匙冷藏后的红酒糖浆在盘子里,小心地将西洋梨舀至盘子,撒上少许杏仁片或发泡鲜奶油装饰即可食用。

(3)注意事项

熬煮后的西洋梨变得很软,舀至盘中需特别注意,以保持其外形完整。西洋梨去皮后切掉西洋梨部分尾端再去熬煮,会使红酒糖水比较容易入味,装盘时也较能保持直立。想让红酒西洋梨装盘上桌时颜色更加鲜艳,将煮好的红酒西洋梨冷藏 2 d,红酒颜色即可完全入色,令西洋梨变得酒红亮丽。如果没有博若莱红酒,也可用其他红酒代替。红酒糖水若倒掉可惜,可加上冰块再放少许烈酒当水果鸡尾酒。

3.9.4　烤欧洲防风草

欧洲防风草也被称为欧防风,是一种外观类似于白萝卜,但口味完全不同的植物。防风草的营养价值很高,富含维生素 B_6、维生素 C 和维生素 E,以及铜、锰和叶酸等营养素,是属于欧芹家族的一种蔬菜。

从烹饪方面讲,它的口感和土豆更接近,在绵沙细腻之外,里面还有浓密纤维。既可以做浓汤,也可以切块或抛丝。在家中自己制作的话,防风草薯条是不错的早餐选择。

(1)原料配方

欧洲防风草 5 根、地瓜 2 个、胡萝卜 2 根、橄榄油少许、海盐少许、黑胡椒少许。

(2)操作要点

① 将欧洲防风草清洗干净,削去外皮,并切成薯条形状。同时将地瓜和胡萝卜也削皮,切条备用。

② 将欧洲防风草条冷水下锅,待水开后用小火焯水 5 min,之后过冷水备用。

③ 将过水后的欧洲防风草条控干水分,和地瓜条、胡萝卜条混合

放入烤盘,洒上橄榄油,撒少许海盐和黑胡椒调味,搅拌均匀,使每一条都沾上油。

④ 将烤箱开至 180~200℃预热,将烤盘放入烤箱烤 25 min,也可根据个人口味适当缩短烤制时间。

3.9.5　英式水果奶酥

奶酥是传统英式甜点,用什么水果都可以,如苹果、蜜桃、草莓等。在上面铺一层奶酥,烤至金黄酥脆,烤过的水果酸酸甜甜,再配鲜奶油或香草冰激凌享用,超简单但美味,以黑莓奶酥为例。

(1)原料配方

黑莓 300 g、糖 2 大匙、红糖适量、中筋面粉 180 g、糖 110 g、无盐奶油 110 g、柠檬汁小碗、坚果 1 把。

(2)操作要点

① 将水果洗净去皮,切小块,放入糖及柠檬汁拌匀(如用苹果,加 1~2 小匙肉桂粉拌匀)放入大烤盘内。

② 将奶酥材料分别称量出来,面粉及糖拌匀,黄油切成小粒,筛入低粉,加入白砂糖。小块的奶油用手捏碎,与面粉拌匀成颗粒状,这就成奶酥,将奶酥铺在水果上,加入压碎的坚果。坚果种类不限,核桃、杏仁、榛子均可,压实。尤其推荐核桃,烤过之后特别酥香。

③ 然后在表面洒少许红糖,可增加口感。将拌好的黑莓放入容器内铺平码好。容器没有太多限制,如烤碗、固底模、陶瓷杯等,只要是能进烤箱的固底容器均可。放入已预热 180℃烤箱,烤 35~40 min,至表面金黄色即可,待凉 20 min 后再享用,每人食用前可搭配冰激凌。

(3)注意事项

烤制可促使美拉德反应的发生,美拉德反应不仅影响食品的颜色,而且使烤过之后的水果芳香浓郁,让人食欲大开,且水果当中维生素 C 等营养物质不易被破坏。

3.9.6　奶酪鹰嘴豆芽

(1)原料配方

鹰嘴豆 150 g、南瓜 100 g、西芹 80 g、红椒 50 g、香草橄榄油适量、蒙特里杰克奶酪适量、帕玛臣奶酪适量。

(2)操作要点

① 将鹰嘴豆洗净,泡过夜后,倒掉水,装入保鲜袋中,放入冰箱,大概 3 d 左右就会发芽。

② 将鹰嘴豆放入锅中煮到软。

③ 西芹、南瓜、红椒切小块。

④ 将蒜、迷迭香、百里香、辣椒放入橄榄油中浸泡。

⑤ 锅中放入水,加少量盐,煮开,放入西芹焯水,变色后,取出过冷水。

⑥ 南瓜放入锅中煮到变软,取出;锅烧热后,放入香草橄榄油。

⑦ 放入红椒,炒到红椒变色;加入鹰嘴豆芽、西芹、南瓜翻炒,加盐调味。

⑧ 蒙特里杰克奶酪切碎,放入锅中;奶酪融化,翻均匀即可出锅,撒上帕玛臣奶酪碎。

(3)注意事项

鹰嘴豆也可以选用不发芽的直接做。焯水时,加些盐,可以使蔬菜的颜色保持鲜艳。南瓜不要煮得太烂,变软即可。加奶酪后,也可以选择放入烤箱烤。放入锅中融化翻炒均匀的原因:一是省时间节能,1 min 即可,如果放入烤箱要 15 min;二是减少热量的摄入:如果放烤箱的话,食材的表面要铺满奶酪烤才好,否则食材在烤制的过程中,水分蒸发,口感变硬,这样摄入的奶酪就比放在锅中的要多很多。

参考文献

[1]葛长荣,马美湖. 肉与肉制品工艺学[M]. 北京:中国轻工业出版社, 2005.

[2]夏天,马力. 果蔬汁饮料加工技术研究进展[J]. 江苏食品与发

酵,2008(4):21-23.

[3]李国平. 粮油食品加工技术[M]. 重庆:重庆大学出版社,2017.

[4]尤玉如. 乳品与饮料工艺学[M]. 北京:中国轻工业出版社,2014.

第4章 中式早餐食品加工生产工艺与配方

　　饮食文化作为国家文化中不可分割的一部分,与人们的生活密不可分。中华民族的传统饮食文化有着丰富的文化底蕴,在历史的长河中经过了数千年的沉淀,最终发展成今天具有地域特点的文化,也烙刻了我国各地区的发展过程和民族特色。饮食文化作为民族文化的一部分,在国家的经济发展、文化传承中都起着不可小觑的作用。中国作为一个历史悠久的文明古国,其饮食文化的发展同样有着悠久的历史,表现出了中华民族历史上的繁荣富裕,也体现出华夏儿女智慧的结晶。俗话说"民以食为天",中国人对饮食有着极高的追求,随着时代的发展,中国人的饮食文化融入了众多的新元素,在讲究色香味俱全的同时还讲究营养的均衡、视觉的享受,这是饮食文化的进步。中国的饮食文化源远流长,在全世界都享有盛誉,具有风味多样、四季有别、讲究美感、注重情趣、食医结合等特点,这包含了中国人对于人生的思考,对世间万物的认识,其中蕴含着众多人生哲理。中国人善于在极普通的饮食生活中咀嚼人生的美好和意义。

　　一日之计在于晨,一晨之计在于吃。早餐,这份日出之食,带给我们一天里面第一次的满足和慰藉。早餐作为我国饮食文化的重要载体,以及我们日常生活的重要组成部分,已然成为中国饮食文化的缩影。当早餐成为一天中"最初的期待",可能是成本最低的增加幸福感的方式了。早餐食品品类众多,包含面制品、谷物制品、肉制品、蛋制品、奶制品、蔬菜制品、粥类及其他中式早餐食品。此外,我国地大物博,人口众多,南北方气候、生活习惯存在显著差异,在饮食习惯上也体现了浓重的地方特色,南北东西大不同。一地饮食代表着一地的文化。作为文化载体的早餐,也是地域和人群的载体和纽带。即使全国范围内人口的流动性不断提高,使得各地饮食上的差异不断缩小,但各地均保留着一些极具特色的传统餐食,其中不乏特色早餐食品。

马冠生教授在关于《中国早餐现状》的报告中指出:"每天吃早餐是一种促进健康的行为,是健康生活方式的重要组成部分。早餐是一天的第一餐,也是非常重要的一餐。每天吃早餐不仅能保证全天营养全面、充足的摄入,而且是上午学习和工作效率的物质基础。但是,在快节奏的城市生活中,早餐是最容易被忽视的一餐。调查发现,我国居民中不吃早餐的占有一定的比例,即使吃早餐的人群中,其早餐的营养质量也普遍很差。其实,国人骨子里都有早餐的情结和对故乡早餐的怀念,只是需要被激发。正如,'只需早起,你就能找到故乡。'建议不仅要每天吃早餐,而且要吃好早餐。一份营养充足的早餐应包括谷类、动物性食物、奶或奶制品,以及蔬菜水果。健康生活,从每天的营养早餐开始。"

4.1　中式早餐面制品

中式早餐以面制品为主,其次是奶及奶制品、肉、蛋、鱼类。小麦面制食品种类繁多,根据烹制方法不同分为烘烤食品、蒸煮食品、煎炸食品等。

4.1.1　馒头

馒头是我国主要面制食品之一,具有色白光滑、皮软而内部组织膨松、营养丰富等特点。馒头口感松软而又有一定筋力、风味微甜并带有特殊的发酵香味,虽与面包一样均为发酵食品,然而由于制作原料配方、加水量及熟制方法的不同,与面包在面团微观结构、风味、营养及储存性能诸多方面存在较大差异。

(1)主要原辅料

面粉、干酵母、泡打粉、馒头改良剂、食用碱。

(2)工艺流程

原料准备→配料→和面→发酵→中和→成型→饧发→蒸制→冷却→包装→成品。

（3）操作要点

① 原料准备。

A. 面粉。生产馒头的面粉要求有一定的筋度，蛋白质含量在10% ~11%,在使用前应进行过筛处理,以混入新鲜空气,有利于面团的成形和酵母的生长繁殖。在过筛的同时,筛中安装有磁铁,以除去金属杂质。

B. 水。生产馒头用水要求透明、无色、无异味、无有害物质,符合国家饮用水卫生质量标准。

C. 酵母。酵母在使用前应进行活化,将酵母用温水(30℃左右)化开并放置一段时间,活化时可加入少许砂糖,以促进酵母的生长繁殖,待有大量气泡产生后即可加入面粉中。

D. 其他添加剂。均应采用符合国家标准的食用级添加剂。

② 配料。将馒头组分按质量比混合后搅拌均匀。

③ 和面。和面时加水量一般为面粉用量的40%左右,在此基础上根据面粉面筋的含量、面粉的含水量,结合实际操作适当增减,保证面团软硬适度。加入水的温度应控制在30℃左右,切忌用过冷和过热的水,使面筋蛋白变性,影响面团吸水率及面筋的形成。和面时间一般为10~15 min,以面筋和淀粉充分吸水,面团中不含有生面粉,软硬适度,不粘手,有弹性,面团表面光滑为宜。

④ 发酵。一次发酵是将发酵所需的各种原料一次调制成面团,然后在25~28℃的温度和75%的相对湿度条件下,经过34 h一次完成发酵过程。这种方法生产周期短,所用设备少,但酵母使用量多,成本高,产品质量不容易控制。

二次发酵法是将配方中所需的原辅材料分两次加入,进行两次发酵完成发酵过程。第一次将所需全部面粉的60%加入所需酵母和成软面团,在适宜条件下使之发酵,目的是扩大酵母菌的数量,然后将剩余的面粉及其辅料加入揉和,使之继续发酵,待成熟后进行适当翻揉,再继续发酵0.5 h左右,面团成熟。第二次发酵的目的是让面团充分起发膨松,面筋充分扩展,增加馒头中的香气。

⑤ 中和。中和可根据生产实际情况灵活掌握,其目的是通过适

当加入一定量的碱面中和因发酵过度或酵母不纯而引起的面团过酸,从而提高制品的口感,发酵正常可不进行此步操作。

⑥ 成型。馒头成型方法有两种:手工成型和机械成型。手工成型速度慢,劳动强度大,效率低,但由于面团揉制均匀,手工成型馒头产品质量高,口感好。机械成型机是通过双辊螺旋的推、挤、压和定量切割,最后进行搓圆,完成成型操作。机械法速度快,效率高,劳动强度小,但由于机械搓圆不如人工均匀,揉制不充分,故其产品质量较差。

⑦ 饧发。饧发又称最后发酵,把成型后的面胚再经最后一次发酵,体积膨大,使其成为我们所需求的形状。饧发一般在单独的饧发室内进行,也可在操作间中进行,饧发场所应保持38~40℃的温度和80%左右的相对湿度。温度不能过低或过高,温度过低需要时间长,饧发效果不好,温度过高则发酵后的体积气孔过大,内部组织粗糙。饧发时间一般在15~20 min,冬天气温稍低可延长至30 min。

⑧ 蒸制。馒头饧发后应及时上笼蒸制,上笼时可在蒸屉上涂一层食用油脂,防止底部粘连。用鲜酵母发酵的馒头,在蒸制时,锅内应放凉水或温水,温度有一个缓慢上升的过程,使体积均匀增加,如果直接开水上屉,温度过高,会快速杀死酵母,出现死面,起发不好的现象。若采用锅蒸,蒸制时间一般为30~35 min,汽蒸一般为25 min左右。

⑨ 冷却与包装。馒头出屉后应及时冷却,起到使馒头便于短期存放,避免粘连的作用。冷却的方法是自然冷却或风扇吹冷,冷却至馒头互不粘连为标准。馒头冷却后根据情况可适当进行简易包装,以确保卫生要求。

(4)质量要求

成品馒头质量要求:表面光滑、皮薄、起发好、体积大、截面气孔均匀;色呈白色;具有馒头特有的清香味,无其他异味;成品水分含量在40%左右;在常温下要求保鲜2~3 d,不生霉,不回生,保持松软。

(5)几种馒头的加工实例

① 白面馒头。

A. 配方。面粉300 g、温水150 g、酵母3 g、糖适量(或不加)。

B. 加工方法。

a. 酵母用温水化开,然后加入面粉和盐和成面团,放温暖处发酵至两倍大。

b. 取出排气,和成光滑的面团。

c. 分割成差不多大小的剂子。

d. 滚圆,或者擀成牛舌状卷起成形;放温暖潮湿处再次发酵。

e. 蒸锅上面抹油,然后放馒头坯。

f. 大火蒸约 20 min 即可。

C. 产品特点。由发酵后的白面馒头易于吸收,适合消化不好的人吃,并且其中的酵母还可以保护肝脏。

② 金银馒头。

A. 配方。自发面粉 500 g,植物油、白糖、炼乳各适量。

B. 加工方法。

a. 自发面粉放入盆中,加入白糖、炼乳和成面团,用湿布盖严,饧发 30 min。

b. 面团搓成均匀的长条状,用刀切成等大的小方块,即做成馒头生胚。

c. 将做好的馒头放入蒸锅中用大火蒸 10 ~ 20 min。

d. 取出一半,在馒头表面切"一字刀",放入七成热的油锅中炸至金黄捞出,沥油,放入盆中。

e. 取另一半蒸好的馒头与炸好的金馒头间隔装盘,中间放上用炼乳和蜜蜂调制好的蘸料即可。

③ 雪花馒头。

A. 配方。面粉 10 kg、即发干酵母 16 ~ 20 g、碱 10 ~ 18 g、水 3.2 ~ 3.8 kg。

B. 加工方法。

a. 和面:将 80% 的面粉、全部即发干酵母放到和面机中拌匀,加入所有温水,搅拌至面团均匀。

b. 发酵:在温度 30 ~ 35℃,相对湿度 70% ~ 90% 的发酵室内,发酵 70 ~ 100 min,至面团完全发起,内部呈大孔丝瓜瓤状。

c. 戗面:发好面团再入和面机,加入剩余面粉,用少许水将碱化开也倒入和面机。搅拌 6 ~ 10 min,至面团无黄斑,无大气孔。

d. 揉面:将和好的面团分割成一定量的面块,在揉面机上揉轧20遍左右,使面团细腻光滑。

e. 刀切成型:轧好的面片放于案板上,卷成长条,刀切分割为一定大小的方馒头形状。圆边紧靠成排放于托盘上,上蒸车。

f. 饧发:推蒸车进入饧发室,饧发 30 ~ 50 min,至馒头开始胀发。

g. 汽蒸:整车馒头推入蒸柜,0.03 ~ 0.04 MPa 汽蒸 24 ~ 28 min(100 ~ 140 g 馒头)。

h. 冷却包装:蒸好的馒头放于无风的环境中,冷却 10 ~ 15 min,装入塑料袋中,再装入保温箱中。

④ 奶白馒头。

A. 配方。面粉 10 kg、干酵母 40 g、食盐 20 g、白糖 1 kg、甜香泡打粉 100 g、色拉油 300 g、单甘酯 10 g、馒头改良剂 50 g、鲜奶精 30 g、水 4.8 kg。

B. 加工方法。

a. 原料处理:食盐、白糖、馒头改良剂一同用温水溶解。

b. 调粉:将干酵母、甜香泡打粉、鲜奶精和面粉在和面机内混合均匀,加水及溶解盐、糖的溶液,搅拌 2 min 成面絮时加入色拉油和单甘酯,再搅拌 6 ~ 10 min,至面团细腻。

c. 成型:将面团分割成 1 kg 左右的大块,在揉面机上揉轧 20 ~ 30 遍,全表面光滑细腻。在案板上卷后切成 20 g 左右的小馒头,排放于蒸盘上。

d. 饧发:蒸盘上架车后推入饧发室,饧发 60 ~ 80 min,至坯胀发 2 倍左右。

e. 汽蒸:推入蒸柜,0.02 ~ 0.03 MPa 蒸制 15 min 左右。

⑤ 玉米小米面馒头。

A. 配方。面粉 10 kg、玉米面或小米面 5 kg、即发干酵母 30 g、砂糖 400 g、碱 18 g、水 6 kg 左右。

B. 加工方法。

a. 和面:面粉、即发干酵母倒入和面机混匀,将砂糖、碱分别用水溶解后加入,加水搅拌 6 ~ 10 min。

b. 压面、成型:揉轧 10 遍左右,刀切成型。

c. 饧发:排放于托盘上蒸车。在饧发室内饧发 50 min 左右。

d. 蒸制:入柜 0.03 MPa 汽蒸 23 ~ 27 min。冷却包装。

⑥ 螺旋彩纹馒头。

A. 配方。面粉 800 g、紫薯 2 个、牛奶 350 g、酵母白糖适量。

B. 加工方法。

a. 紫薯上屉蒸熟,趁热去皮压碎,过筛成泥。取 80 g 紫薯泥与面粉、酵母、白糖混合,少量多次地加入牛奶,揉成光滑面团。同样的方法,做好白色面团,将 2 个面团加盖保鲜膜,放在温暖处松弛至约 2 倍大。

b. 将 2 块发酵好的面团取出后,分别加入干面粉,反复用力揉搓 20 min,直至面团排净空气,面团手感光滑。

c. 将白面团分成 2 份,取 1 块白面团和紫薯面团分别擀成厚薄均匀、大小相当的面皮。白面皮上刷一层水,将紫薯面皮叠放在上面,自上而下的卷起,底边也刷水收紧,用刀均匀地切 8 份,取 1 小份竖起,压扁,擀开成面皮。

d. 将剩下的 1 份白面团也分成 8 份,双色面皮包上 1 块白面团,像包包子一样,捏紧收回,用两手提高,成馒头形。蒸锅加冷水,将生面胚放在铺垫好的锅中,盖上锅盖,备发 15 min,换大火蒸制,水开后转中火蒸 15 min,关火 3 min 后开盖即可。

⑦ 硬面馒头。

A. 配方。面粉 1000 g、老面 100 g、碱水 20 g。

B. 加工方法。

a. 制种子面团:将酵种放发面盆内,加温水 200 g,化开后,放入面粉 700 g,和匀、捣透,盖上盖(冬天将锅放在饭锅内保温),静置 3 h 左右,待面团发起。

b. 和面、分割、整形、饧发:将发起的酵面(留 100 g 作酵种)放面板上,加碱水及余下的干面粉 300 g,揉匀揉透,搓成条,分切成 10 个小面团,逐个捏成圆形馒头,放面板上静置饧发 10 min,待蒸。

c. 蒸制:将饧发的馒头排放在铺有湿布的蒸格内,用大火急蒸10～20 min,蒸熟开盖,离火取出即成。

C. 操作要点。

a. 硬面馒头的和面过程中加水要比普通馒头加水量要少,先用70%的面粉和面,30%的面粉在成型时加入酵面内揉匀,才能使制品结实硬香。

b. 掌握碱水的用量,应视发酵面的老嫩、气候的冷热、碱水浓度来决定。

c. 硬面馒头的酵面不宜发酵时间过长,稍发起即可。发起的酵面加入干面粉后必须揉匀揉透,但要防止久揉,以免酵母菌失效。

d. 揉成馒头形状后,不宜马上入笼蒸制,应有静置、饧发的缓冲时间。

4.1.2 包子

包子是由馒头演变而来的,以面粉为主料,包入各种馅料制成的面制品。依据馅料的不同,可分为甜包和咸包两大类。甜包通常用发面作面剂,馅料有白糖、红糖、豆沙、紫薯、奶黄等种类,各种馅料单独使用或配合使用;咸包则又具体划分为馅料以各类蔬菜为主的素包和以肉类为馅料的荤包,由于馅料配制和制皮工艺的不同而风味各异。

(1)主要原辅料

因馅料不同,包子种类各异,制作包子的通用材料为面粉、制馅用肉或蔬菜、制馅用五谷、辅料。不同馅料的包子配方有较大差异,后续将以几种最具代表性的包子为例做介绍。

(2)工艺流程

速冻包子制作流程:

原料和辅料准备→配料→馅料制作──┐

和面→发酵→压延→制皮→包制→汽蒸→
冷却→速冻→包装→冷冻。

即食包子制作流程：

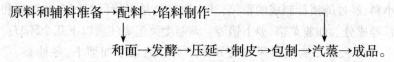

原料和辅料准备→配料→馅料制作———————┐
　　　　　　　　　↓　　　　　　　　　　　　　↓
　　　　和面→发酵→压延→制皮→包制→汽蒸→成品。

（3）操作要点

① 原料和辅料准备。

A. 面粉。面粉必须选用优质、洁白、面筋度较高的特制精白粉，有条件的可用特制包子专用粉。

B. 原料肉。必须选用经兽医卫生检验合格的新鲜肉或冷冻肉。严禁冷冻肉经反复冻融后使用，因它不仅降低了肉的营养价值，而且影响肉的持水性和风味，使包子的品质受影响。原料肉在清洗前必须剔骨去皮，去除不宜食用部位，做好清洗处理后，绞成颗粒状备用。

C. 蔬菜。选取新鲜蔬菜的可食用部分，用流动水洗净后备用。

D. 谷物。选取品质佳、无霉变的谷物，如红豆、绿豆等，去除杂质，淘洗备用。

E. 辅料。如糖、盐、味精等辅料应使用高质量的产品，对葱、蒜、生姜等辅料应除尽不可食部分，用流水洗净，斩碎备用。

② 面团调制。面粉在拌合时一定要做到计量准确，加水定量，适度拌合。要根据季节和面粉质量控制加水量和拌合时间，气温低时可多加一些水，将面团调制得稍软一些；气温高时可少加一些水甚至加一些 4℃ 左右的冷水，将面团调制得稍硬一些，包子面团比水饺面要稍软一些。调制好的面团可用洁净湿布盖好防止面团表面风干结皮，静置 5 min 左右，使面团中未吸足水分的粉粒充分吸水，更好地生成面团网络，提高面团的弹性和滋润性，使制成品更爽口。

③ 制皮。包子皮手工擀制或机器制作过程需注意大小、厚薄适中，以保证包子质量。

④ 馅料制作。包子馅料可分为两大类：咸馅和甜馅。咸馅大体包含生菜馅、熟菜馅、生肉馅、熟肉馅和菜肉馅，甜馅包含泥茸馅、果仁蜜饯馅和糖馅。

A. 生菜馅。是将新鲜蔬菜经过择洗加工后,直接把生料加工成小料,经过腌渍拌制成的菜馅,其主要特色是保持原料固有的香味和营养成分。如韭菜馅、萝卜馅等。调制生菜馅要注意以下几个环节:

a. 去掉影响馅料风味的异味成分。蔬菜中如萝卜、冬油菜、芹菜、慈菇、土豆等,其细胞内含有苷类,均带有苦味,故在调制时,应采取适当措施,用于消除苷类的苦味,而增加甜美滋味。

b. 切成小料。无论泥、茸、末、丝、丁,都要符合要求。由于原料不同,包馅要求不同,切成小料的方法大体可分为四种:第一种用刀剁的方法,如白菜等,须先切成小块、摊开,用刀有次序地剁,把全部白菜剁细剁匀,要边剁边翻,防止不匀现象;第二种用刀切的方法,如韭菜、茴香等,这种菜本来就很细长,不宜刀剁,只要把它捋好、捋直,用刀切成细末即可;第三种是先切后剁的方法,如豆角等,要先切碎,然后适当剁成末;第四种为擦的方法,如萝卜和各种瓜等,要用擦床擦成丝使用。要根据不同原料的不同要求,采用不同的方法加工。

c. 减少水分。新鲜蔬菜水分大,特别是刀剁加工后,大量水分溢出,不利成品捏包成形。制馅时一定要把水分挤掉、挤干。此外,在剁时加点盐,可促使蔬菜中水分外溢,便于挤干。菜汁中含有较多的营养成分,完全挤掉也是一种浪费。为了既有利捏包,又不致造成过大浪费,可以在菜馅中适当加入一些干的原料(如粉丝、豆腐干、面筋等),使之吸收菜汁,减少水分。

d. 增加菜馅黏性。用蔬菜作馅,虽然经过挤干处理,水分仍然较多,同时黏性也不够,显得很散,必须适当加强其黏性。增加黏性的方法,除掺入干料外,主要是加入具有黏性的调味品和一些黏性配料。通常用的有食用植物油、动物油、甜面酱、黄酱、鸡蛋等,不仅可增加黏性,也可改善口味。

B. 熟菜馅。熟菜馅用的主要原料和操作方法,均与生菜馅不同。熟菜馅以干制菜品为主,如黄花菜、笋尖、蘑菇、木耳、粉丝、豆制品等。即使使用一些新鲜蔬菜,如香菜、青菜等,比例也较小。在加工方法上,都要经过初步热处理,煸炒烹调,才能成为馅料。这是因为所用的主要是干硬原料。若不先烹制成熟,则不但做生坯时难于包捏成形(因干硬易散),同时包馅后在加热成熟中馅心亦不易成熟,也达不到鲜嫩油肥的质量要求。

C. 生肉馅。生肉馅用料广泛,但一般多以畜类肉馅为基础(其中又以猪肉馅为主),其他禽类和水产常与之配合,形成多种多样的馅。比如鲜肉馅加入虾仁成为虾肉馅;加入鸡肉丁即为鸡肉馅;加入蟹肉即为蟹肉馅。生肉馅质量要求是以鲜香、肉嫩、多卤为主。但这又与选料、调制、调味都有密切关系,特别是加水搅和(又称打馅),是一个关键步骤。肉馅加水后,可使其更为松嫩。肉馅拌和好以后要放入冰箱内冷藏 1~2 h,使之更入味。

D. 熟肉馅。熟肉馅主要有两种制法:一是将生料剁碎成泥,炒熟,加调料拌和即成,制作关键是掌握馅料煸炒时的汤汁、调味和勾芡;另一种方法是用烹调好的熟料切丁、切粒、切末,加以调拌而成。

E. 菜肉馅。将一部分蔬菜与部分肉类加工、调味拌和而成。菜肉馅不仅在口味和营养成分的配合上比较适宜,而且在水分、黏性、脂肪含量等方面也适合制馅要求,因此使用较为广泛。菜肉馅也分生馅、熟馅两种。一般以用生馅居多,但熟馅风味突出。生馅具体制法就是在拌肉馅的基础上,再将用沸水烫过的蔬菜(有的不须水烫)剁成细末,挤干水分,掺入肉馅内拌和即成。此外,还有一种生熟拌和的菜肉馅,一般是用生的或半生半熟的蔬菜与熟肉配合而成,其特点是可以缩短成熟时间,保持蔬菜色泽碧绿,质地香嫩。

F. 泥茸馅。以植物的果实或种子等为原料,加工成泥茸,再用糖油炒制而成的一种甜味馅,其特点是馅料细软而带有不同果实的香味。通常使用的有豆沙、枣泥、薯泥、莲茸等数种。泥与茸的制法基本相同,泥比茸擦研得粗些,且熬得也比茸略稀一些。

G. 果仁蜜饯馅。将炒熟的果仁、蜜饯等切成细粒,与白糖拌和即成。果仁,常用的有瓜子仁、花生仁、杏仁、核桃仁、松子仁、芝麻仁等。蜜饯主要有瓜条、橘饼、青梅、葡萄干、桃脯、梨脯、蜜枣、青丝、红丝、糖桂花等。果仁蜜饯馅的特点是松爽香甜,且有各种果料的特殊风味。

H. 糖馅。以绵白糖、白砂糖、红糖为主料。用纯糖做馅心,在加热过程中容易受热膨胀,爆裂穿底,食时也不方便,容易烫嘴流失。所以,糖馅大多加入面粉或米粉(以熟粉为好,掺生粉也可以,但馅心比较黏稠,不如熟粉松散)。加粉是糖馅制作的一个关键性问题,加粉拌糖,要用力推擦,擦起上劲,手抓成坨。如糖太干燥,也需适当加点水或油,同时,包时一定要包在制品中心。这样在加热时,糖就缓慢熔化,以免成品受热过于膨胀、穿底穿皮,爆裂成品。一般糖馅,都是以糖掺粉为基础的,为了增加风味特色,在糖、面基础上,加入芝麻的,即为白糖芝麻馅,俗称"麻仁馅";加入玫瑰、桂花、香蕉或橘子精等,即成各种口味的糖馅。但大多数花色糖馅,都是以糖、面、油为基础,掺入其他配料的,能使成品口味更好,甜中细柔,风味别致。

⑤ 包制。是包子成形的最后一道工序。包捏的好坏直接影响包子的造型和质感,可根据造型的不同选择不同的包捏法。包制时要求严密,形状整齐,不得有露馅、缺角、瘪肚、变形等异常现象。

⑥ 汽蒸。汽蒸加热熟制法,是利用蒸气所产生的温度,使制品内淀粉膨胀和蛋白质热变性,从而成为熟品。其具体操作方法有以下几点:蒸前先要饧一下面,所谓饧面,就是放一段时间,蒸时才能暄腾,蒸后也要放一段时间下屉,让其继续膨胀,达到更加松软的目的;饧面后入屉,要摆放排列整齐,各个制品之间,必须要有空隙,保持一定距离,让其有膨胀的空间,否则成熟后就粘连在一起,影响成品的美观;用蒸锅来蒸的,一般都要把蒸锅内的水用旺火烧沸,待大汽上来,蒸汽急冒时,才能架上笼屉蒸。要紧盖笼屉盖,防止漏气,一般中途不宜掀盖,以保持屉内温度均匀和饱和温度。同时,一直保持大火燃烧,直至成品蒸熟蒸透为止。否则成品不易涨发,并发生坍塌、粘牙等现象。如果不用蒸锅而用蒸汽设备(如锅炉蒸汽等)蒸,要控制好输入蒸汽的量大小和时间。

⑦ 冷却、速冻。

冷却:包子出屉后应及时冷却,起到避免粘连,便于包装的作用。冷却的方法工厂常采用风扇吹冷,冷却至互不粘连为标准。

速冻:食品速冻就是食品在短时间(通常为 30 min 内)迅速通过最大冰晶体生成带(0 ~ -4℃)。经速冻的食品中所形成的冰晶体较小而且几乎全部散布在细胞内,细胞破裂率低,从而才能获得高品质的速冻食品。当包子在速冻间中心温度达 -18℃ 即速冻好。目前我国速冻产品多采用鼓风冻结、接触式冻结、液氮喷淋式冻结等。

⑧ 包装、冷冻保藏。经速冻的包子根据要求进行包装,并在 -18℃ 下冷冻保藏。

(4)质量要求

外观符合该品种包子应有的外观,形状均匀一致、不漏馅;具有该产品应有的色泽;具有该品种应有的滋味、气味,无异味,外表及内部均无肉眼可见异物;馅含量应 ≥35 g/100 g。

(5)几种包子的加工实例

① 糖三角。

A. 配方。面粉 500 g、面肥 50 g 或酵母 5~8 g、红糖 125 g、食用碱适量。

B. 加工方法。

a. 将红糖放入碗内,加入面粉 25 g 拌匀成馅。

b. 将面肥/酵母放入盆内,加入温水 250 g 拌开,分次倒入面粉均匀搅拌,和成面团,盖上保鲜膜保持面皮表面湿润,进行发酵。

c. 待面团发酵至原来体积的两倍,内部呈蜂窝状时即可,春季发酵时间为 60~90 min,夏季为 45~60 min。面团发酵后取少许食用碱面,加入适量水搅拌均匀,倒入面团里揉匀,静置 10 min 左右。

d. 砧板上撒适量干粉,将发酵好的面团揉匀,分成等份。

e. 将小面团揉匀摊成圆形面皮,放入糖馅,包成三角形。

f. 上蒸屉,大火蒸 15 min 即可。

g. 出屉后应及时冷却,冷却至糖三角之间互不粘连为标准。经冷却后根据情况及需求可适当进行简易包装,以确保卫生要求。

C. 产品特点。皮薄、起发好,质地柔软;色泽呈白色;具有蒸制面制品特有的清香味,食之香甜。

② 豆沙包。

A. 配方。面粉 500 g、面肥 50 g 或酵母 5~8 g、红小豆 250 g、糖桂花少许、花生油 25 g、食用碱适量。

B. 加工方法。

a. 将红小豆淘洗干净,用水浸泡 1 h 左右,入锅煮烂。

b. 锅内倒油烧热,放入白糖炒至熔化,倒入煮烂的豆馅,加入糖桂花,不停地翻炒,至豆沙稠浓不粘手为止,起锅晾凉。

c. 将面肥/酵母放入盆内,加入温水 250 g 搅拌,倒入面粉和成面团发酵。待酵面发起,加入碱水揉匀,稍饧。

d. 将面团揪成 50 g/个的小剂,擀成直径 6.5 cm 的饼,每个包入 25 g 豆沙馅,捏成椭圆形,摆上屉用大火蒸 15 min 即熟。

e. 出屉后应及时冷却,经冷却后根据情况及需求可适当进行简易包装,以确保卫生要求。

C. 产品特点。颜色洁白,饱满绵软,香甜可口,易于消化。

③ 椰丝绿豆包。

A. 配方。面粉 500 g、面肥 50 g 或酵母 5~8 g、椰子丝 200 g、去皮绿豆 100 g、鲜牛奶 200 g、白糖 250 g、熟猪油 50 g、花生油 50 g、玉米淀粉 50 g、食用碱适量。

B. 加工方法。

a. 将绿豆洗净沥干,研磨成瓣,上笼蒸烂。

b. 将熟猪油、花生油、白糖、鲜牛奶、椰子丝放入不锈钢锅内调匀,用大火烧沸后,转用小火煮制,边煮边搅,以防烟底。煮至水分已干,加入绿豆同煮,再加入玉米淀粉搅匀,待煮至凝结不粘手,出锅晾凉,即成椰丝绿豆馅。

c. 将面肥/酵母放入盆内,用 250 g 温水澥开,加入面粉和成发酵面团,待酵面发起,加入碱水揉匀。

d. 将搓成长条,揪成 50 g/个的面剂,用手逐个按扁成皮,放入馅心包成圆球形,摆入屉内,用大火沸水蒸 12 min 即成。

e. 出屉后应及时冷却,经冷却后根据情况及需求可适当进行简易包装,以确保卫生要求。

C. 产品特点。颜色洁白,饱满绵软,椰味浓郁,香甜适口。

④ 素馅包子。

A. 配方。面粉、油菜各 500 g,香菇 50 g,酵母粉 10 g,葱末、姜末、胡椒粉、香油各少许,精盐、味精各 1 小匙,料酒、酱油各 1 大匙,植物油适量。

B. 加工方法。

a. 面粉加酵母粉拌匀,用清水和匀成面团;用湿布盖严,饧发 40 min,加入面粉揉匀。

b. 油菜洗净,用沸水漂烫,捞出冲凉,切粒;香菇用清水浸泡至软,捞出去蒂,洗净,攥去水分,切成小粒,加入料酒调拌均匀。

c. 锅中加入植物油烧热,加入香菇、酱油煸炒至入味,盛出。

d. 炒好的香菇放入盆内,放入油菜粒、葱末、姜末调拌均匀,加入精盐、味精、胡椒粉、香油、少许植物油调匀成馅料。

e. 面团每 25 g 下一个剂子,擀成圆皮,包入馅料,饧发 30 min。

f. 蒸锅中加入适量清水烧沸,包子入屉用旺火蒸 5 min 至熟。

g. 出屉后应及时冷却,并根据情况及需求可适当进行简易包装,以确保卫生要求。

C. 产品特点。颜色呈乳白色有光泽,外观圆形、花纹清晰、饱满、质地柔软、手按有弹性,内部结构均匀,纵剖面孔小,口感细腻滑润、不粘牙,具有该品种特有的香味、无异味。

⑤ 鲜肉包子。

A. 配方。面粉 500 g,猪肉 350 g,老酵面 50 g,姜葱汁 2 小匙,白糖 1 小匙,酱油、料酒、香油、食用碱各适量。

B. 加工方法。

a. 猪肉洗净,剁成小粒,先加入酱油拌匀,再剁成细末,放入碗内。

b. 加入白糖、料酒、葱姜汁、酱油、清水搅匀至肉馅上劲,加入香油拌匀成馅料。

c. 面粉加入适量温水和匀,揉搓均匀成面团,放置阴凉处,稍饧。

d. 将面团搓成长条,再成小面剂,擀成面皮,包入馅料,捏合接口,入笼蒸 15 min 至熟。

e. 出锅后应及时冷却,并根据情况及需求可适当进行简易包装,以确保卫生要求。

C. 产品特点。颜色呈乳白色有光泽,外观圆形、花纹清晰、饱满,质地柔软、手按有弹性,内部结构均匀,纵剖面孔小,口感细腻滑润、不粘牙,具有该产品特有的香味、无异味。

⑥ 三鲜包。

A. 配方。面粉500 g,猪肉250 g,大虾150 g,水发海参100 g,葱末、姜末、精盐、酱油、胡椒粉、鸡精、香油、植物油各适量。

B. 加工方法。

a. 大虾去皮、去头、洗净,切成粗粒;海参洗净,切丁,下入沸水中焯烫,捞出沥干。

b. 将猪肉洗净,剁碎,放入容器中,加入精盐、酱油、虾料、海参、葱末、姜末、鸡精、香油、胡椒粉拌匀,制成馅料。

c. 面粉和好揉匀、搓条,揪成剂子,擀皮,包入馅料,制成包子生坯。

d. 入笼蒸15 min至熟。

e. 出锅后应及时冷却,并根据情况及需求可适当进行简易包装,以确保卫生要求。

C. 产品特点。颜色呈乳白色有光泽,外观圆形、花纹清晰、饱满,质地柔软、手按有弹性,内部结构均匀,纵剖面孔小,口感细腻滑润、不粘牙,馅心鲜美。

4.1.3 饺子

饺子是我国南北通食的一种食品,农历大年初一早餐吃饺子的习俗始于明清时期,之后成为我国南北方广大地区春节必备的一种食品。因饺子菜饭合一,除水煮外,还可蒸煎油炸,食之味美,深受人们喜爱。

(1)主要原辅料

饺子因馅料不同而有多达几十种类型,制作饺子的通用材料为面粉,制馅用肉或蔬菜、辅料。不同馅料的饺子配方有较大差异,后续将以几种最具代表性的饺子为例做介绍。

(2)工艺流程

速冻饺子制作流程:原料、辅料、水的准备→面团、饺馅配制→包制→整形→速冻→装袋、称重、包装→低温冷藏。

即食饺子制作流程：原料、辅料、水的准备→面团、饺馅配制→包制→根据需求进行熟制。

（3）操作要点

速冻食品要求其从原料到产品，要保持食品鲜度，因此，在水饺生产加工过程中要保持工作环境温度的稳定，通常在10℃左右较为适宜。

① 原料和辅料准备。

A. 面粉。面粉必须选用优质、洁白、面筋度较高的特制精白粉，有条件的可用特制水饺专用粉。对于潮解、结块、霉烂、变质、包装破损的面粉不能使用。对于新面粉，由于其中存在蛋白酶的强力活化剂硫氢基化合物，往往影响面团的拌合质量，从而影响水饺制品的质量，对此可在新面粉中加一些陈面粉或将新面粉放置一段时间，使其中的硫氢基团被氧化而失去活性。有的添加一些品质改良剂也可，不过会加大制造成本又不易掌握和控制，通常不便使用。面粉的质量直接影响水饺制品的质量，应特别重视。

B. 原料肉。必须选用经兽医卫生检验合格的新鲜肉或冷冻肉。严禁冷冻肉经反复冻融后使用，因为这样不仅降低了肉的营养价值，而且影响肉的持水性和风味，使水饺的品质受影响。冷冻肉的解冻程度要控制适度，一般在20℃左右室温下解冻10 h，中心温度控制在2～4℃。原料肉在清洗前必须剔骨去皮，修净淋巴结及严重充血、淤血处，剔除色泽气味不正常部分，对肥膘还应修净毛根等。将修好的瘦肉肥膘用流动水洗净沥水，绞成颗粒状备用。

C. 蔬菜。要鲜嫩，除尽枯叶，腐烂部分及根部，用流动水洗净后在沸水中浸烫。要求蔬菜受热均匀，浸烫适度，不能过熟。然后迅速用冷水使蔬菜品温在短时间内降至室温，沥水绞成颗粒状并挤干菜水备用。烫菜数量应视生产量而定，要做到随烫随用，不可多烫，放置时间过长使烫过的菜"回生"或用不完冻后再解冻使用都会影响水饺制品的品质。

D. 辅料。如糖、盐、味精等辅料应使用高质量的产品，对葱、蒜、生姜等辅料应除尽不可食部分，用流水洗净，切碎备用。

② 面团调制。面粉在拌合时一定要做到计量准确,加水定量,适度拌合。要根据季节和面粉质量控制加水量和拌合时间,气温低时可多加一些水,将面团调制得稍软一些;气温高时可少加一些水甚至加一些 4℃ 左右的冷水,将面团调制得稍硬一些,这样有利于水饺成形。如果面团调制"劲"过大了可多加一些水将面和软一点,或掺些淀粉和热水,以改善这种状况。调制好的面团可用洁净湿布盖好防止面团表面风干结皮,静置 5 min 左右,使面团中未吸足水分的粉粒充分吸水,更好地生成面团网络,提高面团的弹性和滋润性,使制成品更爽口。面团的调制技术是成品质量优劣和生产操作能否顺利进行的关键。

③ 饺馅配制。饺馅配料要考究,计量要准确,搅拌要均匀。要根据原料的质量、肥瘦比、环境温度控制好饺馅的加水量。通常肉的肥瘦比控制在 2:8 或 3:7 较为适宜。加水量:新鲜肉 > 冷冻肉 > 反复冻融的肉;四号肉 > 二号肉 > 五花肉 > 肥膘;温度高时加水量小于温度低时。在高温夏季还必须加入一些 2℃ 左右的冷水拌馅,以降低饺馅温度,防止其腐败变质和提高其持水性。向饺子馅中加水必须在加入调味品之后(即先加盐、味精、生姜等,后加水),否则调料不易渗透入味,而且在搅拌时搅不黏,水分吸收不进去,制成的饺馅不鲜嫩也不入味。

加水后搅拌时间必须充分才能使绞馅均匀、黏稠,制成水饺制品才饱满充实。如果搅拌不充分,馅汁易分离,水饺成形时易出现包合不严、烂角、裂口、汁液流出现象,使水饺煮熟后出现走油、露馅、穿底等不良现象。如果是菜肉馅水饺,在肉馅基础上再加入经开水烫过、经绞碎挤干水分的蔬菜一起拌和均匀即可。

④ 水饺包制。目前,工厂化大生产多采用水饺成型机包制水饺。水饺包制是水饺生产中极其重要的一道技术环节,它直接关系到水饺形状、大小、重量、皮的厚薄、皮馅的比例等质量问题。

A. 包饺机要清理调试好。工作前必须检查机器运转是否正常,要保持机器清洁、无油污,不带肉馅、面块、面粉及其他异物;要将绞馅调至均匀无间断地稳定流动;要将饺皮厚薄、重量、大小调至符合产品质量要求的程度。一般来讲,水饺皮重小于55%,馅重大于45%的水饺形状较饱满,大小、厚薄较适中。在包制过程中要及时添加面(切成长条状)和馅,以确保饺子形状完整,大小均匀。包制结束后机器要按规定要求清洗有关部件,全部清洗完毕后,再依次装配好备用。

B. 水饺在包制时要求严密,形状整齐,不得有露馅、缺角、瘪肚、烂头、变形、带皱褶、带小辫子、带花边饺子,连在一起不成单个、饺子两端大小不一等异常现象。

C. 水饺在包制过程中,在确保水饺不粘模的前提下,要通过调节干粉调节板漏孔的大小,减少干粉下落量和机台上干粉存量及振筛的振动,尽可能减少附着在饺子上的干面粉,使速冻水饺成品色泽和外观清爽、光泽美观。

⑤ 整形。机器包制后的饺子,要轻拿轻放,手工整形以保持饺子良好的形状。在整形时要剔除一些如瘪肚、缺角、开裂、异形等不合格饺子。如果在整形时,用力过猛或手拿方式不合理,排列过紧相互挤压等都会使成形良好的饺子发扁,变形不饱满,甚至出现汁液流出、粘连、饺皮裂口等现象。整形好的饺子要及时送速冻间进行冻结。

⑥ 速冻。采用合适的速冻方法进行饺子速冻操作,当水饺中心温度达 −18℃即速冻好。

⑦ 装袋、称重、包装。

A. 装袋:速冻水饺冻结好即可装袋。在装袋时要剔除烂头、破损、裂口的饺子以及连结在一起的两连饺、三连饺及多连饺等,还应剔除异形、落地、已解冻及受污染的饺子。不得装入面团、面块和多量的面粉。严禁包装未速冻良好的饺子。

B. 称重:要求计量准确,严禁净含量低于国家计量标准和法规要求,在工作中要经常校正计量器具。

C. 称好后即可排气封口包装。包装袋封口要严实、牢固、平整、美观,生产日期、保质期打印要准确、明晰。装箱动作要轻,打包要整齐,胶带要封严粘牢,内容物要与外包装箱标志、品名、生产日期、数量等相符。包装完毕要及时送入低温库。

⑧ 低温冷藏。包装好的成品水饺必须在 −18℃的低温库中冷

藏,库房温度必须稳定,波动不超过±1℃。

⑨ 饺子熟制。无论速冻饺子还是即食饺子,熟制的方法均有多种,有水煮、油煎、汽蒸、油炸等。

A. 水煮。水煮是饺子熟制最常用的方法,需要注意的是,速冻饺子和非速冻饺子的水煮操作方法有所不同。速冻饺子水煮时要冷水下锅,以防止饺子破皮,而馅料不熟的现象。中大火煮制,煮制过程不要盖锅盖,并不时用勺子背将锅中饺子推几下,避免粘连。煮至锅内水大开,饺子都飘起来即可。非速冻的现包饺子煮制时需等到锅中水开之后再下入饺子进行煮制,同样不时用勺子背将锅中饺子推几下,避免粘连,煮至锅内水大开,饺子都飘起来即可。若为生肉馅料,因不容易煮熟,可在锅中水开之后再加入一定量冷水,煮制水开,这样重复2~3次即可。

B. 油煎。油煎熟制法用油量较少,大都用平锅(或煎盘),用油量多少随制品的不同要求而定,一般以在锅底平抹薄薄一层为限,有的品种需油量较多,但以不超过制品的一半为宜,油煎法又分为油煎和水油煎两种。后者除油煎外,还要加点水使之产生蒸气,连煎带焖,达到制品一部分焦脆,一部分柔软的要求。煎饺大多以水油煎法成熟,具体操作方法为:架上平锅后,只在锅底刷少许油,烧热,把所有制品从锅的四周外围码起,一个挨一个,一圈接一圈,从四周整齐码向中间,稍煎一会,火候以温火、六成热为宜,然后洒几次少量清水(或和油或面混合的水),每洒一次,就盖紧锅盖,使水变成蒸气传热焖熟。水油煎法的制品,受油温、锅底和蒸汽三种传热,成熟后出现制品底部带焦,又香又脆;上部柔软色白,油光鲜亮,形成一种特殊风格。在煎的过程中,洒水必须盖锅盖,防止蒸汽散失,以便达到蒸焖目的。并要经常移动锅位,或一排一排移动制品位置,要掌握好火候,防止煎焦煳。

C. 汽蒸。利用锅内水煮沸产生的热蒸汽进行熟制的方法。汽蒸时需待蒸锅内的水烧沸,待大汽上来,蒸汽急冒时,才能架上笼屉蒸。要紧盖笼屉盖,防止漏气,一般中途不宜掀盖,以保持屉内温度均匀和饱和温度。同时一直保持大火燃烧,直至成品蒸熟蒸透为止。否则成品不易胀发,并发生坍塌、粘牙等现象。但有的品种要用中火或中途揭盖的,按具体情况掌握。

D. 油炸。油炸是利用油脂传热使制品成熟的一种加热方法。使用这种炸制法,必须大锅满油,制品全部烫泡在油内,并有充足的活动余地。饺子在油五至六成热时下锅,边炸边"窝",就是将油锅端离火口,使锅内油温停止升高,并不断用勺或铲推动制品,使制品均匀受热,饮食业称之为"窝"。一般锅内油温升至接近七成热以前,就必须"窝";不"窝",就会被炸焦。什么时候停"窝",一般指离火的锅内油温降至五成热以下时,就要回到火上。要"窝"多少次,一般根据火力大小和制品成熟与否而定。温油炸的制品,其特点是外脆里酥,色泽淡黄,层次张开且不碎裂。这是因为,温油下锅炸,炸出了制品内油分,起酥充分;离火"窝"炸(这时油温较高),防止浸油,炸得熟透,外皮脆而不散,内里熟透,是一种精细的炸制法。

(4)质量要求

外观符合饺子应有的外观,形状均匀一致、不露馅;具有该产品应有的色泽;具有该品种应有的滋味、气味,无异味外表及内部均无肉眼可见异物;馅含量应≥35 g/100 g;满足《GB/T 23786—2009 速冻饺子》规定的卫生安全指标。

(5)几种饺子的加工实例

① 花素水饺。

A. 配方。面粉 500 g,鸡蛋 4 个,水发海米、水发木耳、粉丝、豆腐干各 50 g,韭菜 150 g,香油、熟花生油、酱油、精盐、葱末、姜末各适量。

B. 加工方法。

a. 将鸡蛋炒熟,豆腐干用花生油炸成金黄色,切成黄豆大小的丁,木耳、海米均剁碎,粉丝用热水泡发后剁碎,韭菜择洗干净切末。

b. 将炒熟的鸡蛋、豆腐干丁、木耳、海米、粉丝、韭菜放入盆内,加入葱末、姜末、酱油、精盐、香油拌匀成馅。

c. 将面粉放入盆内,加入适量凉水 250 g 和成面团,揉匀揉透,饧发约 10 min,揪成 60 个剂子,逐个按扁,拼成中间稍厚、边缘薄的圆皮,打入馅,捏成月牙形饺子,下入沸水锅内,煮熟捞出即成。

C. 产品特点。清素适口,饺子滑爽。

② 猪肉荠菜水饺。

A. 配方。

面粉 500 g、猪肥瘦肉 300 g、荠菜 500 g、葱 20 g、姜 10 g、香油 30 g、酱油 30 g、精盐 8 g。

B. 加工方法。

a. 将荠菜择洗干净,放入沸水锅内焯一下,晾凉挤净水分,切成碎末。肥瘦肉切碎,剁成泥。葱、姜均切成末。

b. 将肉泥放入盆内,加入葱末、姜末、酱油、精盐和水少许,用筷子朝一个方向搅拌,搅至浓稠状,加入香油、荠菜末拌匀成馅。

c. 将面粉放入盆内,加凉水 250 g 和成面团,揉匀揉透,略等片刻,搓成长条,揪成 60 个剂子,逐个按扁,擀成圆皮,打入馅心,对折,包成饺子。

d. 将锅内放水烧沸,下入饺子,煮熟即成。

C. 产品特点。皮薄馅鲜,香味浓郁。

③ 三鲜水饺。

A. 配方。面粉 500 g、猪肥瘦肉 250 g、鸡蛋 3 个、海米 10 g、水发木耳 50 g、香油 15 g、酱油 25 g、精盐 8 g、味精 4 g、葱花 30 g、姜末 5 g。

B. 加工方法。

a. 将面粉放入盆内,加入清水 225 g 和成面团,揉匀揉透,稍饧。

b. 将猪肉洗净,剁成泥。鸡蛋磕入碗内打散,入锅炒熟,搅碎。海米用开水泡 10 min 后剁成末。水发木耳洗净剁碎。

c. 将肉泥放入盆内,加入姜末、酱油、精盐、味精和凉水 75 g,朝一个方向搅打至呈胶状,加入海米末、鸡蛋末、木耳末、葱花、香油拌匀成馅。

d. 将面团放在案板上,搓成长条,揪成 60 个剂子,按扁,擀成中间厚、周边薄的圆皮,然后一手托皮,一手打馅,对折捏成半月形。将全部面皮都包成饺子后,下入沸水锅内煮熟,捞入盘内即成。

C. 产品特点。此饺汁多不腻,滋味鲜美。

4.1.4　面条

面条是一种世界性的、历史悠久的食品。目前仍是遍及亚洲的大众食品。在亚洲,多达 40% 的小麦是以面条形式被消费的。面条食品起源于我国已有 2000 多年的历史,具有我国的独特风味,是南方、北方人们都喜欢的主食之一。

世界上的面条种类繁多,以主要原料来划分,可以分为两大类:一是以硬粒小麦生产的通心面,俗称"意大利面条"。最普通的类型是空心面和细条实心面,这类面条在欧美较为流行。二是以普通小麦为主要原料制成的面条,这类面条在亚洲各国较为流行。

我国面条加工方法和风味多样,有以擀、抻、揪、切、压和蒸、炸等不同加工方式形成的切面、挂面、龙须面、面饼、拉面、宫面、空心面、刀削面等。烹调风味各异,有担担面、阳春面、臊子面、打卤面、伊府面等众多风味面条。挂面是工业化生产最成熟的一类,发展到现在,品种繁多,按食用功能不同可分为两大类:普通挂面,主要有精粉挂面、精制挂面、龙须挂面、玉带挂面等。花色挂面,主要有菌藻类、薯芋类、杂粮类、果蔬类、强化类、特型类等。

(1)主要原辅料

生产挂面的主要原辅料有小麦面粉、食盐、食用碱等。挂面配方设计原则是以面粉为基准,其他辅助原料以占面粉重量的比例计算,基本配方见表 4 - 1。

表 4 - 1　挂面基本配方

成分	面粉	食盐	食用碱	水
比例(%)	100	2 ~ 3	0.15 ~ 0.2	28 ~ 34

(2)工艺流程

不同挂面品种生产工艺略有区别,但一般是大同小异。挂面生产一般工艺流程为:

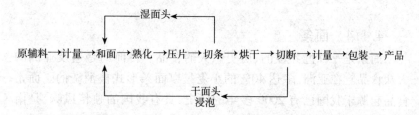

（3）操作要点

① 和面。和面是将小麦粉、辅料等加水经机械拌和形成散碎的面团，面团要求水分均匀，色泽一致，不含生粉，具有良好的可塑性和延伸性。和面质量的好坏，直接影响其他工序的操作和产品质量，是挂面生产的重要环节。和面工艺的要求是面团形成粒胚状，吸水均匀而充足，面筋扩展适宜，颗粒松散，粒度大小一致，色泽一致并略显肉黄色，不含"生粉"，手握成团，经轻轻搓揉仍能成为松散的颗粒面团。

影响和面效果的主要因素有：

A. 和面加水量。加水多少是影响和面效果的主要因素之一。和面的目的是使无黏性、无可塑性、无弹性的面粉成为有一定黏弹性、可塑性、延伸性的面团，而要达到这种要求，必须使面粉中的蛋白质充分吸水形成面筋，淀粉吸水膨胀，因而加水是达到和面效果的必要条件。挂面生产中和面加水量一般为小麦面粉重的25%～32%。要根据具体情况对加水量进行调整，蛋白质含量高的面粉加水率高一些，蛋白质含量低的则低一些。也可以把小麦粉粉质试验中吸水率的44%看作挂面生产中的和面加水量。

B. 水质。水的质量对和面效果有影响。和面用水除了要符合普通饮用水标准外，还必须提出特殊要求。水对挂面生产的影响是多方面的，对和面工艺的影响主要是水的硬度和 pH 值。硬度高的水，其中所含钙、镁金属离子会与面粉中的淀粉、蛋白质结合，从而降低面粉的亲水性能，使和面时间延长，并降低面团的黏度，最终导致面团加工性能降低。若水的酸、碱性太强，会使蛋白质变性和分解，进而减少了面团中湿面筋的含量，如酸性水分使麦胶蛋白溶解，降低面筋含量,还会使淀粉分解,使面团的加工性能降低。

C. 水温。在和面机中,小麦面粉中的蛋白质吸水形成面筋的过程中不仅受水质和加水率的影响,而且受到水温的影响。水温过低,和面机中的温度也低,因为和面机中的温度是环境温度、机械本身温度、面粉温度的综合。温度低则蛋白质和淀粉的吸水时间就会延长。和面机中的温度太高,易引起蛋白质热变性,导致湿面筋数量的减少,受热时间越长,变性程度越深,热变性严重时甚至没有湿面筋的形成。所以和面温度应控制在蛋白质变性温度以下,一般温度达到50℃时小麦面粉中的蛋白质便开始变性。实践证明,蛋白质的最佳吸水温度为 30℃左右。

D. 和面时间。和面时间的长短对和面效果有明显的影响。因为小麦面粉中蛋白质吸水形成面筋、淀粉吸水膨胀形成良好的面团结构,需要一定时间。和面时间过短,加入的水分难以和小麦面粉搅拌均匀,蛋白质、淀粉没有与水接触或者没有来得及吸水,会大幅影响面团的加工性能。和面时间太长,面团温度升高(主要是由于机械能转化为热能),使蛋白质部分变性,降低了湿面筋的数量和质量,同时还会使面筋扩展过度,出现面团"过热"现象。研究及生产实践证明,比较理想的和面时间是 15 min 左右,最少不得少于 10 min。

E. 小麦面粉。要获得具有良好加工性能的面团,首先要有良好的原料——符合产品加工要求的小麦面粉,具体要求如下:要求面粉具有足够的湿面筋含量。湿面筋是使面团具有一定弹性、延伸性、可塑性的基本物质,只有保证了湿面筋含量,才能使压片、成型工序得到实现,保证产品的"筋力"。对于挂面生产,一般要求湿面筋含量为28%~32%。要满足加工性能和烹调性能的要求,仅保证湿面筋的数量是不够的,还必须对面筋提出质量方面的要求,即要保证湿面筋具有一定弹性和延伸性,要做到这一点,必须从加工面粉的小麦品种选择开始。软质小麦面粉烹调性好,但面筋质差;而硬质小麦面粉面筋质好,但烹调性差。

F. 食用碱。和面时加入适量食用碱,能起到增强面筋作用,同时还可中和面粉中的游离脂肪酸,但也不宜加入太多,否则会使面条发黄,硬度增加,甚至损坏面筋网络结构,降低面团的加工性能。

G. 食盐。和面时适当加入溶解的食盐,能起到强化面筋、改良面团加工性能的作用。由于食盐是和蛋白质起作用的,所以加盐量主要根据小麦面粉中蛋白质含量的多少来调整。其次,由于食盐有抑制酶的活性、防止面团酸败的作用,因而食盐的加入量还要根据季节、气温高低来调整。一般原则是蛋白质含量高则多加,蛋白质含量少则少加;夏季气温高多加,冬季气温低少加。

② 熟化。熟化是进一步改善面团的加工性能,提高产品质量的重要环节之一。

A. 熟化的要求。熟化是和面过程的延续,是使面团进一步成熟,水分得到均匀分布,面筋充分形成,改善面团工艺性能的必备工序。

B. 熟化作用。使水分最大限度地渗透到蛋白质胶体粒子的内部,使之充分吸水膨胀,互相粘连,进而形成面筋质网络组织。通过低速搅拌或静置,消除面团的内应力,使面团内部结构稳定。促进蛋白质和淀粉之间的水分自动调节,达到均质化,起到对粉粒的调质作用。

C. 影响熟化的因素。熟化时间:熟化时间的长短是影响熟化效果的主要因素。由于受熟化设备限制,熟化时间一般为 10 ~ 20 min。在生产中一般把和面和熟化时间之和控制为 30 min,如果和面时间为 15 min,则熟化时间应为 15 min。

搅拌速度:熟化过程中面团静置会结成大块,给复合轧片喂料造成困难。因此,在连续化制面生产中,以低速搅拌来防止面团结块,只要能防止面团结块并能满足喂料的要求,搅拌速度越低越好。对于盆式熟化机,其搅拌杆的转速以 5 ~ 8 r/min 为宜。

熟化温度:熟化要求在常温下进行,温度高低对熟化工艺效果有一定影响,熟化机中的面团温度低于和面机中面团的温度。比较理想的熟化温度为 25℃ 左右,宜低不宜高。

③ 复合压延。复合压延就是将熟化后的面团通过多道辊压使之形成符合要求的面片。

A. 复合压延的要求。复合压延将松散的面团压成细密的、达到规定厚度要求的薄面片,并进一步促进面筋网络组织细密化和相互粘连,最终在面片中均匀排列,使面片厚薄均匀,平整光滑,无破边洞孔,色泽均匀,并有一定的韧性和强度。

B. 影响复合压延效果的主要因素。

a. 面团的特性:含水适宜稳定、干湿均匀、面筋形成充分,而且质量好、温度适当、结构性能良好的面团,在复合压片、连续压延过程中所产生的断片、破片等现象就少,面片质量也好,而且调节好的轧辊轧距一般可较长时间不再调整。

b. 压延倍数:压延倍数是指初压面片与末压面片厚度之比,它反映了面片在压制过程中受压情况。压延倍数越大,面片受挤压的作用越强,面片内面筋网络组织越细密化,口感越硬,品质越不佳。压延倍数最好为9.6左右。

c. 压延比:在复合压延过程中,加压的大小与面筋网络细密化程度之间有一定规律。在压力达到某极限之前,压力大对面筋网络组织细密化是有利的,但如果超过某一极限,对面片做急剧的过度压延,会使面片中已经形成的面筋网络组织受到过度拉伸,超过面筋所能承受的极限,导致已形成的面筋撕裂,使面片的工艺性能变劣。在实际操作中,若压延比较大,面片所承受的压力和拉伸力也越大,结果出现上述情况。若压延比太小,则压延道数增加,设备庞大,也不合理。较理想的压延比为50∶40∶30∶25∶15∶10。

d. 压延道数:就是在整个复合压延设备中所配置的轧辊对数。压延道数与压延比有密切关系,当复合压延前后面片厚度一定,压延道数少,则压延比大;压延道数多,则压延比小。根据试验结果,比较合理的压延道数为7道,其中复合阶段为2道,连续压片阶段为5道。

e. 轧辊转速:对压片效果有重要影响。在轧距相同条件下,转速越高、线速度越大,面片被拉伸的速度越快、产量越大,但过快地拉伸容易破坏已形成的面筋网络组织,而且面片光滑度较差。转速低、线速度小,面片受压时间长,面片紧密光洁,但产量低。因此,在生产中必须严格控制每道轧辊的转速,特别是末道轧辊的转速,使之既能保证轧片效果,又能满足产量要求。一般规定末道压辊线速度不大于

0.6 m/s,可保证产品质量。

④ 切条。

A. 切条的要求。把经过若干道压轧成型的薄面片纵向切成一定形状的过程称为切条,其作用是将轧片后的面片切成一定长度和宽度的湿面条,以备悬挂烘干。切条的要求是切出的湿面条表面光滑,长短一致,无毛边、无并条现象,断条要少。

B. 面刀。面刀是保证切条质量的关键,要保证面刀的机械加工精度,生产前要调试好面刀的啮合深度,两根齿辊的轴线要平行,运行时无径向跳动。每班要清理面刀中的面屑,检查梳齿与齿辊的配合,要求松紧适度,角度合理。

C. 切断刀。切断刀是在一根轴上固定一块钢板作为动刀口,并以一定的速度旋转;用扁钢或钢制作的定刀口固定在机架上。从面刀流出的面条周期性地被动刀口与定刀口切断。

⑤ 烘干。挂面烘干是一个脱水定型的过程,其中包含了复杂的能量传递和质量传递过程。面条烘干要根据不同品种、不同季节、不同天气情况,灵活控制各个温区的温、湿度,确保挂面烘干质量。已烘干的挂面要求平直光滑、不酥、不潮、不脆,有良好的烹调性能和一定的抗断强度,产品具有良好的食用品质、烹调性能和商品效果。

影响挂面烘干效果的主要因素如下。

空气的温度、湿度:影响面条脱水的主要因素是空气的温度和相对湿度。其中以相对湿度的影响为主,同一温度下,相对湿度越低则脱水速度越明显加快。在相同温度条件下,湿面条脱水在1 h之内较快,占总脱水量的40%左右。1 h之后面条脱水变缓慢。

空气的温度、湿度是控制挂面干燥的主要参数,但挂面烘干不应过分集中在烘道前端或后端或高温区某一部位,而应遵循某一规律进行合理分配。

空气的温湿度对脱水后的挂面产品也有影响。最后干燥阶段的作用是调整挂面内外水分及温度之间的不平衡和与室内空气温、湿度之间的不平衡。一般认为,若室内空气较烘道尾端湿润,则挂面吸水;若较干燥,则挂面继续脱水。这两种现象均影响挂面质量,若温、湿度差异过大则会产生酥条现象。

湿面条的含水量:对于挂面来说,它是内部扩散控制性物料,要十分注意控制表面水分过快挥发,致使面条表面结成硬皮现象,因为若出现这种现象,会严重影响面条品质。

⑥ 后处理技术。经烘干后的面条必须切成一定长度,并进行计量包装,同时对生产中产生的干、湿面条进行处理,以提高经济效益。

A. 切断。切断的要求:目前所普遍应用的是机械切断装置。切断的工作原理是利用切刀和挂面的相对运动,借助于切刀的剪切或切削作用把挂面切断。切断对挂面的内在质量无多大影响,但对挂面的外观质量和干面头量增减有极大关系。切断工艺是整个挂面生产中面头产生量最多的环节,因此,切断工艺要求是长度一致,断头最少。我国挂面的切断长度大多选取 200 mm 和 240 mm 两种规格,长度的允许误差为 ±10 mm。切断工艺的断头(即干面头)控制在挂面产量的 6% 以下,越低越好。

切断设备及其特点:目前我国常用的机械切断装置,主要有圆盘式切面机和切刀式切面机两种类型。圆盘式切面机的特点是传动系统简单、生产效率高,但切出的挂面整齐度差、断损严重。

B. 计量和包装。计量要求:计量是挂面包装前的一道重要工序,是商品核价、销售和流通的前提。计量准确与否关系到消费者与生产厂家的利益,是衡量挂面质量的标准之一。因此,计量的一般要求是计量准确,误差控制在 ±1.0% 以内。

包装的要求:为利于储存、运输和销售等环节取得好的效果,必须对挂面产品进行必要的包装。挂面包装的基本要求是整齐美观、卫生安全、标志完整、图案清晰。

C. 面头处理。在挂面的切条、上架、烘干、下架、切断和计量包装等生产过程中,不可避免地要产生面头,需要及时处理后再回机做原料加工生产挂面。

面头的种类和性质:挂面厂的面头大致分为湿面头、半湿面头和干面头 3 种类别。

在切条、上架及烘道入口处落下的面头称为湿面头。预备干燥初端的掉落面头,如果及时回集,也可归为湿面头。湿面头的性质接近于面团,要及时回入和面机中与面团充分搅拌均匀后,送入熟化工序。

从烘道的预备干燥末端至全蒸发初端所掉落的面头一般称为半湿或半干面头。由于此面头的含水量不相等,与面团性质有差异,不能像湿面头那样直接回入和面机搅拌。通常将其干燥脱水到与干面头含水接近,作为干面头进行处理。

干面头是在烘干后端落下的以及切断、计量包装等过程所产生的面头,也包括经过干燥后的半湿面头。由于干面头的含水量与成品挂面的水分相近,其性质与小麦粉大体相同,但面筋质的分布形态与小麦粉面筋的分布形态等又有许多差异,因此,需要经专门处理后,才能掺入和面机中与小麦粉、面团混合搅拌。

影响和面效果的原料因素主要是小麦粉中的面筋质含量及质量两个方面。干面头和小麦粉的面筋含量大致相等,干面头粉的面筋质含量较低,与小麦粉差别较大。从面筋质的分布特征及质量状况而言,干面头粉与小麦粉的面筋质相互黏接作用降低,不成团呈散状,即是说,干面头粉的面筋质工艺性能较小麦粉降低较大,而干面头的面筋质则以面筋网络结构的形态均匀固定于面条中。

干面头的处理方法:目前主要有湿法(或软化)处理和干法处理两种。

湿法处理:干面头的湿法处理就是把经清理后的干面头置入浸泡池或容器内进行浸泡,使干面头充分吸水软化后,再按一定比例掺入和面机中与小麦粉一起搅拌的方法和过程。此处理方法的特点是面头中的面筋网络组织破损小,有干面头转化为湿面头的作用,因此回机质量较好,而且节省投资和电力费用,生产成本低。但面头浸泡时间过长,尤其是夏季易发酸变味,因此采用湿法处理的时间不能过长,一般春冬两季的时间以 40~60 min 为宜,夏秋季节的时间以 30~40 min 为宜。

干法处理:就是将干面头通过初筛、粉碎、细筛加工成干面头粉,并按一定比例掺入和面机中与小麦粉一起搅拌的方法和过程。此处理方法的特点是比较卫生、劳动强度低。但由于干面头粉碎后,面筋质损伤大而工艺性能较差,影响挂面质量,而且生产成本较湿法处理高,因此采用干法处理的面头掺入比例必须严格控制,一般较湿法处理低。

(4)质量要求

① 感官品质要求:色泽正常,均匀一致;气味正常,无酸味、霉味及其他异味;煮熟后不煳、不浑汤,口感不黏、不碜牙,柔软爽口;

② 卫生指标:无杂质、无虫害、无污染;食品添加剂应符合 GB 2760的规定;

③ 理化指标:水分含量≤14.5%,酸度≤ 4.0 mL/10 g,自然断条率≤5.0%,熟断条率≤5.0%,烹调损失率≤10.0%。

(5)几种面条加工实例

① 手擀面。

A. 配方。面粉、盐、水(面水比约为10∶4.5)。

B. 加工方法。

a. 盐放到水里,搅匀后,把水倒入面粉,揉成表面光滑的面团(水不要一次全部加入,先倒入大部分,再看面团的情况决定是否继续加水),面团要和得稍硬些比较好。

b. 面团放到容器中,盖上盖子,饧发 1 h。可放入冰箱冷藏室,面会更加筋道;

c. 取出面团,在案板上反复揉,尽量多揉一会。付出的劳动和得到的回报一定是成正比的;

d. 在面上撒些薄面,将揉好的面团擀成圆饼状,再擀成椭圆形的面片,将面片卷在擀面杖上来回滚动,使面越来越薄。中间最好换几次角度重复此操作;

e. 达到自己需要的厚度后,展开面片,在上面撒些薄面;

f. 将面片折叠,切成细条,宽度随意;

g. 切好后将面条抖开摊开,再撒些薄面以防粘连,晾 1 h后开水下锅,煮开即可。

② 刀削面。

A. 配方。面水比例 10∶3(冬天冷水,夏天温水)。

B. 加工方法。

a. 面粉放在和面盆里,用筷子或手在面粉中间扎个小洞。

b. 往小洞里倒入适量的清水。

c. 两手掌心相对,手指末端插入面粉与盆壁接触的外围边缘。

d. 用手由外向内、由下向上把面粉挑起,挑起的面粉推向中间小洞的水里。

e. 用手在小洞位置抄拌一下,把覆盖在水上的面粉和水抄拌均匀,形成雪花状带葡萄状的面絮。

f. 在剩余干面粉上扎个小洞,分次倒入适量的清水。把干面粉与清水搅拌均匀,形成雪花状带葡萄状面絮,周围有少许干面粉。

g. 用手把雪花状带葡萄状面絮揉合在一起,再一点一点地往干面粉上渗入少量的清水。

h. 用手揉成表面粗糙的面团,盖上湿布,放在一边饧制 30 min。揉好的面团用手指往下压,面团手感发硬,按不下去,且不粘手。

i. 削面:左手托住饧好揉好的面团,右手握削面刀,刀面与面团表面持平。出力均匀,把面一条一条削下,开水煮熟配上做好的面卤即可。

③ 拉面。

A. 配方。

原料:面粉 500 g、熟青萝卜片 50 g、熟牛肉丁 40 g。

调料:菜籽油 20 g、精盐 18 g、清水 200 g、牛骨料汤 1500 g、香菜 10 g、青蒜苗段 8 g、辣子油 25 g、蓬灰水 15 g。

B. 加工方法。

a. 和面:将 500 g 面粉倒在案板上,中间挖个小窝,将面、盐和 200 g 水拌匀,用两个手掌不断搓匀干面和水面,搓成梭状,洒上水,用手掌继续搓拌,待水和面拌匀至面团成形,洒上兑好的蓬灰水将面团揉匀,达到"三光"的较软面团,盖上湿布饧 10 min。

b. 溜条顺筋:取饧好的面团,放在案板上,反复搓揉上劲,待有韧性时,搓成约 66 cm 长的粗条,提起来在案上反复捣、揉、抻、摔,用力将面团揉成大肠状。将面团放在面板上,用两手握住条的两端,慢慢地上下抖动,到一定长度时,可打扣并条,第一次向左转动,成双股绳状;第二次向右转动,这样不断地正反方向转动,溜得面条像出汗一样,且保持粗细均匀、有韧性、弹性为止。

c. 出条:将溜好的面条放在案板上,撒上菜籽油(以防止面条粘连),然后随食客的爱好,拉出大小粗细不同的面条。

d. 煮制调味:锅上火入清水烧开,将拉好的面放入锅内,待面飘起来即可出锅,盛入碗中,将提前吊好的牛肉汤加热后和熟萝卜片浇在面条上,根据个人的口味不同,加上牛肉丁、香菜,再淋上辣子油即可。

4.1.5　糕点

中式糕点是以面粉或米粉、糖、油脂、蛋、乳品等为主要的原料,配以各种辅料、馅料和调味料,初制成型,再经蒸、烤、炸、炒等方式加工制成的一种食品。根据所用原料分类将中式糕点分为麦类制品、米类制品、杂粮类制品及其他制品 4 大类。中式早餐面制品中的糕点主要为麦类制品,指主料以小麦粉为原料制成的面制品。如烧饼、油条、麻花等。

(1)主要原辅料

以面粉、糖、油脂、蛋、乳品等为主要的原料,配以各种辅料、馅料和调味料。

(2)工艺流程

原辅料→面团调制→馅料配制→发酵→松弛→饧发→烘烤→冷却→包装→成品。

(3)操作要点

中式糕点生产的基本操作主要有原料配备、面团及馅的调制、包馅操作、成型操作、熟制操作等。

① 原料配备。原料配备是指根据产品的配方要求,准备好各种所需原料。中式糕点的配方有两种:一种是原辅料混制加工的,如桃

酥、开口笑等,无皮料和馅料之分;另一种则是皮料和馅料分别配制加工,如提浆月饼、枣泥饼等。

②面团调制。面团的调制是指根据配方将各种原辅材料,调制成符合生产要求的面团,是中式糕点生产的基本操作。

A. 酥皮面团。先把食用油和水放入和面机内,搅拌均匀后,加入面粉继续搅拌,使面粉充分吸水,面筋形成至面团软硬合适即可。面团调制好后,用湿布盖好,防止水分蒸发。

B. 发酵面团。发酵面团是指由酵母、水、面粉调制而成,利用酵母发酵产生的二氧化碳气体,使面制品疏松、多孔、柔软。发酵面团调制,分一次发酵法和两次发酵法。一次发酵法是一次将酵母、面粉、水等原料加入。经过一次发酵而成;两次发酵法是指将配方中的原辅材料,分两次加入经两次发酵而成。发酵温度在 $25 \sim 28 ℃$ 。

C. 浆皮面团。浆皮面团指用蔗糖制成的糖浆或用饴糖与面粉调制而成。调制面团时,首先将已制好的糖浆(凉糖浆)倒入和面机内,然后加入花生油和小苏打,搅拌成乳白色悬浮状液体,再加入面粉搅拌均匀。搅拌好的面团应柔软适宜、细腻,起发好,不浸油。调制好的面团应在 1 h 内生产,否则,存放时间过长,面团筋力增加,影响产品的质量。

D. 酥类面团。酥类面团是以面粉为主料,加入适量的油、糖、蛋、水等调制而成,要求面团具有松散、较好的可塑性,半成品不韧缩,因此使用低筋粉。调制时将一定比例的食用油、糖、水、膨松剂加入和面机内,充分搅拌均匀后再加入面粉,充分搅拌均匀即可。调制时要注意使糖粒充分溶化。面团调制好后要迅速生产,以防时间过长,油脂溢出。

油酥面团是用油和面粉调制而成,这种面团一般不单独制成产品,而是作为酥层面团的夹酥,多使用弱力粉,粉粒要求较细。调制时,将油加入提前准备好的面粉中,搅拌均匀并擦透,调匀擦透也叫"擦酥",擦酥一定要擦透,使面团溢润,软硬与酥面相同。

E. 韧性面团。韧性面团又称水调面团,用水和面粉调制而成,是一种具有良好延展性的面团。调制时先将水、油、糖、打拌、膨松剂等投入和面机内,搅拌均匀再加入面粉,继续充分搅拌,形成软硬适宜,表面光洁的面团。面团制成后,应适当静置一段时间,静置时用湿布盖住面团。

F. 面糊。面糊也称蛋糕糊,多用于制作蛋糕、华夫饼干等产品。应首先在打蛋机内将鸡蛋搅拌成乳白色蛋液,加入糖、油、蜂蜜、膨松剂等,体积膨大到 2 倍左右时加入面粉,拌匀成糊状。一般 20 min 左右,方向应一致。

③ 馅料的配制。根据生产糕点的种类不同,中式糕点馅料的加工方法有擦馅和炒馅两种。以下以具体产品为例介绍两种馅料的配制方法。

A. 炒制馅料的配制。

a. 炒制豆沙馅:豆沙馅有广式和京式两种,配方各有差异。广式豆沙馅以赤豆、砂糖和花生油为主,配以碱水和糖玫瑰;京式豆沙馅以赤豆、白砂糖和花生油为主,配以橘皮。加工方法如下:先将赤豆淘洗干净,在锅内煮制,同时加入碱水,先大火后文火,至能用手将豆捏烂,无硬心即可;煮好后的赤豆过筛,去皮取沙;然后将豆沙、糖、适量食用油放入锅中,大火加热,不断搅动,防止糊锅,在煮沸过程中逐渐加入剩余的油脂,直到豆沙与油脂、糖充分混合,均匀变稠,有可塑性时即成豆沙馅。豆沙馅炒制完毕后,及时离开火源,防止水分继续蒸发,豆沙变硬,保存时应将豆沙放入缸内,面上浇一层生油,加盖置于凉爽处备用。

b. 炒制白糖馅:以面粉、白糖、饴糖和花生油为主料,辅以桂花、蜂蜜和适量水。加工方法如下:先将水和饴糖加热至沸腾,随后添加白糖继续熬制,熬制时要求不断搅拌,待糖液熬至能拔丝时,再加油搅拌均匀,然后添加面粉拌匀,最后加入桂花和蜂蜜拌匀即可。炒制好的白糖馅,色泽浅黄、松散、香甜,无其他异杂风味。在炒制白砂糖的基础上,可根据生产的需要加入玫瑰、青梅、葡萄干等,制成不同的馅料。

c. 炒制山楂馅:以面粉、山楂、饴糖、食糖和花生油为主料,辅以桂花、桃仁和适量水。加工方法如下:先将饴糖倒入锅内熬至沸腾,然后加入山楂泥，混合均匀，待其蒸发一部分水分后，加入食糖，使其全部溶化，然后加入面粉搅拌均匀，再加入食用油搅拌均匀，最后加入桂花和桃仁，搅拌均匀冷却后备用。炒制好的山楂泥，色泽紫红发亮，口味酸甜可口，山楂香味浓郁、松散、无苦涩味。

B. 擦制馅类馅料的配制。擦制馅可分为甜味馅和咸味馅，其特点是馅料不经炒制，而是直接将各种配料拌匀，一些生料必须先熟制再擦馅，现制现用，不宜久存。

甜味馅主要以白砂糖、熟面粉、油脂为主要配料，其他小料如瓜仁、瓜条、青红丝、葡萄干等适量。咸味馅以面粉、饴糖、油脂为主要配料，其他小料如大葱、芝麻、五香粉、花椒粉、食盐等适量。擦制方法：将油脂、饴糖、少量水等稀料加入和面机内搅拌混合均匀，同时加入糖及其他辅料，使糖溶化，最后加入熟面粉，混合均匀，手握软硬适宜即可。

④ 包馅。包馅操作是指将一定量的馅心包在一定比例的皮面中，使皮馅紧密结合并达到该产品规定的质量要求。其操作如下：按产品的规格要求事先准备好皮面和馅料，分别称量，分开存放，同时备好干面（浮面）；包馅时先将皮面按压成圆饼，要求中间厚，周围薄，一般左手拿皮面，右手拿馅料，将馅料放在皮面上，合拢四周，用右手将皮面的系口向中心紧拢，边转边拢，使系口逐渐缩小，直至封严按实，完成包馅。在包制中皮和馅的分量要准确，动作应连贯、迅速、熟练，两手配合得当。

⑤ 成型。成型技术有两种，一种是借助模具，使制品形成一定形状，达到成型要求。在使用模具成型时，要注意几点：一是模具应清洁卫生，为使面团出模容易，可在模内撒一层薄干面或刷一层植物油；二是用力均匀，保证生坯花纹清晰，形状规则；三是出模后应立即放入烤盘，进入下道工序，不要停留。另一种是将包好馅料的半成品手工捏成一定形状，达到定型的要求；主要操作有：和、揉、摘、搓、擀、卷、包、挤注、抹等。

⑥ 熟制。中式糕点熟制是运用各种加热技法，使中式糕点生坯（半成品），成为色、香、味、形、质、养等俱佳的熟制品的全过程。根据

熟制工艺中介质的不同,中式糕点的熟制方法有蒸制成熟、油炸成熟、烤制成熟、煎制成熟等。

A. 烤制中式糕点。烤制成熟法的主要特点是温度高,受热均匀,操作容易控制,且适合批量生产。制成品一般色泽金黄,口感酥、脆、香、甜,干爽,便于存放。

烤制成熟法有两种类型,一种是传统烧煤或木炭的烤炉,有平炉、吊炉、转炉、缸炉等,但由于不符合环保、体积大、笨重、劳动强度大、难以操控等因素,不适合大规模生产;另一种使用燃气烤箱、电烤炉等现代化烹饪设备,操作简单、方便、控温准确、灵活、卫生,已广泛取代传统烤炉,是中式糕点的重要加热设备,在操作时应注意以下问题。

a. 清理烤盘:在烘烤之前,要将烤盘完全清理干净,特别是一些糖液残留,要用铲子铲除掉,经常使用的烤盘,最好不要用水冲洗,只需用干净草纸擦拭干净。对不同的糕点品种,烤盘清理干净后刷油要有区别,对含糖多或含油少的品种,烤盘上要刷一层色拉油,以防止制品和烤盘粘连,但是注意,刷油量要少,否则在烘烤过程中,制品底部会颜色过深甚至焦煳;对于本身含油量高的制品,则不必刷油,直接烘烤即可。

b. 注意生坯在烤盘中摆放的间距:利用烤制成熟法成熟的制品,一般以生物或化学膨松面胚、层酥面胚的品种居多,在烘烤过程中,都有一定的膨松胀发,所以,生胚在摆放到烤盘中时,一定要留有间距,具体间距大小以制品的膨松度而定;另外,摆放时力求整齐一致,不要东放一个西放一个,以避免因受热不均而影响产品质量。

c. 合理调节炉温:不同的制品在进行烘烤时,炉温是不相同的。在炉温调节时,一般有3种温度可供选择,即低温烘烤、中温烘烤和高温烘烤。低温炉维持在 110～150℃,主要烤制要求皮白保持原色和质地干爽的中式糕点制品;中温炉维持在 160～190℃,主要烤制要求表面颜色金黄色的中式糕点制品;高温炉温在 190℃ 以上,主要适宜烤制要求表面颜色较深、皮薄内软的中式糕点制品,即使是在烤制一种制品,有时前后温度并不相同,一般而言,大多数制品采取"先高后低"的温度进行烘烤,也有少部分制品采取"先低后高"的温度进行烘烤,如化学膨松类制品,为了使其体积膨大,开始温度不能太高,控制在 140～160℃进行烘烤,待其基本成熟后,升高炉温定型上色。

d. 控制烤制时间:烤制时间要根据制品的多少、生胚的大小、厚薄以及炉温高低灵活掌握,炉温的选择又和生胚的体积相互联系,所以,控制时间是一个综合的概念,要从各方面加以分析、考虑,一般来说,薄的制品传热速度快,烘烤时间要严格控制,以免烘烤过度;量大体厚的制品,炉温要低些,过高温度会使制品外焦焖而内部软嫩或夹生,烤制时间也更长些;对口感要求脆、酥的制品,为了使制品含水量降低,烘烤时间相对会长些,反之,时间就短些。

e. 制品入炉前要提前调节好所需炉温,并做好其他工艺准备:在制品生胚成形和摆放的操作过程中,要提前将烤箱炉温调节到所需温度范围。如果将烤盘放入烤箱后才接通电源,调节炉温,会使制品处在一个温度不断变化的环境中,不仅增加了烘烤时间,而且很容易使制品形态走样,难以保证产品质量。另外,有相当一部分制品要求表面色泽金黄,所以,在烘烤前,还可以刷上蛋液,更容易达到色泽要求。

B. 蒸制中式糕点。将定型的半成品放入特制的蒸器内,利用蒸汽的热量,使体积增大,获得柔软、不腻的独有风味。在蒸制生物膨松面胚制品或其他膨松面胚时,受热后会产生大量气体,或者本身内部所含的气体受热膨胀,气体在面筋网络的包裹下,不能逃逸,从而形成大量的气泡,带动制品的体积增大,制品内部呈现出多孔、疏松、富有弹性的海绵膨松结构。

采用蒸制成熟法应注意以下问题:

a. 合理控制蒸锅内加水量。蒸汽是由蒸锅中的水产生的,所以水量的多少,直接影响蒸汽的大小。水量多,则蒸汽足;水量少,则蒸汽弱。因此,蒸锅中水量要充足。但是也要注意,水量过大时,水沸腾向上翻滚,容易浸湿制品,直接影响制品质量;过少时,蒸汽产生不足,则会使生胚死板不膨松,影响成熟效果,一般以六到七成满为适宜。

b. 生物膨松类制品要掌握好蒸制前的饧发时间和生胚摆放距离。生物膨松面团制品成形后,一般要在适宜的环境中放置一段时间,使胚内的酵母菌生长繁殖,产生二氧化碳气体,使生胚在成熟前含有足够的气体,成熟后制品继续膨松,从而达到膨松类制品产品质量要求。将饧发好的制品生胚按一定间隔距离,整齐地摆入蒸屉,其间距应使生胚在蒸制过程中有膨胀的余地。间距过密,会使制品相互粘连,影响制品形态。

c. 必须水沸上笼,并盖严笼盖。蒸制时应该在水沸腾并已经产生大量蒸汽后才上笼蒸制,特别是蒸制膨松面团制品,更应该在水蒸气大量出现时,才能将生胚上笼。如果水未沸腾就上笼,等到慢慢将水烧开产生大量蒸汽,还有一段时间,此时由于笼内温度不够高,热传导速度慢,造成生胚内外成熟速度有较大差距,生胚表面蛋白质逐渐变性凝固,淀粉质也受热糊化定型,大大抑制了胚内气体的膨胀力度,如果是老面发酵,还会出现跑碱的现象,产生酸味,另外,由于成熟时间相对增长,制品吸水过多,食用时还会出现粘牙的现象。所以,必须水沸上笼,并盖好笼盖,增大笼内气压,加快成熟速度。

d. 掌握蒸制火力和成熟时间。不同的中式糕点制品,有着不同的大小、体积、形态,而且,因为使用的原料不同,质地及性质也有很大差异。所以,对不同的中式糕点制品进行蒸制成熟时,要采用不同的火力并严格控制成熟时间。一般而言,蒸制中式糕点制品时,均要求旺火足气,中途不断气,不揭盖,保证笼内温度、湿度和气压的稳定。对特殊制品,如澄粉制品和其他结构软嫩的制品,在保证火力的连贯性时,可适当调低火力,以保证成品的质量;在时间上,生馅包馅制品的成熟时间比同体积的无馅制品的成熟时间要长,同一个品种,制品数量多,笼格层多的,成熟时间要相应增长,皮薄馅多的澄面制品,蒸制时间更是要严格控制,一般而言,块大、体厚、组织严密、量多的品种,成熟时间要长,相反,时间就短些。

e. 保持水质清洁。保持水质清洁,是保证成品质量的关键。在蒸制过程中,制品中的油脂、糖分及一些其他物质,会流入或者溶入水中,污染水质,特别是油脂和其他浮沫,能覆盖在水面,影响水蒸气的形成和向上的气压,如果和水蒸气一起升降,跌落在制品表面,还会严重影响产品的外形和色泽,长蒸不换的水质,不仅污染严重,还会产生异味,影响产品的质量。所以,在每次蒸制结束后,特别是中式糕点行业,要注意搞好卫生,将蒸锅中的水倒掉(或者将蒸柜中的水放掉),第二天重新使用时,注意添加干净水,可以很好地保证水质清洁。

f. 正确掌握下屉方法。制品蒸制时间达到后,要及时下屉,不能久蒸。当然,每次出屉时,要养成必要的检验习惯,以避免因经验判断失误而使制品没有完全成熟,简单的方法是用手指轻拍一下制品,制品不粘手,有弹性,并有自然的香味,表明已经成熟。

另外,下笼屉时要先揭盖,后关火,注意防止水蒸气烫手的同时,动作要迅速敏捷,并保持笼屉的平稳,不要倾斜晃动,特别是一些米制品,在刚开始出笼时,表面非常黏稠,如果因晃动黏结在一起,会严重影响产品外形。

C. 油炸熟制。将成形的生胚放入油锅内,利用适当温度的油脂对流传热作用,使中式糕点成熟的方法称炸制成熟法。炸制成熟法是用油脂作为传热介质,具有加热温度高,传热速度快,传导效率高,风味独特的特点。其一,油脂的加热温度可以轻易达到200℃,这种温度是其他加热方式很难具备的。其二,油脂的渗透性极强,在温度升高情况下流动性也增强,热量从外向内部传递快捷,可以轻易地穿透制品表面到达制品内部。其三,由于油脂较水的汽化温度要高很多,会迫使制品内部水分汽化,这对于层酥制品是非常重要的,也是形成层次的重要因素。在油炸过程中应注意以下问题:

a. 根据制品要求,正确控制油温。要选择适当的火力,使油脂温度保持在比较稳定的范围内,根据制品不同,调节火力,控制油温。一般而言,在炸制层酥制品时,先低温油浸炸。温度控制在120℃左右,待其酥层浸透清晰时,升高油温至七成,使得制品成熟定型,上色。只是要注意的是,浸炸的时间要严格控制,浸炸过久会使坯料吸油严重,胚皮绵软,不能成型;而在炸制水调面胚和矾碱盐面胚类品种时,要采用较高油温炸制,一般温度控制在180℃左右,使制品表现出膨松、香脆的特点。

b. 调节火力,控制好炸制时间。火力的调节,是控制油脂温度的关键,要根据制品对油温的具体要求,选择合适火力,并努力保持其稳定,在此基础上,要逐渐积累经验,根据生胚的大小、厚薄来严格控制炸制时间,一旦制品成熟,并达到色泽及口感的要求时,就应及时的出锅,过久时间的炸制,不仅会使制品颜色过深、焦黑、水分流失过多,而且还会增加其食用的风险。

c. 保持油脂的清洁。油炸时一方面要适时的向油中添加新油,保持油脂的循环更新,使油脂处在一个相对洁净的状态;同时在油炸结束以后,及时地将洒落跌落在油脂中的杂质过滤清除,特别是一些酥制品,在油炸过程中,会有大量的杂质产生,这些都会直接影响油脂的理化特征,所以要给予清除。

d. 保持适量的油量。油炸时要根据投放生胚的数量来确定油量,油量过少,制品有可能受热不均,影响质量;油量太多,又会使制品成熟时间相对增长,也会增大油脂氧化的可能;同时要特别注意在炸制一些起发性大的制品时,要注意控制好投放生胚的数量和油脂的数量,防止油脂外溢的现象发生。

D. 煎制成熟。煎是指利用金属煎锅热传导及油脂或水两种介质的热对流,使制品成熟的一种方法。煎制成熟法具有传热迅速,传热效率高,制品色泽美观,口感香脆的特点。

煎制时常常需要加入油或水作为辅助传热介质,有油煎法和水油煎法两种煎制成熟法。油煎法和炸制成熟法相比主要区别是对于油脂的使用量较炸制成熟法要少,借助于热传导和热对流两种传热作用,多用于饼类成熟;水油煎法前期利用锅内水产生的蒸汽使生胚基本成熟,再用少量油经煎锅导热,使制品成熟。在煎制时应注意以下问题:

a. 控制油量。煎制生胚时,锅底油脂不宜过多,以薄薄的一层即可,中小火慢慢成熟,形成焦香酥脆的底层面皮;有些特殊的制品,如个大体厚,又不适宜采用水油煎成熟的,可以使用较多的油量,使制品处在半油炸半煎制的双重加热环境中,成熟会更迅速和容易,油脂的使用,以不超过生胚厚度的一半为佳。

b. 控制火力,确定锅底温度及油温。要根据制品的要求,选择合适的火力,同时火力要分散,使锅中心及周边受热基本一致,控制好锅底及锅内油的温度,才能保证成熟质量。一般而言,个大体厚的生胚,火力要小、温度要低些,以使内部能完全成熟,而个小体薄的生胚,温度可以适当高些,使制品能在较短时间内成熟,才能达到制品底面焦脆、内部鲜嫩的要求。在加热过程中,根据制品成熟的各个阶段,调节好火力,尽量使温度保持稳定。

c. 生胚摆放要合理。无论是使用平底锅还是使用电饼铛,中心温度都较边缘温度要高,所以,在生胚入锅时,先从四周摆入,最后排列中心位置,出锅时,则要先中心,后四周,使生胚在受热时间上产生时间差,达到受热成熟一致的目的。为了更好地控制温度,便于操作,煎制最好整锅为批量成熟,不宜零星放入煎制。

d. 采取灵活方式,控制生胚受热点。如非恒温炉具,在煎制成熟过程中,要采取灵活方式,使各个生胚受热点均匀一致。可以通过转动锅位和移动生胚在锅体中的位置两种方法,值得注意的是,在转动锅位时,必须将锅体拉离火力点,再转动锅体,加热锅体边沿位置,可以避免中心点焦烟。在控制温度的前提下,不断的移动生胚在锅中的位置,也可以达到受热均匀的目的。

e. 若用水油煎法,要注意加水量。采用水油煎法时,加水量和加水次数要根据制品生胚成熟的难易程度来确定,但是每次加水的水量都不宜超过制品生胚的 1/3 高度,否则生坯淹没水中过久,表面吸水过多,影响制品质量。为了发挥水蒸气的最大效率,加完水后要盖好锅盖,并适当调整火力,提高温度。在制品基本成熟,水分蒸发殆尽时,适当向锅中淋入油脂,利用油脂和水的不同蒸发热,使残留的水分进一步挥发,制品表面油润光滑,底面酥香不黏糊。

(4)加工实例

① 莲蓉酥。

A. 原料配方。莲子 100 g、砂糖 150 g、面粉 150 g、植物油 100 g、低筋粉 50 g、黄油 60 g。

B. 工艺流程。

和面→成型→码盘烘烤→冷却→包装→成品。

C. 加工方法。

a. 莲蓉的做法:莲子去芯洗净,浸泡 3 h,用小火煮 2 h。加少许水搅拌成泥,起净锅,倒入莲泥,加入砂糖,开中火,不停地翻炒。分 3 次加入植物油,炒到莲泥变浓稠,即成莲蓉。

b. 水油皮的制作:把 60 g 黄油隔水加热使其融化,加入 40 g 水、150 g 面粉、40 g 砂糖,揉成光滑的水油皮面团,静置 20 min。

c. 油酥的制作:把 45 mL 植物油和 90 g 低筋面粉混合均匀,揉成油酥面团,静置 15 min。

d. 分别把静置好的水油皮面团和油酥面团揉成条状,分成 16 等份。取一个水油皮小面团,用手掌压扁,放上一块油酥面。

e. 把油酥包起来,收口向下,用擀面杖擀成椭圆形。

f. 从面饼两侧向上往下折1/3。

g. 折好的面团收口向下,再次擀成椭圆形,重复折、擀两次,再擀开,放上一块莲蓉,包起来,收口向下。

h. 表面刷上蛋黄液,撒上芝麻,入烤盘。

i. 烤箱预热200℃,烘焙 30 min,表面金黄即可。

D. 质量要求。规格形状:扁圆形,块形整齐;色泽:金黄色,不焦煳;口味口感:酥松,有杏仁、桂花的香味和风味。

② 京八件的制作。

A. 原料配方。

皮料:精制面粉 16 kg、猪油 2.5 kg、水 7.5 kg;油酥:精制面粉 15 kg、猪油 7.5 kg。

馅料:馅料一般有如下几种:

山楂馅:面粉 1.7 kg、白糖 1.8 kg、饴糖 0.7 kg、植物油 0.4 kg、桂花 0.1 kg、蜂蜜 0.25 kg、金糕 0.3 kg、核桃仁 0.2 kg、瓜子仁 0.05 kg。

玫瑰馅:面粉 1.7 kg、白糖 1.8 kg、饴糖 0.7 kg、植物油 0.4 kg、桂花 0.1 kg、蜂蜜 0.25 kg、金糕 0.3 kg、瓜子仁 0.2 kg、玫瑰 0.3 kg。

葡萄馅:面粉 1.7 kg、白糖 1.8 kg、饴糖 0.7 kg、植物油 0.4 kg、桂

花 0.1 kg、蜂蜜 0.25 kg、金糕 0.3 kg、瓜子仁 0.1 kg、葡萄干 0.3 kg。

青梅馅:面粉 1.7 kg、白糖 1.8 kg、饴糖 0.7 kg、植物油 0.4 kg、桂花 0.1 kg、蜂蜜 0.25 kg、青梅 0.3 kg、瓜子仁 0.1 kg。

白糖馅:面粉 1.7 kg、白糖 1.8 kg、饴糖 0.1 kg、植物油 0.4 kg、桂花 0.3 kg、蜂蜜 0.25 kg、核桃仁 0.2 kg、瓜子仁 0.1 kg。

豆沙馅:豆沙馅 4.5 kg、核桃仁 0.2 kg、瓜子仁 0.1 kg。

枣泥馅:枣泥馅 4.5 kg、核桃仁 0.2 kg、瓜子仁 0.1 kg。

椒盐馅:植物油 1.5 kg、桂花 1 kg、熟标粉 2 kg、糖粉 1.5 kg、芝麻仁 0.3 kg、花椒粉 0.02 kg、精盐 0.06 kg。

B. 工艺流程。

配料→和面→包酥→包馅→成型→码盘→烘焙→冷却→包装→成品。

C. 加工方法。

a. 制面皮:先分别调制面筋性面团和油酥面团,待筋性面团饧发好后,包入油酥面团,经破酥制成小剂,用于包馅。

b. 包酥:分小包酥和大包酥两种方法。

c. 包馅、成型:将各种制好的馅分成小块,包入生胚饼皮内,收好边,制成各种形状。8 种馅要分配均匀,交叉生产,以便装箱时品种齐全。京八件成型方法靠手工技巧,塑造出各种形象逼真的生胚,8 种馅要做成 8 个品种花样。

d. 码盘美化:码盘时生胚要轻拿轻放,行间距离要均匀,数量合适,烤盘要擦净。美化时,产品表面要做到戳记清楚、端正,点饰辅料位置适当,美观大方。

e. 烘焙:入炉时,生胚质量要符合要求,不合格的半成品不能入炉,炉温适当,面底火色合适,产品要求不生、不煳。

f. 冷却、包装:产品出炉,冷却后便为成品。装箱要求一层点心垫一层纸,每箱都要保持 8 个花样品种,不合格产品不能装箱。

D. 质量要求。大八件一般是 8 件共重 500 g,以 8 块不同品种中式糕点配搭一组。小八件也是 8 个品种分 16 小块为 500 g。规格一致,形状统一,不跑糖、不露馅。表面呈乳白色,底呈金黄色,戳记花纹清晰,点饰辅料位置适当。层次均匀清晰,无空洞,不偏皮不偏馅,不含杂质。8 种口味对应 8 种花样。无异味,酥松绵软,不硌牙。

成品水分不大于 12%,脂肪不少于 19%,糖不少于 15%(以蔗糖计)。

③ 蒸糕。

A. 原料配方。小麦面粉 90 g、鸡蛋 200 g、葡萄干 50 g、白砂糖 70 g、黄油 15 g。

B. 加工方法。

a. 原料准备:充分筛析面粉,搁置一边待用。打鸡蛋 200 g,分别取其蛋清和蛋黄。

b. 和面:取一较大的容器,搅蛋清至奶油状;逐渐加入白糖搅匀;将蛋黄分别加入,搅拌至发泡状态;将筛好的面粉加入其中,与调好的蛋液充分搅混拌匀;最后加入葡萄干、搅混拌匀。

c. 入模:将模具内侧薄抹色拉油或黄油,灌入调好的面糊,抹平表面。

d. 蒸制:将模具上面覆盖一纸巾,送入蒸箱 5 min 左右。

e. 冷却、切分:待容器冷却后,将蒸糕取出,切成薄片即可。

④ 云片糕。

A. 原料配方。糯米 25 kg、白糖 22 kg、香油 1 kg、熟面粉 1 kg、桂花精适量。

B. 工艺流程。制粉→制湿糖→调粉→炖糕→冷却→分条→装屉回锅→切片→包装→成品。

C. 加工方法。

a. 制粉:糯米用温水淘洗干净,晾干后拌以石砂炒熟。不能有生硬米心和变色的焖粒。过筛去除砂子,磨粉。磨好的粉一般要贮藏半年左右,以除去其燥性,使制品松软滋润。

b. 制湿糖:将白糖加少量冷开水,加入香油、桂花精,搅拌均匀,放置 12 h 以上待糖充分溶解。

c. 调粉:将糯米粉和湿糖混合搅拌,使其发绒柔软。

d. 炖糕:将调好的糕粉放入铝模中,压平压实,表面用铜奈(铜镜)走平。连同铝模放入热水锅上炖制,锅中水保持微沸,炖 1.5 ~ 2 min,糕粉因遇热气而黏性增强,使糕胚黏结成形。

e. 冷却、分条:稍冷后,取下铝模将糕胚切成长 22 cm,宽 10.5 cm 的条,将切好的糕胚光滑滋润的面,面对面地立放冷却。

f. 装屉回锅:将上述糕胚条装屉,入锅大火蒸约 5 min。

g. 切片、包装:回锅后下屉,撒上干面少许,趁热用铜奈把糕条上下及四周走平美化,然后放入不透风的木箱内盖严,可在糕胚面上撒上一层干面,放置 24 h,次日切片,每条长 22 cm 的糕胚一般 140 片左右。切片后即可包装。

D. 质量标准。

a. 规格形状:表面光滑平整,棱角整齐规则,糕片厚薄均匀,不散、不黏、不碎,每片能弯成半圆形而不断裂。

b. 色泽:洁白,滋润,无杂质。

c. 口味口感:香甜,滋润化渣,无异味。

⑤ 核桃夹心糕。

A. 原料配方。糯米 11.5 kg、白糖 13.5 kg、饴糖 5.5 kg、核桃仁 19 kg、植物油 1 kg、香油 0.5 kg、香草粉 0.01 kg。

B. 工艺流程。

制糕粉→制搅糖→擦糕成型→包装→成品。

             ↑

炸核桃仁→热糖制馅

C. 加工方法。

a. 制糕粉:将糯米用热水淘净,再用 85 ~ 90℃ 的热水泼洒,翻拌均匀。晾干后拌砂炒熟,磨成米粉。存放半年以上除去燥性。也可摊开吸潮一周左右,以手捏成团,抖动即散为度,除去其燥性,称为“回粉”

b. 炸核桃仁:核桃仁先入开水锅中,搅转即捞起,除去涩味。植物油下锅炼熟,下核桃仁,炸至发脆起锅,迅速摊开冷却。

c. 熬糖制馅:白糖 4 kg,饴糖 4 kg,下锅加少量水熬化过滤后再熬至 130℃,加入炸好的核桃仁、香草粉,混匀起锅,保温待用。

d. 制搅糖:以白糖 9.5 kg,饴糖 1.5 kg,加水约 1.5 kg 倒入锅内加入 0.5 kg 香油(或熟猪油)并不断搅拌,直至翻砂冷却,即为搅糖。

e. 擦糕成形:糕粉和搅糖以 1∶1 的比例混合,擦制滋润,用一方形铝框,装入 1/2 糕粉作底擀平压紧,再铺一层馅作为夹心,将另 1/2 糕粉铺在上面,压紧压平,用刀切成 6 cm^2 的方块状。

f. 包装:用透明彩色塑料纸包装。

D. 质量标准。

a. 规格形状:6 cm^2 的正方形,厚薄均匀,整齐,每块 100 g。

b. 色泽:表面白色,中间咖啡色。

c. 口味口感:甜味纯正,具有核桃仁的香味,无涩味、苦味、油哈味。

4.1.6 饼类

面食之圆扁者曰饼。《辞海》引《说文·六书故》:"以粉及面为薄饵也。"《汉书·宣帝纪》:"每买饼,所从买家辄大雠。""雠"为"售"之借字。沿袭至今,饼成为一种主要食物。有蒸、煮、烙、烧、烤、炸、扒、煎等方法制作的多种多样饼食。如煎饼、蒸饼、春饼、烧饼、烙饼、油饼、大饼、汤饼、薄饼、干饼等。

(1)主要原辅料以面粉、糖、油脂、蛋等为主要原料,配以各种辅料、肉、菜和调味料。

(2)工艺流程原辅料→面团调制→饧发→馅料配制→成型→熟制→成品。

(3)操作要点。

早餐饼类品种繁多,基本操作主要有原料配备、面团或面糊的调制、成型、熟制等。其中原料配备及面团的调制、成型方法与糕点制作的操作相似,而不同类型饼制作所采用的熟制方法各异,有蒸、煮、烙、烧、烤、炸、扒、煎等,其中蒸、炸、煎、烤在糕点的熟制方法介绍中均有涉及,这里对其他方式进行介绍。

烙,就是把成形的生坯摆放在平底锅内,或将生胚平贴在金属板、金属锅上,利用金属受热后的热传导使生胚成熟的一种方法。烙制成熟有三种不同的方法:干烙,即将生胚平贴在金属板面,单纯利用金属传热熟制而成(如荷叶夹薄饼、烙饼等);刷油烙,是在烙制成品时在金属板或制品表面刷上油脂再烙制成熟(如葱油饼等):加水烙,是将生胚紧贴在凹形铁锅边缘上,在锅底加水煮开,利用金属和水蒸气同时传热而成(如籼米饭饼等)。

烙制成熟法的操作要领:按不同品种的需要,掌握火候大小、温度高低;金属锅或金属板要预热,再放上生胚熟制;不断移动烙制品的位置,使制品受热均匀;烙熟一面再翻烙另一面,防止成品外焦内生。

(4)加工实例

① 火腿葱花饼。

A. 原料配方。面粉 250 g、酵母 3 g、白糖 10 g、火腿肠 2 根、葱花 30 g、油 5 g、盐 3 g、水 130 g。

B. 加工方法。

a. 面粉中放入酵母、白糖,加水和成面团,饧发 10 min。

b. 放到面板上揉匀,擀成长方形薄片,刷上一层油,撒上盐。

c. 火腿肠、葱切成碎末,均匀的撒到面片上,并卷成长条。

d. 揪成大小均匀的剂子,擀成小饼,随后放进炒菜锅中开始烙制,时常翻烙,约 5 min 即可。

C. 产品特点。两面金黄,咸鲜口味,葱香味浓。

② 鸡蛋煎饼。

A. 原料配方。小麦面粉 300 g、温开水适当,油麦菜、香菜、小香葱、咸菜、黄豆酱、蒜蓉辣椒酱适当,生鸡蛋多个。

B. 加工方法。

a. 将温开水慢慢地倒进小麦面粉中,拌和成絮,和成光洁的面糊,随后盖上保鲜袋,饧面 1 h(摊煎饼的面能和的软一点,此外饧面的时间一定要够长);

b. 将油麦菜清理干净、咸菜、小香葱、香菜切末备用;

c. 将饧好的面糊分为 50 g 左右的小剂子;

d. 取 1 个小剂子,擀发展条,随后在表层抹一层油;

e. 将面剂擀开,随后放进炒菜锅中开始烙制;

f. 烙到饼快成熟时,用筷子在中间部位撕一个口子,将鸡蛋液慢慢地倒进饼中;

g. 再次烙制至鸡蛋液凝结,饼成熟才行;

h. 往饼上抹适量的黄豆酱、蒜蓉辣椒酱,再撒少量香菜末、小香葱末、咸菜末,随后放一片油麦菜,最终卷在一起即可。

C. 产品特点。口感酥脆,咸鲜适口,香味浓郁。

③ 发面饼。

A. 原料配方。面粉 250 g、酵母 4 g、芝麻 5 g、白糖 15 g、水 130 g。

B. 加工方法。

a. 面粉、酵母、白糖加温水和成软面团,饧发 10 min。

b. 饧发好的面团放到砧板上揉匀,分成两个剂子,擀成 6 mm 厚的饼。

c. 在饼表面刷上水,撒上白芝麻。

d. 锅中刷油,放入面饼,文火慢煎至双面淡黄色。

C. 产品特点。松软香甜。

④ 黄瓜鸡蛋饼。

A. 原料配方。黄瓜 1 根、鸡蛋 2 个、面粉 50 g、盐 3 g、胡椒粉 2 g、油少许。

B. 加工方法。

a. 黄瓜洗净切成细丝。

b. 备好两个鸡蛋,鸡蛋磕到碗里,放入黄瓜丝、盐、胡椒粉搅匀。

c. 放入面粉搅匀,饧发 10 min。

d. 锅里放少许油,倒入面糊,用中小火煎制 3 min,翻过来再煎另一面,煎到两面金黄色即可。

C. 产品特点。色泽金黄,咸香酥脆。

⑤ 葱香野菜千层肉饼。

A. 原料配方。面粉、野菜、牛肉馅、鸡蛋、葱、姜,调料:盐、味精、香油、绍酒、花椒、馅旺。

B. 加工方法。

a. 将苋菜、荠菜、万年青洗净后过水焯熟捞出切碎,牛肉馅中加入葱姜末、馅旺、鸡蛋、盐、味精、香油、绍酒、花椒水拌匀备用。

b. 将面和成稍软的面团,饧发 15 min,取出放在案板上擀成薄饼,将野菜拌入牛肉馅中,均匀的铺在面饼中,上下各切两刀,分别切至 1/3 处,交叉折叠起,放入平锅中小火煎至两面金黄即可。

C. 产品特点。外酥里嫩,口感鲜香。

⑥ 烧饼。

A. 原料配方。主料:面粉,辅料:肥肉、肉松、方火腿、大葱,调料:盐、味精、白糖、胡椒粉、香油、猪油。

B. 加工方法。

a. 取适量面粉,用猪油和成油酥,再取适量面粉,加入猪油、白糖,用凉水和成面团,再加入清水扎成稍软的面团,反复摔打后饧发片刻。

b. 肥肉中加入肉松、火腿粒、葱花、盐、味精、白糖、香油、胡椒粉拌匀和成馅。

c. 将和好的油酥与水油面按照 3∶5 的比例叠起后包成团,压扁擀薄,卷成卷再按扁,切成大小均匀的剂子,包入馅制成饼,表面刷一层蛋液,再沾匀芝麻,平锅中放入少许油,芝麻面朝下放置,煎至两面金黄即可。

C. 产品特点。色泽金黄,香酥可口。

4.2　中式早餐谷物制品

谷物具有丰富的蛋白质、维生素、矿物质等营养素,早餐谷物的原料有大米、小麦、黑麦、大麦、燕麦、玉米、大豆、甜高粱和黄米。我国是一个农业大国,盛产稻谷、小麦、玉米、燕麦、高粱、大麦、小米、荞麦等五谷杂粮。谷类食品富含供给人体能量的碳水化合物。此外,还含有帮助构造人体组织的蛋白质。整粒谷物食品是纤维(来自糠皮)和蛋白质(来自胚芽)的良好来源。只含淀粉的谷物食品会添加营养物,从而弥补在碾磨加工过程中流失的重要营养成分。添加的

营养物包括维生素 B_1、维生素 B_2、烟酸、铁和维生素 C。

《中国居民膳食指南》中明确指出:平衡膳食应该食物多样,谷类为主,并且讲究粗细搭配。所谓"全谷物"是指谷物(包括小麦、燕麦、玉米等谷物品种)的所有可食用部分。但由于精加工时,谷糠和胚芽会被去掉,只留下胚乳。郭俊生教授表示,谷物的结构分 3 层,每一层都可提供重要的营养物质:最外的保护层(谷糠)含有纤维、B 族维生素、蛋白质和微量元素;胚乳主要提供碳水化合物和蛋白质,还提供些 B 族维生素;胚芽富含 B 族维生素、维生素 E 等微量元素、抗氧化剂和植物营养素。

谷物早餐是以谷物玉米、黑米、荞麦、红枣、大米、小麦、燕麦等为主要原料经现代技术加工而成,再加入牛奶(冷食)或稍煮沸片刻(热食)就可食用的早餐食品。

4.2.1 早餐谷物制品原辅料

(1)小麦

小麦是人类生活重要的粮食作物,地球上约有一半人口食用小麦,全世界约有 273 个小麦品种,我国是世界上生产小麦最多的国家,年产量约占世界总产量的 15%。小麦通常含有 70% 碳水化合物、9% ~14% 蛋白质、2% 脂肪、1.8% 矿物质及 12% 食用纤维;小麦籽含有 81% ~84% 胚乳、6% ~7% 糊粉层、7% ~8% 表皮及 3% 胚芽。

小麦胚芽含有 30% 蛋白质、10% 脂肪,并含有相当数量糖,它含有占小麦总量 60% 以上的维生素 B_1,20% ~ 25% 的维生素 B_2 及维生素 B_6,胚芽中富含维生素 E、亚油酸、肌醇、胆碱、烟酸、叶酸、卵磷脂等,占小麦总矿物质含量 10% ~20%。非常重要的矿物质,如铁、钙、磷等存在于胚芽中。糊粉层位于胚乳外层,为单细胞结构,小麦赖氨酸含量 30% 及小麦矿物质含量 60% 存在于糊粉层中。

(2)燕麦

营养与保健是当代人们对膳食的基本要求,燕麦作为谷物中最好的全价营养食品,恰恰能满足这两方面需求。美国著名谷物学家罗伯特在第二届国际燕麦会上指出:"与其他谷物相比,燕麦具有抗血脂成分、高水溶性胶体、营养平衡蛋白质,它对提高人类健康水平有着非常重要的价值。"

燕麦中蛋白质、脂肪、膳食纤维含量均高于其他谷类作物。燕麦蛋白质含量为 13% ~25%,脂肪含量为 6% ~8%,碳水化合物含量为 62% ~68%,膳食纤维含量为 3% ~5%,燕麦维生素 B_1、维生素 B_2、维生素 E、铁、钙含量也均高于其他谷类作物,燕麦中含有大量燕麦胶,是很好的降血脂物质。

(3)荞麦

荞麦是一种重要的药食同源天然绿色谷物,与其他谷类粮食所不同的是它富含生物活性成分黄酮类化合物。荞麦营养丰富,蛋白质、脂肪、维生素、微量元素含量均高于大米、小麦等大宗粮食,且含有其他禾谷类粮食所没有的叶绿素和芦丁。荞麦蛋白质内在品质极佳,其中人体所必需的八种氨基酸含量均较丰富,精氨酸、色氨酸、赖氨酸、组氨酸含量较高,特别是我国居民常食用谷物中第一限制氨基酸、赖氨酸在荞麦中含量很丰富。

荞麦中脂肪含量约为 3%,不饱和脂肪酸含量丰富,其中油酸和亚油酸含量最多,占总脂肪酸的 80% 左右。同时荞麦矿物质含量也十分丰富,钾、镁、铜、铬、锌、钙、锰等含量都大大高于禾谷类作物,还含有硼、碘、钴、硒等微量元素。

(4)玉米

关于玉米营养价值,欧、美等国家一些营养学家和谷物化学家从 20 世纪初开始就一直在研究,玉米不仅营养价值高,安全性好,且有降低体重和预防心肌病变等保健作用。玉米胚具有很高的营养价值,且有很多含量较高的保健功能因子,如膳食纤维、胡萝卜素、维生素 A、维生素 E、锌、硒等。

(5)黑米

黑米和紫米都是稻米中的珍贵品种,属于糯米类。黑米是由禾本科植物稻经长期培育形成的一类特色品种。黑米是一种药、食兼用的大米,米质佳。黑米种植历史悠久,是我国古老而名贵的水稻品种。相传距今 2000 多年前的汉武帝时,便由博望侯张骞最先发现。

用黑米熬制的米粥清香油亮,软糯适口,营养丰富,具有很好的滋补作用和药用价值,因此被称为"补血米""长寿米";我国民间有"逢黑必补"之说。

我国不少地方都有生产,具有代表性的有陕西黑米、贵州黑糯米、湖南黑米等。根据口感、颜色的不同,大米可以被分为很多种类。按口感有糯米、粳米、籼米;按颜色有白色、黄色、绿色、红色、紫色、褐色、黑色等深浅不同的米。无论是糯米、粳米还是籼米,都有紫色、褐色甚至基本上呈黑色的品种,人们常把它们叫作黑米。另外,黑米不宜精加工,以食用糙米或标准三等米为宜。

现代医学证实,黑米具有滋阴补肾,健脾暖肝、补益脾胃,益气活血,养肝明目等疗效。经常食用黑米,有利于防治头昏、目眩、贫血、白发、眼疾、腰膝酸软、肺燥咳嗽、大便秘结、小便不利、肾虚水肿、食欲不振、脾胃虚弱等症。

4.2.2　工艺流程

目前,谷物早餐食品加工工艺有许多种,如间歇式湿热蒸煮加工工艺、传统的喷爆加工工艺、压片蒸煮加工工艺、谷物破碎蒸煮加工工艺、焙烤和气流膨化加工工艺、挤压膨化加工工艺和微波真空膨化加工工艺等。这里以三种最常用的加工工艺为主进行介绍。

①压片蒸煮加工工艺:原料处理→配料→蒸煮熟化→成型→焙烤→喷涂营养外衣→成品。

②挤压膨化加工工艺:粉碎→混合调理→挤压膨化→切割整形→烘烤→冷却→调味。

③微波膨化加工工艺:原料预处理→微波膨化→喷涂强化剂→成品。

4.2.3　操作要点

(1)压片蒸煮加工

① 原料处理。最好选用硬质谷物,采用干法脱胚,先用热蒸汽和90℃以上热水调节水分,再用碾米机粗碾,使谷物破糁,胚脱下来。混

合物经振动平筛筛理,即分离出糁。

②配料、蒸煮。在谷物糁中加入食盐、麦芽等调味料和水,使谷物糁含水达20% ~35%,然后用1.47×10^5 Pa的蒸汽蒸煮谷物糁至完全糊化(呈半透明状),形成糊化面团。

③成型。谷物糁在66℃下干燥至水分19% ~20%,冷却至30~40℃,然后经钢辊辊轧成厚度为0.7~1 mm的谷物片。轧前应将物料破成分散状,以保证出片均匀。

④焙烤。温度250~350℃,时间为20~150 s,使水分降至10%左右。如再经油炸(油温不超过200℃),则可得到口感松脆的酥香片。

⑤喷强化剂。可喷涂营养素制成强化谷物片或根据需要涂饴糖、风味剂等。

(2)挤压膨化加工

①粉碎。为了使物料混合均匀、挤压蒸煮使淀粉充分糊化,各物料(玉米应先除去皮和胚芽)粉碎至30~40目颗粒大小,双螺杆挤压机的用料粉碎至60目以上。

②混合调理。在0.4 MP(绝)的净化水和0.6 MP(绝)的水蒸气的作用下,物料在预调制器内吸水、糊化、混合调理,时间控制在100 s,温度控制在60℃,再依据温度将物料水分控制在13% ~18%。

③挤压膨化。挤压膨化是整个流程的关键,直接影响到产品的质感和口感。影响挤压膨化的参数较多,包含物料的水分含量、挤压过程中的温度、压力、螺杆转速、物料的种类及其配比等。挤压机出口温度控制在150~190℃,螺杆转速90~150 r/min(DS32型挤压机)。同时,物料的成分对膨化效果的影响也是比较大的,支链淀粉含量高的原料,膨化后产品的α度(糊化度)高,膨化效果较佳;原料中蛋白质及脂肪含量不同也对膨化效果产生影响,蛋白质含量高的原料膨化率低;脂肪含量超过10%时,会影响到产品的膨化率,而一定量的脂肪可以改善产品的质构和风味。不同类型和型号的挤压机,其挤压膨化的最佳工艺参数也有不同。

④切割、整形。膨化物料从模孔挤出后,经紧贴模孔的旋转刀具

切割成形或经牵引至整形机,经轧辊成形后,用切刀切成长度一致、粗细厚度均匀的不同形状的膨化食品。

⑤ 烘烤、冷却。膨化食品进入流化床干燥器中依次经烘干、冷却两个过程,通过调节液化石油气燃烧气流的温度使烘干温度控制在120℃,并采用通过空气冷却至室温,干燥后成品水分含量控制在2%~4%,以延长保质期,同时烘烤后产生一种特殊的香味并提高品质。

⑥ 调味。在旋转式调味机中进行。按一定比例混合的植物油和奶油加温至80℃左右,通过雾状喷头使油均匀地喷洒在随调味机旋转而翻滚的物料表面。喷油的目的一是为了改善口感,二是为了使物料容易黏附调味料。随后喷洒调味料,经装有螺杆推进器的喷粉机将粉末状调味料均匀洒在不断滚动的物料表面,即得成品。为了防止受潮,保证酥脆,调味后的产品应及时包装。

(3)微波膨化加工

① 原料预处理。称取一定量的玉米原料,分别放入装有200 mL水的烧杯中。浸泡24 h后取出,放入干燥箱中,烘至水的质量分数为11.5%后进行均湿处理,重复3次。

② 微波膨化。物体吸收微波能量转化成热量后,物体温度升高,物体内含的水分蒸发,脱水,干燥;若适当地控制脱水速度,就能让物体的结构松疏、膨化。

③ 喷强化剂。根据需要可喷涂营养素、糖、风味剂等,制成含丰富水溶性纤维,蛋白质,多种维生素,无论从口味、外观和营养价值上都是人们喜爱的谷物早餐食品。

4.2.4 产品特点

① 有益于身体健康。早餐谷物食品原料是各种五谷杂粮,富含食物纤维,对身体起到一定保健作用。

② 营养均衡。多种谷物组合搭配牛奶一起食用营养更均衡,营养呈均衡性可以增强人体抵抗力。

③ 天然品质。谷类食品基本上是天然原料,一般不加人工添加

剂,所以食用更加放心。

④ 食用方便。早餐谷物食品不论是即食或速煮,食用都很方便,而且吃起来味道也比较可口。

4.2.5 加工实例

(1)即食糙米芽麦片

① 配方。糙米芽粉 20%、小麦粉 20%、燕麦粉 15%、奶粉 5%、白糖粉 35%、β-环糊精 0.7%、香兰素 0.3%。

② 工艺流程。

糙米→精选除杂→浸泡→发芽→磨浆→混合(与其他配料)→胶磨→糖化、预糊化→蒸汽辊筒干燥→造粒→热风干燥→收集包装。

③ 加工方法。

A. 精选糙米,除去沙石等异物。

B. 将糙米放在 10~15℃ 的水中浸泡 10~12 h,然后用簸箕捞出,将温度升至 30~32℃,每隔 2 h 洒一次水使之发芽。一般 12~24 h 即可发芽。

C. 用胶体磨将米芽磨成浆液,若太稠可适当加一些去离子水或软水以便操作。

D. 粉状主料,除了要求新鲜、卫生外,对细度有较高要求,细度的大小影响到搅拌时间的胀润效果,影响到预糊化程度和原料的利用率。一般要求细度达到每 100 目筛网的通过率为 80%。

E. 考虑到原料的吸水胀润效果,搅拌用水一般要求以 35℃ 左右的温水为宜,搅拌浓度以浆料具有一定的黏稠度和较好的流动性为好。充分搅拌 10~15 min 后静置于储罐中备用。

F. 多样性的原料影响到搅拌混合的效果,而且有些油脂类物质不易溶于水,经过胶体磨的胶磨,可以有效地克服这一弊端,使浆料近似乳化,提高麦片品质。胶磨时应注意调节细度,并且注意加冷却水。

G. 由于生产的原料中以淀粉类和糖类为主,此类物质在适当的条件下产生糖化反应。通常蒸汽辊筒干燥机的表面温度在 140℃ 以上，当浆料被输送到蒸汽辊筒干燥机蓄料槽积累到一定量时，产生糖化和预糊化反应。

H. 蒸汽辊筒干燥是生产的关键工序，米芽麦片的色、香、味主要就由此工序定型。操作该设备的关键是协调好转速与温度的关系，使产品达到最佳的色、香、味。

I. 经蒸汽辊筒干燥的原片颗粒大小可通过调节造粒机筛网的疏密来确定，添加一定的辅助设备，还可达到粉、片分离的目的。

J. 应用热风干燥机可对原片进行二次干燥，使其水分达到3%，从而更好地发挥原、辅材料色、香、味的综合效果，延长保质期。

④ 产品特点。色泽为浅黄色，沸水冲溶后，仍保持原色。气味具米芽麦片特有的天然风味。形态碎片状、干燥、松散、无结块。沸水冲调后，搅拌均匀呈糊状，口感细腻，香甜可口。

(2)燕麦蛋白纤维复合食品

① 配方。燕麦湿面筋 2 kg、水 0.5 L、木瓜酶 1.6 g、食盐 250 g、汉生胶50 g、燕麦淀粉 1 kg、氯化钠饱和水溶液适量。

② 工艺流程。

原料混合→加压、拉伸→水洗→调香烘干→成品。

③ 加工方法。

A. 原料混合：将湿面筋、木瓜酶和食盐混合在一起，加水搅拌均匀后，再加入汉生胶和燕麦淀粉继续混合均匀。

B. 压延、拉伸：用压延机和拉伸机将混合物压延、拉伸后，再用氯化钠饱和水溶液揉和纤维化。

C. 水洗：将纤维化的混合物放入 80~90℃ 的热水中拉伸，水洗，最后得到纤维状复合食品。

D. 调香：将上述复合产品添加肉汁、油脂、天然色素、砂糖及其他调料进行调香。

E. 烘干：将调香后的复合制品，置于烘箱内低温烘烤，控制温度为40℃左右，烘干为止，即得肉干型燕麦蛋白纤维状食品。

④ 产品特点。具有燕麦特有的天然风味，干燥、松散、酥脆，口感细腻，香甜可口。

（3）玉米胚芽薄片

① 配方。玉米胚芽 50 kg、蜂蜜 5 kg。

② 工艺流程。

玉米胚芽→筛选→搅拌→润湿→挤压→压片→烘烤→包装。

③ 加工方法。

A. 原料选用新鲜，无霉变，无哈喇味的生产玉米淀粉、饴糖、酒精等产品得到的玉米胚芽。

B. 筛去胚芽中的玉米皮、淀粉等，以免影响产品的品质。

C. 将胚芽、蜂蜜、葡萄粉放入叶轮式搅拌机内进行搅拌，边搅拌边喷洒温水，并搅拌均匀。

D. 润湿后的胚芽用孔径 0.6 cm、长 70 cm 的塑模挤压机挤压成颗粒，然后再用压片机压成薄片。

E. 将胚芽片放进烤盘内，用 120℃ 的热风干燥 3 min，然后再于 140℃ 条件下干燥 3 min，即得到金黄色的玉米胚芽薄片。

F. 烘烤后的胚芽薄片自然冷却至室温，即可进行密封包装。

④ 产品特点。该产品营养丰富，风味独特，口感好，作为早餐食用方便。

（4）五谷香粉

① 配方。膨化玉米粉 50 kg，膨化大米粉、膨化小米粉各 15 kg，大豆粉 10 kg，白砂糖 8 kg，熟芝麻 2 kg。

② 工艺流程。

芝麻→淘洗→沥干→炒熟
↓
原料→清选→膨化→粉碎→混合→包装→成品。

③ 加工方法。

A. 选用优质玉米、大米、小米、大豆、芝麻为原料。玉米经精选用清水漂洗 2 遍，然后破碎，除去玉米皮和胚，粉碎成 12～30 目的玉米渣；大米、小米在碾米前除去沙、土等杂质；芝麻淘洗去沙、土等杂质；大豆也应清除小石子、土块等杂质，破碎后除去豆皮，并粉碎成 12～30 目的豆渣。

B. 玉米渣、大米、小米、人豆经充分混合后一起膨化,混合物膨化后粉碎并过 60 目筛。芝麻用清水淘洗干净,沥干水分;用小火炒熟、炒香,在粉碎膨化物时一点一点地加入芝麻。白糖粉碎后也过 60 目筛。

C. 将膨化粉、糖粉放入搅拌机搅拌均匀,即可称量包装。

④ 产品特点。可以直接用开水冲食,方便快速,口感细腻,气味纯正芳香,营养全面,作为早餐食品,方便快捷。

4.3　中式早餐肉制品

4.3.1　腊肉

腊肉是指肉经腌制后再经过烘烤(或日光下曝晒)的过程所制成的加工品。腊肉的防腐能力强,能延长保存时间,并增添特有的风味,这是与咸肉的主要区别。腊肉鲜艳的颜色主要来源于亚硝酸盐和烟熏,亚硝酸盐在微酸性的环境中经过一系列的变化,最后和肌红蛋白生成了亚硝基肌红蛋白,亚硝基肌红蛋白在受热的条件下生成具有鲜红色的亚硝基血色原,这就是腊肉颜色鲜艳的原因。腊肉的风味物质主要来源于蛋白质降解、美拉德反应、三磷酸腺苷在酶的作用下生成核苷酸以及脂质的氧化作用。具体来讲,腊肉的风味成分为酚类物质、醇类物质以及醛类等物质。

(1)主要原辅料

主料:猪肋条肉。调料:盐,花椒,八角,糖,小茴香,料酒,花椒等。

(2)工艺流程

切条→腌制→烟熏→蒸制→切片→成品。

(3)操作要点

① 猪肉的选择。制作腊肉的猪肉应该选择经育肥且阉割的公猪。未经阉割的公猪肉质地粗糙,比较坚硬,肌内脂肪含量低,具有特殊腥臭味。这会影响腊肉成品的口感和风味,因此不宜作为腊肉的原料。母猪肉由于肌内脂肪含量比较低,肉质粗糙,皮质坚硬,且

有特殊的气味,也不适宜作为腊肉的原料。

选做腊肉的猪的生长期应该适宜,生长期过短的猪,肉质水分含量高,缺乏风味物质;生长期过长的猪,肉质水分含量低,风味物质含量丰富,但肉质较为粗糙。猪肉的不同部位的脂肪含量也不同,脂肪含量高的部位其风味物质含量也较高,研究发现,猪臀部的脂肪含量最高,由此可以推断出猪臀部风味物质含量也相应较高,最能体现猪肉的风味。

② 香料的选择。花椒、八角、老姜、香叶等这些香料都有着增香去异的效果,在腊肉的制作中,它们的主要作用还是压异味,略微增加腊肉香味,因此,它们的用量应少,不能压住了腊肉应有的特殊香味。

腊肉腌制的精盐应符合食用盐卫生标准 GB 2721—2015 的规定。料酒应该符合 QB/T 2745—2005 烹饪黄酒的规定。

③ 猪肉的处理。从市场上购买回来的猪肉,除尽皮上的猪毛和污垢,分割成宽5~8 cm、长 40~45 cm 的肉条。注意:每条猪肉上应带有少量的骨头。相比之下,腊肉骨头的风味比腊肉的风味更浓郁。在肉条顶端穿孔,以方便悬挂烟熏。注意不要用水清洗,因为水中的微生物可能会导致腊肉发酸。如果有必要清洗,则应该在清洗后沥干水分,以免微生物造成腊肉发酸。

④ 调味品的处理。花椒、八角、山柰和香叶等入烘箱烘干后磨成粉状,过振荡筛,备用。老姜去皮,绞制成姜泥,备用。将精盐、料酒、姜泥、花椒粉、八角粉、小茴香粉、山柰粉和香叶粉倒入腌缸调匀,备用。

⑤ 腌制。将肉条倒入腌缸拌匀,密封腌制。对腌制环境的温度进行有效控制,且每 12 h 翻缸 1 次。在 4℃下发酵 72 h。

⑥ 清洗。清洗肉条表面的残渣,从腌缸中取出肉条,用45℃的温水清洗去除肉条表面影响感官的物质。

⑦ 烟熏。将洗净的肉条取出,穿上麻绳,挂在竹竿上用烘箱烘(熏)制。烟熏的主要目的是使肉条上色,成为腊肉;其次是熏干肉条上的水分,使其表面干爽,同时还能赋予腊肉特殊的焦煳香气和防止

氧化,增加食品的货架期。熏制时要注意控制温度,以避免肉条出油。在 50℃ 下连续熏制 50 h。

⑧ 冷却。将烟熏工艺完成的肉条取出,置于常温下冷却至室温,并剪去麻绳。

⑨ 包装。冷却的肉条装入真空袋,抽真空即成。真空包装可以延长腊肉的货架期。

(4)几种腊肉的加工实例

① 四川腊肉。

A. 原料配方。取皮薄肥瘦适度的鲜肉或冻肉刮去表皮肉垢污,切成 0.8 ~ 1 kg、厚 4 ~ 5 cm 的标准带肋骨的肉条。食盐 7 kg、精硝 0.2 kg、花椒0.4 kg。加工无骨腊肉用食盐 2.5 kg、精硝 0.2 kg、白糖 5 kg、白酒及酱油 3.7 kg、蒸馏水 3 ~ 4 kg。辅料配制前,将食盐和硝压碎,花椒、茴香、桂皮等香料晒干碾细。

B. 加工方法。

a. 腌渍干脆法:切好的肉条与干腌料擦抹擦透,按肉面向下顺序放入缸内,最上一层皮面向上。剩余干腌料敷在上层肉条上,腌渍 3 d 翻缸;湿腌法:将腌渍无骨腊肉放入配制腌渍液中腌 15 ~ 18 h,中间翻缸 2 次;混合腌制:将肉条用干腌料擦好,放入缸内,倒入经灭菌的陈腌渍液淹没肉条,混合腌渍中食盐用量不超过 6%。

b. 熏制有骨腊肉,熏前必须漂洗和晾干。通常每 100 kg 肉胚需用木炭 8 ~ 9 kg、木屑 12 ~ 14 kg。将晾好的肉胚挂在熏房内,引燃木屑,关闭熏房门,使熏烟均匀散布(不可令火烧在肉上),熏房内初温 70℃,3 ~ 4 h 后逐步降低到 50 ~ 56℃,保持 28 h 左右为成品。刚刚成的腊肉,需经过 3 ~ 4 个月的保藏使其成熟。

② 湖南腊肉。

A. 原料配方。猪肉 500 g,盐 100 g,花椒、盐、白糖适量。

B. 加工方法。

a. 先将猪肉皮上残存的毛用刀刮干净,切成 3 cm 宽的长条,用竹签扎些小眼,以利于进味。

b. 先把花椒炒热,再下入盐炒烫,倒出晾凉。

c. 将猪肉用花椒、盐、白糖揉搓,放在陶器盆内或搪瓷盆内,皮向下,肉向上,最上一层皮向上,用重物压上。冬春季 2 d 翻 1 次,腌制 5 d 取出,秋季放在凉爽之处,每天倒翻 1~2 次,腌制 2 d 取出,用净布抹干水分,用麻绳穿在一端皮上,挂于通风高处,晾到半干,放入熏柜内,熏 2~3 d,中途移动 1 次,使烟全部熏上,腊肉都呈金黄色时,取出挂于通风之处即成。

C. 产品特点。腊味是湖南特产,凡家禽野畜及水产等均可腌制,选料认真;制作精细,品种多样,具有色彩红亮,烟熏咸香,肥而不腻,鲜美异常的独特风味,每年冬初季节就开始熏制,要吃到春节之后。烟熏的腊味菜,能杀虫防腐,只要保管得当,一年四季都能品尝。

4.3.2　香肠

香肠是一种利用了非常古老的食物生产和肉食保存技术的食物,将动物的肉绞碎成条状,再灌入肠衣制成的长圆柱体管状食品。香肠以猪或羊的小肠衣(也有用大肠衣的)灌入调好味的肉料干制而成。

中国的香肠有着悠久的历史,香肠的类型也有很多,主要分为川味香肠和广味香肠。主要的不同就在于广味是甜的,川味是辣的。在以前香肠是每年过年前制作的食品,而现在一年中的任何时候都可以吃到香肠。但是吃自制的香肠已经成为南方很多地区的习俗,一直保留到了今天。

(1)主要原辅料

不同地方的香肠配料不同,但大体上都包含了瘦猪肉、白砂糖、肥猪肉、精盐、味精、白酒、鲜姜末(或大蒜泥)等配料,特色香肠的制作在下文会有相应的介绍。

(2)工艺流程

切丁→漂流→腌渍→皮肠→晾干→保藏→成品。

(3)操作要点

① 切丁。将瘦肉先顺丝切成肉片,再切成肉条,最后切成 0.5 cm 的小方丁。

② 漂流。瘦肉丁用1%浓度盐水浸泡,定时搅拌、促使血水加速溶出,减少成品氧化而色泽变深。2 h后除去污盐水,再用盐水浸泡6~8 h,最后冲洗干净,滤干。肥肉丁用开水烫洗后立即用凉水洗净擦干。

③ 腌渍。洗净的肥肉丁、瘦肉丁混合,按比例配入调料拌匀,腌渍8 h左右。每隔2 h上下翻动一次使调味均匀,腌渍时防高温、防日光照射、防蝇虫及灰尘污染。

④ 皮肠。盐、干肠衣先用温水浸泡15 min左右,软化后内外冲洗一遍,另用清水浸泡备用,泡发时水温不可过高,以免影响肠衣强度。将肠衣从一端开始套在漏斗口(或皮肠机管口)上,套到末端时,放净空气,结扎好,然后将肉丁灌入,边灌填肉丁边从口上放出肠衣,待充填满整根肠衣后扎好端口,最后按15 cm左右长度翅结,分成小段。

⑤ 晾干。灌扎好香肠挂在通风处使其风干约半月,用手指捏试以不明显变形为度。不能曝晒,否则肥肉要定油变味,瘦肉色加深。

⑥ 保藏。保持清洁不沾染灰尘,用食品袋罩好,不扎袋口朝下倒挂,既防尘又透气不会长霉。食时先蒸熟放凉后切片,味道鲜美。

(4)几种特色香肠的加工实例

① 红枣蒜苗香肠。蒜苗是大蒜幼苗发育到一定时期的青苗,含有丰富的维生素C、蛋白质、胡萝卜素、硫胺素、维生素B_2等营养成分,具有防流感、保护肝脏、保护心脏等保健功效。红枣既是普通食品,也是常用的药品,久食或入药膳,有补气血、益脾胃、通九窍、延年养生等保健功效。复合香肠常将果蔬与肉类相混合,增加香肠营养的平衡性,基于此,在香肠中添加蒜苗和红枣可以制成一种新型复合型香肠,这为研制营养价值高、易消化、食用方便且有独特的风味的新型产品提供了可能性。

A. 原料配方。淮大黑猪肉、蒜苗、红枣、大豆蛋白、玉米淀粉、肠衣等,如表4-2所示:

表4-2 香肠配方表(以猪肉质量为100%计)

名称	含量(%)
大豆蛋白	100.0
水	5.0
姜	8.0
酱油	10.0
白糖	10.0
食盐	5.0
三聚磷酸钠	4.0
红曲粉	3.0
抗坏血酸	2.5
亚硝酸钠	0.4
味精	0.1

B. 工艺流程。

红枣→洗净→烘干→磨粉→过筛
蒜苗→洗净→护色→切碎→预煮→打汁

猪肉处理→搅拌腌制→配料→灌肠→粉烤煮制→包装成品→灌肠质量检测。

C. 加工方法。

a. 原料肉处理:选择经卫生检验合格的新鲜猪肉,切成小块后置于绞肉机中绞成肉糜,注意冰水控温2~4℃。

b. 搅拌腌制:按比例于肉糜中添加磷酸盐、亚硝酸钠、抗坏血酸,使之搅拌均匀,然后于腌料室内干腌,腌制温度2~4℃,腌制时间为24 h,腌制结束标志是猪肉呈现均匀鲜红色且有弹性。

c. 蒜苗汁的制备:先用0.2%的次氯酸钠溶液浸泡蒜苗3 min,再用清水冲洗干净,然后将蒜苗切成4~5 cm的小段,90℃的热水烫漂2 min,烫漂后冷水急速冷却,之后放入0.5%的食盐溶液护色,护色后

开始榨汁,流出蒜苗汁采用四层洁净纱布过滤两遍,置于 4℃ 冰箱中
待用。

d. 红枣粉的制备:选择优质去核干红枣,清选去杂后磨粉,如枣
干含水量较大,应先进行干燥再磨粉,控制红枣粉细度 80 目左右。

e. 配料:将腌制好的肉糜和适量冰水混合后进行斩拌,先添加蒜
苗汁、红枣粉和大豆蛋白,经搅拌充分后再添加其他物料,不易混合
均匀的可先用水溶解再倒入原料中,混合搅拌总时间不宜过长,控制
在 15 ~ 20 min,温度控制在 10℃ 以下。

f. 灌肠:将肉馅倒入真空灌肠机中进行灌肠,再由轧线机自动轧
好线,每隔 10 ~ 12 cm 设为一节,肠衣先用温水洗净后于水中浸泡 2 h
再使用。

g. 烘烤煮制:灌肠烘烤时,为了保证烤得均匀,每隔 5 ~ 10 min 将
肠体上下翻动一次,炉温控制在 65 ~ 70℃,烘烤 3 h,直至肠体表面干
燥光滑,肠衣半透明,无流油,肉色红润时出炉,立即放入蒸煮锅内,
使水淹没肠体,并保持水温在 78 ~ 85℃,蒸煮 30 min,待肠体中心温
度达到 75℃,用手触摸肠体硬挺、弹力充足,即可出锅,出锅后迅速入
预冷库进行预冷,冷却到 0 ~ 4℃。

h. 包装:在室内挂晾 24 h 后,进行真空包装,即为成品。

② 四川麻辣香肠。

A. 主要原辅料。

猪肉:5 kg,洗净后切成大拇指大小备用。

猪小肠(就是粉肠):翻一面用盐洗净,最后用少许醋洗一遍(除
腥),再翻过来备用。

佐料:辣椒面、花椒面适量,盐多量(防止香肠坏掉),白酒
200 mL,白糖、味精少许。

材料:棉绳、铁丝圈(肠口大小)、针。

B. 工艺流程。

猪肉处理→搅拌腌制→配料→灌肠→风干烟熏→包装成品。

C. 加工方法。

a. 猪肉洗净后沥干水分,切成 1 cm 见方的小丁备用。腌渍肠衣

用清水浸泡 10 min,然后反复搓揉 3~4 次,洗去表面的盐,最后换成清水浸泡备用;

b. 生姜洗净后用压蒜器压出姜汁,将矿泉水瓶沿瓶口一边剪成漏斗状;

c. 肉丁中加入白酒、盐、白糖、辣椒面、花椒面、姜汁,戴上一次性手套用手翻转均匀,然后沿着同一个方向搅打,直到肉开始粘连出筋;

d. 将洗净后肠衣套在水瓶口,用线绑紧,或者直接用手捏紧,肠衣的另一端用线绑紧封口,或者直接打结;

e. 将拌好的肉馅放在瓶子里,用筷子轻轻戳几下,使其填充到肠衣里,直到肠衣中填满肉馅为止;

f. 将灌好的一条香肠平均分成 3~4 份,用棉线扎紧,然后用针在香肠上扎一些小孔;

g. 做好的香肠挂在阴凉处,避免阳光直射,让其自然风干,用松柏枝烟熏,然后蒸食或者煮食,或者切片炒菜均可。

③ 如皋香肠。

A. 配料。每 50 kg 鲜猪肉(精肉 70%,肥肉 30%)配用食盐 3.5 kg、白砂糖 1.5 kg、酱油 1.5 kg、大曲酒 0.5 kg、硝水 0.5 kg、糖 1 kg、料酒 200 g。

B. 工艺流程。

选料及整理→配料→拌料→灌肠→晒干→入库晾挂→成品。

C. 加工方法。

a. 将猪的前夹心和后腿部分精肉及足膘肥肉切成小方块,放在木盆或瓦盆里,加盥、硝水拌和。

b. 拌好后,静置 30 min。这样盥和硝水就慢慢地浸入肉里,然后再加糖、酱油、酒拌和,要拌得匀透。

c. 拌好后,将肉灌进大肠衣内,一面用针在肠上戳眼放出里面的空气,一面用手挤抹,并用花线将两头扎牢。

d. 灌进肉的肠,挂在晒架上吹晒。一般约晒 5 个晴天(夏天只需 2 d),然后取下入仓晾挂。仓库内必须通风透气,好使晒后的香肠退去余热,慢慢干透。晾挂一个月后即得成品。

4.3.3 肉干

肉干是用新鲜的猪、牛、羊等瘦肉经预煮、切(小)块、加入配料复煮、烘烤等工艺制成的干熟肉制品。因其形状多为 1 cm³ 的块状,故叫作肉干。肉干是我国最早的加工肉制品,由于具有加工简易、滋味鲜美、食用方便、容易携带等特点,在我国各地都有生产。肉干按原料分为牛肉干、猪肉干、马肉干、兔肉干、鱼肉干等;按形状分为条状、片状、丁状、粒状等;按风味分为五香肉干、麻辣肉干、咖喱肉干、果汁肉干等。即使是同一种五香牛肉干,配方也不尽相同。

肉干具有黄色、褐色、黄褐色、棕红或枣红色等多种颜色,具有特有的香味,一般是麻辣味、五香味、咖喱味和果汁味,味鲜美醇厚,甜咸适中,回味浓郁。这类产品的水分含量很低,大多数细菌已经不能生长,故保质期较长,这类产品的蛋白质含量很高,属于肉制品中的高档产品。

(1)主要原辅料

牛肉/猪肉、食盐、酱油、白糖、味精、黄酒、五香粉、辣椒粉、生姜、小茴香。

(2)工艺流程

原料选择→清洗→分割修整→浸泡→改刀→盐水注射→真空腌制→焯水→切条或切片→调味卤煮→二次调味→烘干→冷却→无菌包装→检验→成品入库。

(3)操作要点

① 原料修整:采用卫生检疫合格的牛肉/猪肉,修去脂肪肌膜、碎骨等。

② 浸泡:用循环水浸洗牛肉 24 h,以除去血水,减少腥味。

③ 焯水:在煮制锅内加入生姜、小茴香、水(以浸没肉块为准),加热煮沸,然后加入肉块保持微沸状态,煮至肉中心无血水为止。此过程需要 1~1.5 h。

④ 冷却、切(条)片:将肉凉透后顺着肉纤维的方向切片或切条。

⑤ 卤煮:将煮肉的汤用纱布过滤后放入煮制锅内,按比例加入

盐、酱油、白糖、五香粉、辣椒粉。加热煮开后,将肉片放入锅内,设定煮制锅温度为 100℃,煮制时间为 20 min,然后设定煮制锅温度为 80℃煮 30 min。出锅前 10 min 加入味精、黄酒。

⑥烘干:将沥卤后的肉片或肉条均匀的摊铺在热风干机推车的不锈钢网盘上,烘烤适宜温度为 85~95℃,时间为 1 h 左右,根据风干量设定好热风干机的自动排湿量。

⑦包装:包装前应将包装袋、操作台等可能接触产品的器具彻底消毒,注意避免二次污染。

(4)质量要求

形态呈块状(片、条、粒状),同一品种的厚薄、长短、大小基本均匀,表面可带有细微绒毛或香辛料。色泽呈棕黄色或褐色、黄褐色、棕红色或枣红色,色泽基本一致,均匀。滋味鲜美醇厚,甜咸适中,回味浓郁,具有麻辣、五香、咖喱、果汁等味,无不良味道,无杂质。细菌总数≤30000 个/ g,大肠菌群≤40 个/100 g,致病菌不得检出。

(5)加工实例

南瓜鲢鱼肉干。

A. 原料配方。

调味南瓜泥配比:南瓜泥 20 kg、食盐 0.5 kg、籼米粉 0.5 kg、糯米粉 1 kg、辣椒粉 0.5 kg。

鲢鱼肉坯调味料配比:鲢鱼肉 100 kg、调味南瓜泥 20 kg、白酒 2 kg、酱油 1 kg、蚝油 1 kg、姜粉 1 kg、味精 0.5 kg、蔗糖 3 kg。

B. 加工工艺。

南瓜脯的制作:南瓜选择→去皮、去瓤、洗净→切片→暴晒→裹粉料→暴晒→蒸熟→暴晒→切碎→粉碎→南瓜脯泥。

鲢鱼肉脯的制作:鲢鱼选择→去头尾、内脏、剖杀去刺、去皮→取鲢鱼肉→切成肉条→开水煮→除血水、浮沫→起锅沥干→无味肉胚。

南瓜鲢鱼肉干的制作:无味肉胚、南瓜脯泥→配调料→混合滚揉→关闭滚揉机静止→真空下滚揉→有味肉胚→制片→烘烤→包装→杀菌→检验→成品肉干。

C. 加工方法。

a. 选用老熟南瓜,将南瓜去皮、去瓤,洗净,切成厚约 0.5 cm 的片状,置于太阳下暴晒 1 d,晚上收起,在南瓜片上撒入 0.5 kg 精盐,次日早上先将 0.5 kg 籼米粉、1 kg 糯米粉、0.5 kg 辣椒粉混合拌匀成调味粉料,再拌入南瓜片中,使每片南瓜片都粘匀粉料,然后摊开暴晒 3 d。

b. 将暴晒后的南瓜片备好,在热锅上架好笼屉,铺上屉布,放入一层南瓜片,用旺火蒸至软糯、熟透;将蒸好的南瓜脯暴晒 1 d 后切碎,然后再粉碎至 80 目,得南瓜脯泥。

c. 选取 3 kg/尾以上的鲜活鲢鱼,用清水将鲢鱼洗净,在操作台上进行去鳞、剖腹、去内脏,然后把预处理的鲢鱼在水槽中清洗干净。

d. 在操作台上取鲢鱼腹部肌肉,剔除鱼刺确保没有鱼刺混入其中,去除腹膜,取鲢鱼肉,把鲢鱼肉切成长 3~5 cm、宽 1~2 cm 的鱼条,然后将鱼条置于 8~10℃清水的水槽中浸泡 30 min。

e. 将浸泡好的鱼肉条放入开水中煮 4 min,去除血水和浮沫,起锅沥干水得鲢鱼无味肉胚。

f. 将鲢鱼无味肉胚 100 kg、南瓜泥 20 kg、白酒 2 kg、酱油 1 kg、蚝油 1 kg、姜粉 1 kg、味精 0.5 kg、蔗糖 3 kg 倒入不锈钢真空滚揉机中,混合滚揉 5 min 后关闭滚揉机,再在真空度为 0.8 MPa 下滚揉 12 min 得有味肉胚。

g. 将有味肉胚制作成厚 3~5 mm、直径 3~5 cm 的圆形胚片或边长 3~6 cm 方形胚片,把胚片放入不锈钢网上,在 70℃鼓风干燥箱中烘烤 3 h,每 1 h 翻动 1 次,经过两次翻动即成南瓜鲢鱼肉干。

h. 取出烘烤过的南瓜鲢鱼肉干,冷却后用复合塑料袋或铝箔袋包装,在真空度 0.095 MPa 条件下封口。

i. 将包装好的产品放入高温、高压杀菌釜中,按升温 15 min—恒温 30 min—降温 15 min 进行杀菌,冷却、检验后得南瓜鲢鱼肉干产品。

j. 成品入库:经检验,成品合格的南瓜鲢鱼肉干入库暂存,并及时运输销售,在产品合格期内食用。

D. 产品特点。南瓜鲢鱼肉干综合了南瓜及鲢鱼的营养成分,具有口味芳香、甜味突出、颜色自然、营养丰富、松软可口、风味独特等特点。无任何添加剂,食用安全方便,保质期半年以上,不需要复煮,能满足不同口味和多样化、个性化的人群需求。

4.3.4　肉松

肉松是指瘦肉经煮制、撇油、调味、收汤、炒松干燥或加入食用植物油或谷物粉炒制而成的肌纤维蓬松成絮状或团粒状的干熟肉制品。依据不同的分类标准,可将肉松分为不同的种类。

(1)主要原辅料

原料:猪肉(瘦)7500 g。辅料:白砂糖 750 g、酱油 1500 g、盐 60 g(相应材料成比例配置,量可按照需求改变)。

(2)工艺流程

原料→煮制→切块→撇油→配料→收汤→炒松→搓松→成品。

(3)操作要点

① 原料精选加工。

A. 经兽医宰前宰后检疫检验,健康无病的新鲜精肉。

B. 精肉要尽量去净脂肪、骨,再切成 500 g 左右的肉块,以保持纤维的长度。

C. 原料肉一定要保持清洁卫生,如有淤血和污物要用清水洗去。

② 煮肉。先将锅内放适量的水,然后将肉倒入,每锅瘦肉投肉量为 1500 g 左右,经过烧煮并用铲子上下左右翻动,待肉块煮至发硬后即将锅盖盖上,并用布将四周围好,以减少锅内蒸汽跑掉,保持温度。

A. 煮肉时间:锅开(沸腾)后煮 2.5 ~ 3 h。

B. 掌握火力:在锅内煮沸后约 20 min,火要逐渐减少,约 0.5 h 后即可用煤将灶膛中的炭火闷住,仅留少量炭火烧煮,切不可大火。

③ 撇油。肉煮好揭开锅盖,先将锅内的油汤舀出,用炒松铲子将肉块全部揭开,然后将舀出的汤倒入锅内,同时加适量的水(满锅为止)再进行烧煮,火力要大,煮沸后火力要稍小,当油浮上汤面且油水分清时,就进行撇油,在撇油时要不断加水,保持大汤(接近满锅为好)。把大部分油撇去后(约 1 h),将酱油、酒、盐放入,继续撇油。待

油基本撇清后将糖放入(保持大汤放糖)。在整个撇油阶段,要不断地用铲子上下、左右翻动,以防发生炒焦,并去筋膜、碎骨等。

④ 收汤。当油撇清后,火力要加大,待锅内的汤大部分蒸发后,火力减弱,最后仅剩余炭保存温度,否则会粘锅影响肉松质量,待肉汤及调料全部吸收后,即可盛起送入炒松机炒松。

⑤ 烘炒搓松。

炒松前必须对炒松机进行检查,保持清洁卫生,然后将收好膏的肉松倒入机内。在烘炒过程中,火力要正常,初步估计,炉管温度一般在300℃左右。过高、过低对产品质量都有影响。经过40~50 min的烘炒不断测试掌握水分不超过16%,包装之前测定水分为17%以内为宜。烘炒好的肉松应立即送入擦松机擦松(擦松的目的是使肉松纤维疏松),根据肉松的情况擦1~2遍,个别的擦3遍为止。

注意:千万不可盖盖子,不然蒸汽水滴到油锅里发出巨大的声响,撕好的肉丝都放到猪油锅里,加酱油、料酒、糖、鸡精、十三香(也可以用别的香料代替),不停地翻炒,在铲、辗、翻的过程中肉丝越来越细,炒干后如果有些肉丝还太粗,可以等凉后用手辗细些。

(4)肉松的加工实例

① 鲤鱼肉松。

A. 原料配方。原料:黄河鲤鱼。辅料:料酒、白砂糖6%、食盐2%、味精0.5%、生抽10%、植物油等调味品,生姜等佐料。

B. 工艺流程。

原料鱼预处理→蒸煮→去皮、骨、刺→干燥→搓松→初炒鱼松→打松→复炒鱼松→包装贮藏。

C. 加工方法。

a. 新鲜活鲤鱼致死后,去除内脏,去鳞、去鳍、去头、去尾后用清水洗净处理过程中,不能弄破鱼的苦胆,否则会影响风味。

b. 将处理好的鱼肉沥干,蒸汽100℃蒸煮15 min后取出鱼肉,底需铺上湿纱布,一方面防止鱼皮黏着和脱落,另一方面方便将鱼肉取出后去皮,同时鱼肉蒸煮不宜太烂或者太硬,太烂会造成肉碎小影响起松,太硬则会影响鱼骨和刺的剔除。

c. 去皮、骨、刺:鱼肉趁热去除鱼皮,冷却后去除鱼骨、刺,然后拆碎鱼肉。

d. 干燥:鱼肉用料酒和生姜脱腥处理 20 min 后取出,使用食物脱水机干燥 3h,期间注意翻动,使鱼松脱水均匀。

e. 将干燥后的鱼肉进行搓松处理。

f. 鱼肉中依次加入食盐、味精、白砂糖、生抽,轻而均匀地压炒,炒制时间按照试验设计进行设定,炒制至肉块全部松散且基本无水分的状态。由于半成品肉松纤维易断,因此,要轻轻翻动,整个过程注意水分的控制,以免炒焦影响口感。

g. 使用打松机对炒好的鱼肉进行打松,打松时间根据试验设计而定,此步骤的目的是将炒松过程中不均匀的部分通过粉碎机打出均匀的绒状。

h. 加入适量的植物油对鱼松进行复炒处理,目的是使鱼松变得酥脆,有嚼劲。

i. 鱼肉松的吸水性很强,所以需要用干燥的容器进行贮藏短时间内可以用聚乙烯塑料袋保藏,抽真空并加干燥剂以免受潮。

D. 产品特点。以鲤鱼为主要原料,加工成鱼肉松,具有色泽佳、形似绒毛、质地均匀、口感柔软、味道鲜美、营养丰富、易于消化、方便消费者食用,是一种老幼皆宜的风味休闲食品,而且可解决鱼肉土腥味重、剔刺困难等问题。

② 绿茶猪肉松。

A. 原料配方。猪里脊肉 10 kg、绿茶 70 g、白酒 60 g、酱油 250 g、白砂糖 200 g、八角 50 g、姜 800 g、味精和食盐适量。

B. 工艺流程。

原料处理→煮制→搓松→炒制→成品。

C. 加工方法。

a. 选择新鲜猪里脊肉。去除残留损伤肉、血斑、筋膜、脂肪等,只留下肌肉组织。将修整好的原料肉顺着肌肉纤维方向切成 1.5 cm 左右宽的肉块。切块时尽可能避免切断肌肉纤维,否则会导致成品中短绒较多从而影响成品品质。将切好的肉清洗干净,沥水备用。

b. 用双层纱布将茶叶和香辛料包好,和肉一起放入锅中,放入姜片,加入适量的清水,用大火煮制110 min 左右。注意边煮边不断搅拌,以免肉块受热不均匀,另外,还应撇去上层浮油和血沫。因为若不除尽浮油,之后在炒制过程中肉松就不易炒干且易煳锅,从而导致成品色泽差。当煮至肉的纤维明显暴露时,加入食盐和味精,5 min后再加入白糖、白酒和酱油。继续煮制,直至把肉煮烂熟,以用手稍用劲捏肉块,肌肉纤维能松散为宜。

c. 为了使肉松在炒制过程中更容易呈现出绒丝松软状,煮制后要采用人工的方法将肉块搓松。具体方法为:将煮好的肉块取出放入干净的盘子里,将肉放凉,然后把肉放入干净的保鲜膜里摊开,用擀面杖稍稍用力使肌肉纤维分散,然后把没有松开的肉稍微搓一下。搓松时一定要注意搓松的力度。如果搓松力度太大,肉很容易被搓成肉末,导致碎屑较多,影响成品质量。

d. 炒制前先把锅用小火预热,然后把搓松的肉放入锅内用文火炒制40 min 左右,其间不断地用锅铲翻炒,以免焦锅。炒制时,要注意控制水汽蒸发程度,炒至肉松颜色由灰棕色变成深的或浅的灰黄色,肉表面有明显的绒绒出现,炒出有独特茶叶香味的肉松为止。

D. 产品特点。绿茶富含叶绿素、维生素 C、胡萝卜素、儿茶素等成分,具有预防胆固醇、抑制心血管疾病、排毒瘦身、预防蛀牙、延缓衰老等功效。在肉松中添加一些富含生物活性物质的绿茶,可提高产品营养,增强市场竞争力。

4.3.5 酱卤肉制品

酱卤肉制品是我国典型的民族传统熟肉制品,其主要特点是产品酥润、风味浓郁。某些产品带有卤汁,不易包装和保藏,适于就地生产,就地供应。目前,酱卤肉制品几乎在我国各地均有生产,但由于各地的生活习惯和加工过程中所用的配料、操作技术不同,形成了许多地方特色风味的品种,有的已成为地方名特产,如苏州酱汁肉、北京月盛斋酱牛肉、河南道口烧鸡、安徽符离集烧鸡等,不胜枚举。

近年来,随着对酱卤肉制品传统加工工艺理论的研究以及先进加工设备的应用,一些酱卤肉制品的传统加工工艺得以改进,如用新工艺加工的烧鸡、酱牛肉等产品更受人们的欢迎。特别是随着包装与加工技术的发展,酱卤肉制品防腐保鲜的问题得到了解决,方便食品的酱卤肉制品小包装也应运而生。目前,酱卤肉制品系列方便肉制品已进入商品市场,走向全国各地。

(1)主要原辅料

猪肋条肉 100 kg、白糖 5 kg、盐 3~3.5 kg、黄酒 4~5 kg、红曲米(磨碎)1.2 kg、桂皮 200 g、八角 200 g、姜 200 g、葱(捆成束)2 kg。

(2)工艺流程

原料选择→整形→煮制→酱制→冷却→包装。

(3)操作要点

① 原料选择。选用肉质鲜嫩的猪肉,每只猪的质量以出净肉 35~40 kg 为宜,去前腿和后腿,取整块肋条肉(中段)为酱汁肉的原料。

② 整形。将带皮的整块肋条肉,用刮刀将毛、污垢刮除干净,剪去奶头,切下奶脯,斩下大排骨的脊椎骨,斩时刀不要直接斩到肥膘上,斩至留有瘦肉的 3 cm 左右时,剔除脊椎骨。形成带有大排骨肉的整方肋条肉,然后开条(俗称抽条子),肉条宽 4 cm,长度不限。条子开好后,把五花肉、排骨肉分开,装入竹筐中。

③ 煮制。根据原料的规格,分批下锅在沸水中白烧。五花肉烧 10 min 左右,硬膘肉烧约 15 min。捞起后用清水冲洗干净,去掉油沫、污物等。将锅内白汤撇去浮油,全部舀出。然后在锅内放拆骨的猪头肉六块(猪脸 4 块,下巴肉 2 块,主要起衬垫作用,防止原料贴锅焦),放入包扎好的香料纱布袋。在猪头肉上面先放五花肉,后放硬原肉,如有排骨碎肉可装入小竹篮中,置于锅中间。最后倒入肉汤,用大火煮制 1 h。

④ 酱制。当锅内白汤沸腾时,加入红曲米、绍酒和白糖(用糖量为总糖量的 4/5),再用中火焖煮 1 h 左右至肉色为深樱桃红色、汤将干、肉已酥烂时,即可出锅。

⑤ 制卤。酱汁肉的质量关键在于制卤,食用时还要在肉上泼卤

汁。卤汁既使肉色鲜艳，又使其味具有以甜味为主、甜中带咸的特点。质量好的卤汁应黏稠、细腻、流汁而不带颗粒。卤汁的制法是：向留在锅内的酱汁中再加入剩下 1/5 的白糖，用小火煎熬，待汤汁逐渐成稠状即为卤汁。出售时应在酱肉上浇上卤汁。如果天凉，卤汁凝块需加热溶化后再用。

（4）产品特点

成品为小长方块，色泽鲜艳，呈桃红色，肉质酥润，酱香味浓郁。

（5）加工实例

① 上海五香酱肉。

A. 原料配方。方肉 100 kg、酱油 5 kg、盐 2.5～3 kg、白糖或冰糖屑 1.5 kg、硝酸钠 25 kg、葱 500 g、姜 200 g、桂皮 150 g、八角 150 g、陈皮 50～100 g、黄油 2～2.5 kg。

B. 工艺流程。

原料选择→预处理→腌制→配汤→酱制→成品。

C. 加工方法。

a. 选用苏州、湖州地区的猪，肉质新鲜，皮细有弹性。原料肉须是割去奶头、奶脯后的方肉，且要刮净皮上的余毛并拔去毛根，洗净，沥干水。然后，斩成长约 15 cm、宽约 11 cm 的长方块。在肋骨旁用铁戳出距离基本相等的一排排小洞（洞不可戳穿肉皮）。

b. 将盐和硝酸钠在 50 kg 开水中搅拌溶解成腌制液，冷却后把酱肉胚摊放在缸或桶内，将腌制液洒在肉胚上，冬天还要擦盐腌制，然后将盐放置在腌制容器中腌制。腌制时间为春秋 2～3 d，冬天 4～5 d，夏天不能过夜，否则会变质。

c. 配汤时，在 100 kg 水中约放酱油 5 kg，使之呈不透明的深酱色，加葱 0.5 kg、姜 200 g、桂皮 150g、小茴香（放在布袋内）150 g，用大火烧开；捞出香料（其中桂皮、小茴香可再利用一次），舀出待用。汤可长期使用，但用量须视汤的浓度而定，使用前须烧开撇去浮油。

d. 将酱肉坯料放入锅中，加酱鸭汤淹没肉坯，上面压以重物，盖上锅盖，用大火煮开，打开锅盖，加黄酒 2～2.5 kg，再盖上锅盖，用大火煮沸后改用小火焖煮 45 min，加冰糖屑或白糖 1.5 kg，再用小火焖煮 2 h,到皮烂肉酥时出锅,出锅时左手拿一个特制的短柄带漏孔的宽铲子,右手用尖筷轻轻地将肉块捞到铲子上,皮向下摆放于盘中,拆除肋条骨和脆骨。

D. 产品特点。本制品香气扑鼻,咸中带甜,食之肥而不腻。

② 无锡酥骨肉。

A. 原料配方。原料肉 50 kg、硝酸钠 15 g(和清水 1.5 kg)、盐 1.5 kg、姜 250 g、桂皮 150 g、小茴香 125 g、丁香 15 g、味精 30 g、绍兴酒 1.5 kg、酱油 5 kg、白糖 3 kg。

B. 工艺流程。

原料选择与修整→腌制→白烧→红烧→成品。

C. 加工方法。

a. 选用猪的胸腔骨(即炒排骨、小排骨)为原料,也可用肋排(带骨肋条肉去皮和去肥膘后称肋排)和脊背的大排骨。骨肉重量比约为 1∶3。斩成宽 7 cm、长 11 cm 左右的长方形。如用大排骨作原料,斩成厚约 1.2 cm 的扇形。

b. 把盐和硝酸盐用水溶化搅拌均匀,然后洒在排骨上,要洒均匀,之后放在缸内腌制,腌制时间夏季为 4 h,春秋季 8 h,冬季 10 ~ 24 h。在腌制过程中,需上下翻动 1 ~ 2 次,使成味均匀。

c. 把胚料放入锅内,注满清水烧煮,上下翻动,撇去血沫,待煮熟后取出胚料,冲洗干净。

d. 将葱、姜、桂皮、小茴香、丁香分装成几个布袋,放在锅底,再放入胚料,加上绍酒、红酱油、精盐及去除杂质的白烧肉汤,汤的量掌握在高于胚料平面 3.33 cm(1 寸)。盖上锅盖,用大火煮沸 30 min 后,改用小火焖煮 2 h。焖煮时不要翻动,焖到骨酥肉透时加进白糖,再用大火烧 10 min,待汤汁变浓稠即停火,将成品取出平放在盘上,再将锅内原料撇去油层和捞起碎肉,这时取部分汤汁加味精调匀后均匀地洒在成品上,将锅内剩下的汤汁盛入容器内,可循环使用。

D. 产品特点。色泽酱红,油润光亮,咸中带甜,口味鲜美,香味浓郁,骨酥肉烂。

4.4　中式早餐蛋制品

当今,消费者对食品的要求已不再局限于简单的维持生命和果腹,而是对食品的安全、营养和滋味提出了更高的要求。人体所需要的营养物质主要有蛋白质、脂肪、维生素、矿物质以及微量元素等,是人体必不可少的组成成分,能够为人体提供能量,参与新陈代谢,促进组织更生及修复组织结构等;鸡蛋是营养丰富、吸收利用率高、廉价、优质的动物蛋白质来源,已成为居民日常膳食的重要食材。在营养学界,鸡蛋一直有着"全营养食品"的美称,除维生素 C 含量稍少外,鸡蛋几乎富含人体需要的所有营养物质,美国《健康》杂志甚至为鸡蛋授予了"世界上最营养早餐"的殊荣。尤其作为早餐中重要的组成部分,因为人体在经过一夜的新陈代谢后,急需补充营养,而鸡蛋恰好富含人体必需的蛋白质、脂肪、卵黄素、卵磷脂、维生素、铁、钙、钾等营养素。但有些人对鸡蛋心有疑虑,怕每天吃升高血脂。殊不知,早餐吃个鸡蛋有诸多好处。一是补充优质蛋白质:蛋白质是一切生命的物质基础,与粥和面包等食物相比,鸡蛋中蛋白质的氨基酸构成更好,其必需氨基酸组成与人体基本相似,生物学价值也是所有食品中的佼佼者。另外,鸡蛋中蛋白质的吸收利用率也比粥和面包等食物高。二是增加饱腹感:鸡蛋不仅能为机体提供充足的蛋白质,还可延缓胃的排空速度,延长餐后的饱腹感。研究表明,吃含有鸡蛋的早餐,能使人饱腹感增加,同时,鸡蛋中的蛋白质和脂肪能提供持续平稳的能量,让肚子饱的时间更长。三是有助减肥:早餐吃鸡蛋,能降低午餐以及一整天的热量摄入,起到控制体重的作用。有研究显示,与早餐以碳水化合物为主的人相比,早餐吃鸡蛋的人体重多减了 56%,并且他们的精力也更充沛。四是提高记忆力:鸡蛋蛋黄中含有丰富的卵磷脂、固醇类以及钙、磷、铁、维生素 A、维生素 D 及维生素 B。鸡蛋中丰富的胆碱是合成大脑神经递质乙酰胆碱的必要物质,同时也是细胞膜的重要成分,有助于提高记忆力,使注意力更集中。因此,对于用脑多的上班族和学生来说,早餐吃一个鸡蛋非常有必要。五是保护视力:蛋黄中的两种抗氧化物质:叶黄素和玉米黄素,能保护眼睛不受紫外线伤害。它们还有助于减少患白内障的风险。早上吃个鸡蛋,对用眼过度的电脑族也大有益处。

4.4.1 鸡蛋羹(炖蛋)

鸡蛋作为人们日常生活中常见的食材,烹饪的方式主要有煮、蒸、炸、炒等。通过人体对鸡蛋的吸收消化率研究发现,煮蛋和蒸蛋吸收消化率为100%,嫩炸鸡蛋为98%,炒鸡蛋为97%,荷包蛋为92.5%,老炸鸡蛋为81.1%。由此可知,煮鸡蛋和蒸鸡蛋在人体中的吸收和消化率最好,应该是鸡蛋的最佳烹饪方式。鸡蛋羹是用鸡蛋制作的一道家常菜,细腻滑嫩。鸡蛋含有丰富的蛋白质、脂肪、维生素和铁、钙、钾等人体所需要的矿物质,蛋白质为优质蛋白,对肝脏组织损伤有修复作用。具有健脑益智、保护肝脏、防治动脉硬化、预防癌症、延缓衰老、美容护肤的作用。

(1)配方

鸡蛋2个(约110 g)、温白开水150 g、食盐6 g(具体口感可根据个人口味适当调整)、生抽1汤匙(15 mL)。

(2)工艺流程

原料的选择与处理→打蛋搅拌→过筛→蒸制前处理→蒸制→成品感官评价。

(3)操作要点

A. 鸡蛋的选择与处理。选择外形完整、无破损的新鲜鸡蛋作为原料。

B. 温开水。用水要求透明、无色、无异味、无有害物质,符合国家饮用水卫生质量标准,在烧开后静置至40℃左右。

C. 打蛋搅拌。适量的优质食盐与鸡蛋打入碗中搅拌均匀,然后与一定量的温开水混合之后搅拌均匀备用。

D. 过筛。蛋液和水混合好后过筛去掉气泡,如果过滤之后的蛋液仍有气泡,可以用纸巾吸掉。

E. 蒸制前处理。蒸鸡蛋羹的时候最好用有盖子的容器或者在容器上盖一层保鲜膜,并在保鲜膜上扎几个小口,这样可以防止蒸的时候水汽滴落在鸡蛋羹上,影响鸡蛋羹平滑的"肌肤"和软嫩的口感。

F. 蒸制。蒸鸡蛋羹的时候不能用大火,蒸的时间也要根据盛蛋羹容器的深浅来确定。建议小火蒸到 5 min 时,就打开盖子观察一下,轻轻晃动一下锅看看它的凝固程度,然后再酌情调整一下时间。需要注意的是,不要蒸太久,否则外观和口感都会受影响。

(4)质量指标/产品特点

色泽光亮晶莹且诱人;成品表面和里面无或略微看到些许的小气孔;能够凝固成型;成品蛋香味浓重,成品水润晶莹;与上嘴唇接触,表面湿润,用手指轻压,明显感觉到弹性和回复力,组织不容易被破坏;硬度适中,入口即化,口感很好,咸淡适中。

(5)鸡蛋羹的加工实例

① 海米鸡蛋羹。

A. 配方。鸡蛋 2 个、凉白开水 150 g、海米 6 只、温开水为鸡蛋的1.5 倍、黄酒 1 茶匙(5 mL)、生抽 1 汤匙(15 mL)、香油 1/4 茶匙(1 mL)。

B. 加工方法。

a. 海米洗净,用黄酒泡软,姜去皮切细丝。

b. 将鸡蛋放入碗中,用打蛋器或筷子打散。倒入凉白开搅匀。用筛子过滤一遍,排出蛋液里的空气使得蛋液更细腻,这样蒸出的鸡蛋羹会非常平整。

c. 在碗底放入浸泡后的海米和姜丝,倒入鸡蛋液,盖上盖子或蒙上一层耐高温的保鲜膜。

d. 蒸锅中倒入水大火加热,水烧开后,将装有鸡蛋羹的碗放入,先用大火蒸 1 min,然后转至最小火,蒸 6 min 即可关火。

e. 将蒸好的鸡蛋羹取出,淋入生抽和香油,即可食用。可以根据自己的口味调整鸡蛋羹的配菜,火腿、豌豆、玉米粒、培根等都行。

C. 产品特点。口感滑嫩、咸鲜可口、补钙补锌、营养丰富。

② 肉末鸡蛋羹。

A. 配方。鸡蛋 2 个、瘦肉 150 g、温开水为鸡蛋的 1.5 倍、蒜 1 瓣、生抽 2 汤匙(30 mL)、老抽 1 汤匙(15 mL)、食盐适量、淀粉 1 汤匙、葱 1 根。

B. 加工方法。

a. 把鸡蛋打散,用打蛋器搅拌均匀,加凉水和盐拌均匀,再加少许植物油拌均匀,用保鲜膜盖好,用牙签扎几个小孔。

b. 把蒸锅加凉水,加鸡蛋液,中小火蒸 10 min 左右取出。

c. 把葱姜洗净切末,红辣椒洗净切丁,瘦肉切末,加味极鲜、淀粉拌均匀,加香油拌均匀,静置一会入味。

d. 热锅凉油,油热七成下蒜末翻炒出香味,下肉末翻炒出水分,翻炒出香味。

e. 加鸡精、胡椒粉翻炒均匀,撒上香葱末,再把炒好的肉末浇在蒸好的鸡蛋羹上面,用勺子挖着吃即可。

C. 产品特点。入口香滑、咸香鲜美、百吃不厌。

4.4.2　皮蛋(变蛋、松花蛋)

皮蛋(又称松花蛋、彩蛋、变蛋)由鲜蛋加工而成。它是我国劳动人民发明的、世界独特的产品,是我国有名的传统名特产品,具有特殊的风味和特点,因加工方法不同,又分为硬心皮蛋(湖彩)和清心皮蛋(京彩)两类。皮蛋一般多采用鸭蛋为原料进行加工,但在我国华北地区也利用鸡蛋为原料加工皮蛋,这种皮蛋称鸡皮蛋。皮蛋的成品为蛋白呈棕褐色或绿褐色的凝胶体,有弹性,完全成熟的皮蛋蛋白表面有松针状的花纹,故又称松花蛋。蛋黄呈深浅不同的墨绿、草绿、茶色的凝固体(溏心皮蛋蛋黄中心呈橘黄色浆糊状心),其色彩多样,故又称彩蛋。皮蛋的加工方法有很多,但是大同小异,所采用的原料基本相同。

(1)配方

鲜蛋、纯碱、碱面、生石灰、食盐、茶叶、添加剂、草木灰、黄土,除上述各种辅料外,采用包泥法加工松花蛋时,还应用稻壳、锯末等材料。包泥之后将蛋放在这些材料上滚上一层,以防止粘连。用浸泡法加工的松花蛋为长期保存还应采用液体石蜡、固体石蜡等涂膜剂，这些材料都必须符合食用化工原料卫生标准。

(2)工艺流程

松花蛋的加工方法各地不同，但大同小异。现按不同类型，介绍2例。

① 浸泡法(溏心皮蛋加工法)。此法即将选好的鲜蛋用配制好的料液进行浸泡而制成的松花蛋，此法优点是便于大量生产；浸泡期间易于发现问题；残余料液经调浓度后可重复使用，是当前加工松花蛋广泛使用的方法。

鲜蛋质检、分级→装缸→浸泡及管理→出缸→质检→成品→包泥。
　　　　　　　　　　　　　　↑

　　　　料液配置→检料→灌料液

② 硬心皮蛋加工法。硬心皮蛋因起源于湖南，故又称湖南彩蛋加工法。原料蛋及原材料质量要求同浸泡法。硬心皮蛋加工时常采用植物灰为主要辅助材料。因此，植物灰应达质量要求。一般不加氧化铅。

鲜蛋质检、分级→包泥→装缸及成熟→出缸→质检→成品→包装。
　　　　　　　↑

　　灰料制备→验料泥

(3)操作要点

① 浸泡法(溏心皮蛋加工法)。

A. 原料蛋的准备。原料蛋经感官检查，光照鉴定必须是形状正常，颜色相同，蛋壳完整，大小一致的新鲜蛋才能使用。然后洗净、晾干，再次用竹片敲打法或两蛋相碰法挑出裂纹蛋，将合格蛋一一入缸。

B. 装缸。先在缸底铺一层薄薄的稻草、麦秸或纸屑，将经过挑选合格的原料蛋及时装入缸内，轻拿轻放，剔除破壳蛋要横放，以防蛋黄浮向蛋的一端，影响皮蛋品质。最上层的蛋应离缸口 10 cm，以便封缸。

C. 料液配比量计算。

原材料的需要量：由加工蛋量确定料液需要量，然后根据料液量和原材料质量以及要求料液中氢氧化钠浓度而计算原材料的需要量。

石灰和纯碱需要量的计算:石灰和纯碱是主要的原材料,使用前应进行质量分析,求知石灰中所含有效氧化钙的量和纯碱中所含碳酸钠的量。然后根据石灰和纯碱作用的反应式求出石灰和纯碱的需要量。

红茶和食盐用量为料液的3.5%。如果用其他茶叶,用量适当增大,氧化铅用量为0.2%~0.3%。如果石灰和纯碱质量很好,可采用碱:石灰为1:1或1:2的新配方制备料液。实践证明,这两个配方所制成的料液,其氢氧化钠含量均为5%左右,同时可得到1:4.5传统配方的同样效果。

D. 料液的配制。将茶叶投入耐碱性容器或缸内,加入沸水。然后放入石灰(分多次放入)和纯碱,搅匀溶解。取少量于研钵内,放入氧化铅,研磨使其溶解。而后倒入料液中,再加入食盐。充分搅匀后捞出杂质及不溶物(清除的石灰渣应用石灰补足量),凉后使用。

E. 料液氢氧化钠浓度的鉴定。用5 mL吸管吸取澄清料液4 mL,注入300 mL三角烧瓶中,加蒸馏水100 mL,加10%氯化钡溶液10 mL,摇匀静置片刻,加0.5%酚酞指示剂3滴,用1 mol/L盐酸标准溶液滴定至溶液的粉红色恰好消退为止。所用盐酸标准溶液的毫升数即相当于氢氧化钠含量的百分率。料液中氢氧化钠含量要求达到4%~5%,如碱度过低或过高可用氢氧化钠或茶水调整。

不具备化学分析条件者,可采用蛋白凝固试验方法来测定。在烧杯或碗中加入3~4 mL料液上清液,再加入鲜蛋蛋白3~4 mL,不需搅拌,经15 min左右,观察蛋白是否凝固。如蛋白已凝固并有弹性,再经60 min左右,蛋白化成稀水,表示该料液配制的碱度合适,可以使用;如在30 min前蛋白即化成稀水样物质,表示料液的碱度过大,不宜使用;当蛋白放在料液中经15 min左右不凝固,表示料液中的碱度过低,也不宜使用。

F. 灌料液。当料液冷却至20℃后,捞出缸底没有充分溶解的石块,再按量补足,待其充分溶解后,搅拌均匀。用勺或搪瓷杯将料液沿缸壁全部灌入装好的蛋缸内,直至鸭蛋全部浸入料液中,然后用双层塑料布将缸口扎紧,置于阴凉干净的地方。灌料后要记录缸号、蛋数、级别、泡蛋日期、料液碱度、预计出缸日期等,每缸做好标记,以便检查。

G. 浸泡与管理。灌料后即进入腌制过程,直至皮蛋成熟,这段时间的技术管理工作与成品质量关系颇为密切。要设专人管理,蛋缸不要搬动,也不要动蛋,以免影响蛋的正常凝固。灌料后1~2 d,由于料液渗入蛋内,以及料液中的水分逐渐蒸发,致使料液液面下降,蛋面暴露在空气中,这时应及时补足同样浓度的料液,以保持料液液面没过蛋面,防止出次品。在泡制期间,必须注意温度的变化,这对成品质量有很大的影响。加工皮蛋最适宜的温度为20℃,范围为18~25℃,温度过低,虽然蛋白能够凝固,但浸泡时间长,蛋黄不易变色;温度过高,虽然蛋黄变色较快,但是料液进入蛋内的速度加快,很容易造成"碱伤"。所以在冬季或夏季加工皮蛋时,要采取相应的保温和降温措施。有条件的地方,加工房以设在地下室较为适宜。蛋缸要防止日晒、雨淋,要注意通风。蛋在泡制期间要勤检查,多观察,以便发现问题并及时解决,尤其是在没有条件检测料液浓度的情况下,更要注意检查蛋的内容物变化。气温在20℃左右,鲜蛋浸入料液后3 d即可看样,此时蛋白稀薄,浓厚蛋白消失,系带松弛断开,蛋黄上浮,蛋黄膜与蛋白膜相隔,蛋黄外围呈乳黄色胶状,称为化清期。这段时间短,作用快,受温度影响很大,温度高时,2 d即可化清,温度低时,可延长至4~5 d。鲜蛋下缸后,一般要经过4次检查。每次检查时,应在同批次中选择有代表性的蛋缸,在第3~4层的蛋中取出3枚蛋作为供检蛋样。

第1次检查:鲜蛋下缸后,春天和秋天(15~20℃)经7~10 d、夏天(25~30℃)经5~6 d即可进行检查。这时蛋白已基本凝固,色黄透明,有固定形状,蛋黄呈黄色偏向一侧,蛋黄外围成胶状、内成半流体,这段时期称为凝固期。在灯光下透视,如发现1枚类似鲜蛋的黑贴壳蛋、2枚红贴壳蛋,或者3枚都是类似黑贴壳蛋,说明凝固良好,料液中氢氧化钠浓度适宜。如果还像鲜蛋一样,说明料液中碱浓度太低,要及时补料,调整料液浓度。如果3枚蛋样全部发黑,说明料液碱度过浓，要加些冷红茶水或轻料掺兑，冲淡碱的浓度，也可提早出缸。

第 2 次检查：鲜蛋下缸浸泡后，春天、秋天经 15 ~ 20 d、夏天经 10 ~ 13 d，将蛋样剥壳检查，如蛋白凝固成青褐色或茶褐色或褐色中带青色，表面光洁，透明或半透明，蛋白不粘手或略粘手，蛋黄部分凝固，呈绿色或墨绿色，从外至里有明显的 3 圈不同层色，蛋黄中心为橙黄色粘胶状的溏心，有时还有鲜蛋样生心，这段时间为转色期，时间较长，说明料液正常。

第 3 次检查：鲜蛋下缸后，春天、秋天经 25 ~ 30 d、夏天经 18 ~ 20 d，进行剥壳，如发现蛋白粘壳、发红，灯光透视小头呈深红色，说明料液碱性太强，需要提前出缸。如果蛋白软化，不坚实，蛋黄溏心较大，灯光透视时，小头呈淡黄色，说明料液碱性太轻，需要延长浸泡时间，推迟出缸时间。

第 4 次出缸前检查：取几枚蛋，用手抛起，回落手中，微有弹震感；用灯光透视检查，蛋内呈灰黑色，小头呈微红色或橙黄色；剥壳检查，蛋白凝固很光洁，不粘壳，呈墨绿色或棕黑色，蛋黄大部分凝固呈绿褐色，轮状色彩明显，蛋黄中心呈淡黄色的溏心，表明皮蛋已成熟，即可出缸。溏心皮蛋的成熟时间一般为 30 d 左右，其范围为 20 ~ 40 d，气温低时浸泡时间长些，气温高则浸泡时间短些。

H. 出缸、洗蛋和晾蛋。经检查已成熟的皮蛋要立即出缸，操作人员戴上胶皮手套，穿橡皮裙，注意自身的防护。用特制的铁捞子将蛋轻轻捞出（防止破损），放入预先浸在残料上清液或冷开水的蛋筐（蛋篓）中，发现破、次、劣蛋可随之拣出。待装到适当数量时，将蛋筐轻轻地在洗蛋水中摇晃，把蛋壳上的黏附物洗去，洗净后，将蛋筐从洗蛋水中提出，摆在木架上将水沥净晾干，然后送检。

洗蛋用水各地习惯不同，有的用 1.5% ~ 2.0% 的烧碱溶液，有的用泡蛋缸内料液的上清液，有的用食盐水、茶叶水、凉开水、清水等。实践证明，用料液的上清液洗皮蛋效果最好，细菌含量低，耐贮存。

I. 品质检验。皮蛋包泥前必须进行品质检验，剔除一切破、次、劣皮蛋。检验方法以感官检验为主，灯光检验为辅，方法为"一观、二掂、三摇晃、四弹、五照、六剥检"。

一观:观看蛋壳是否完整,壳色是否正常,将破损蛋、裂纹蛋、黑壳蛋、较大的黑色斑块蛋剔出。

二掂:即用手掂蛋,取 1 枚蛋放在手中向上抛起 10~15 cm 高,连抛数次,若有轻微弹震感并较沉重者为优质皮蛋,若弹性过大,则为大溏心皮蛋,若无弹性则为烂头皮蛋或水响皮蛋。

三摇晃:即用手摇蛋,此法是对无弹性皮蛋的补充检查。方法是用拇指、食指和中指捏住皮蛋的两端,在耳边上下左右摇动 2~3 次,听其有无水响声,听不出什么声音为好蛋,若有水响声音则为水响皮蛋,一端有水响声的为烂头皮蛋。

四弹:即用手弹,将皮蛋放在左手掌中,以右手食指轻轻弹打蛋的两端,弹声如为柔软的"特特"声即为好蛋,如发出比较生硬的"得得"声即为劣蛋(包括水响皮蛋、烂头皮蛋等)。

五照:即用灯光透视,此法可作为感官检验缺乏经验者的重要检验方法。照蛋时若照出全蛋大部分呈黑色(墨绿色),蛋的小头呈黄棕色或微红色即为优质皮蛋。若蛋内大部或全部呈黄褐色并有轻微移动现象,即为未成熟的皮蛋。若蛋内呈黑色暗影并有水泡阴影来回转动,即为水响皮蛋。蛋白过红的皮蛋多为碱伤皮蛋。皮蛋的一端呈深红色,即为烂头皮蛋。

六剥检:抽取有代表性的样品皮蛋剥壳检验,先观察外形、色泽、硬度等情况,再用刀纵向切开,观察其内部蛋黄、蛋白的色泽状况,最后品尝其滋味。若蛋白光洁、不粘壳、有弹性,呈棕褐色或茶青色的半透明体,蛋黄呈现墨绿色或草绿色的不同色层,蛋黄心为橘黄色小溏心,不流不淌,气味芳香,即为优质皮蛋。若蛋白粘壳、烂头甚至水样液化,更严重者蛋黄呈黄红色且变硬,有辛辣碱味,即为碱伤皮蛋。若蛋白凝固较软,蛋黄溏心较大,有蛋腥味,即为未完全成熟的皮蛋。若蛋白呈灰白色、不透明,有不良气味,即为感染细菌而变质的皮蛋。

J. 包泥保质。皮蛋出缸后要及时涂泥包糠,其作用:一是保护蛋壳以防破损,因为鲜蛋经过浸泡后,蛋壳变脆易破损;二是延长保存期,防止皮蛋接触空气而变黄,以及污染细菌而变质;三是促进皮蛋后熟,增加蛋白硬度,尤其对因高温需提前出缸而蛋白尚软、溏心较大的皮蛋,更需涂泥包糠。方法是采用出缸后的残料加 30% ~40% 经干燥、粉碎、过筛的细黄泥调成浓稠浆糊状(注意不可掺生水),两手戴包料手套,左手抓稻糠,右手用泥刀取 50 ~60 g 料泥在左手稻糠上压平,放皮蛋于泥上,双手揉团捏拢搓几下即可包好,要包得均匀,不"露白"。实践证明,料泥中氢氧化钠浓度 2.5% 左右为宜,可抑制霉菌繁殖和促进皮蛋后熟,达到保质作用。

皮蛋出缸后,要及时洗蛋、及时晾蛋、及时检查、及时包蛋,否则很难保证皮蛋的质量。如在闷热、潮湿的季节,光身皮蛋存放几天后,皮蛋蛋白表面层将滑腻,蛋色"褪容",使皮蛋褪色变黄,严重者有异味,不能食用,因此要当天包料。

K. 装箱(缸)。包好料泥的皮蛋要及时装箱(缸),注意密封,保持料泥湿润,防止干裂脱落。外销皮蛋要装入专用的小塑料袋内,一个蛋装一个袋,并拧紧袋口,然后按规格和级别分别装箱。

② 硬心皮蛋加工法。

A. 原料蛋的准备。原料蛋及原材料的质量要求同浸泡法。硬心皮蛋加工时常采用植物灰为主要辅助材料。因此,植物灰应达到质量要求。一般不加氧化铅。

B. 灰料泥制备。料泥配方为:草木灰 30 kg、水 30 ~48 kg、纯碱 2.4 ~3.2 kg、生石灰 12 kg、红茶叶 1 ~3 kg、食盐 3 ~3.5 kg。

制料方法将茶叶投入锅中加水煮透,加石灰,待全溶后加碱加盐。经充分搅拌后捞出不溶物(不溶的石灰石必须用石灰补足量)。然后向此碱液中加草木灰,再经搅匀翻匀。待泥料开始发硬时,用铁铲将料取于地上使其冷却。为了防止散热过慢影响质量,地上泥块以小块为佳。次日,取泥块于打料机内进行锤打,直至泥料发黏似浆糊状为止,此时称熟料。将熟料取出放于缸内保存待用。使用时上下翻动使含碱量均匀。

C. 验料。简易验料法,即取灰料的小块于碟内抹平,将蛋白少量滴于泥料上,待 10 min 后进行观察。碱度正常的泥料,用手摸有蛋白质凝固呈粒状或片状有黏性感。无以上感觉为碱性过大。如果摸而有粉末感,为碱性不足。碱性过大或不足均应调整后使用。

D. 包灰泥料、装缸。每个蛋用料泥 30 ~ 32 g。泥应包覆均匀而牢固，因此应用两手搓捆蛋。包好后放入稻壳内滚动，使泥面均匀粘上稻壳，防止蛋与蛋粘在一起。

蛋放入缸内应放平放稳，并以横放为佳。装至距缸口 6 ~ 10 cm 时，停止装缸，进行封口。

E. 封缸、成熟。封缸可用塑料薄膜盖缸口，再用细麻绳捆扎好，上面再盖上缸盖，也可用软皮纸封口，再用猪血料涂布密封。

装好的缸不可移动，以防泥料脱落，特别在初期，成熟室温度以 15 ~ 25℃ 为适。要防止日光晒和室内风流过大。春季 60 ~ 70 d，秋季 70 ~ 80 d 即可出缸销售。

F. 贮存。成品用以敲为主、摇为辅的方法检出次蛋，如烂头蛋、水响蛋、泥料干燥蛋及脱料蛋、破蛋等。优质蛋即可装箱或装筐出售或贮存。

成品贮存室应干燥阴凉、无异味、有通风设备。库温 15 ~ 25℃，这样可保存半年之久。

(4)质量指标/产品特点

① 组织状态。优质松花蛋外包泥应均匀、完整、湿润、无霉变，敲摇时不得有响水声；蛋白呈凝固半透明状，有弹性。硬心松花蛋的蛋黄应凝固而中心处有可少量溏心；溏心松花蛋，蛋黄呈半黏胆状，中心处为凝固硬心。

② 色泽。蛋白呈棕褐色、玳瑁色或棕黄色半透明状，有松花花纹；蛋黄呈深、浅不同的墨绿色、茶色、土黄色和褐色。

③ 滋气味。具有松花蛋应有的滋味，无其他气味。如应有轻度的 H_2S 及 NH_3 味和不易尝出的苦辣味。

两种皮蛋的理化指标质量标准见表4-3。

表4-3　两种皮蛋的理化指标质量标准

指标	硬心松花蛋	溏心松花蛋
碱度	15°	10°
水分	68% ~70%	68% ~70%

指标	硬心松花蛋	溏心松花蛋
蛋白质	12%	12%
油量(以油酸计)	不低于12%	不低于12%
食盐	1.5% ~2%	0.5% ~1.0%
游离脂肪酸	不超过5.6%	—
灰分	2%左右	—
铅	3 ppm	—

④ 松花蛋的其他加工实例。

A. 烧碱(氢氧化钠)浸制皮蛋法。形成皮蛋的主要因素是氢氧化钠,因此,可用烧碱代替纯碱和石灰,烧碱的水溶液没有钙质沉淀,可利用料液自流,实现浸泡过程机械化。但用此法加工皮蛋时,由于料液较清渗入蛋内较快,皮蛋形成也较快,在短时间内皮蛋碱味很浓,故必须经过适当时间的成熟才能食用。

用烧碱(火碱,氢氧化钠)制作皮蛋,无钙泥附着,可减轻洗蛋操作,且料液浓度易掌握,适于大规模生产。

a. 配方。禽蛋10 kg、水10 kg、烧碱500 ~600 g、红茶末200 g、食盐400 g。

b. 加工方法。将红茶末用3 kg水加热熬制成深褐色茶汁,滤除茶叶备用。烧碱放入缸中,加7 kg水搅拌至完全溶解,倒入茶汁、盐搅匀,将禽蛋放入,压于液面下,加盖密封,置于20 ~25℃环境腌制13 d左右,取蛋剥壳检查,如蛋白凝固透明,将蛋取出,再用50%料液加50%凉开水混合液浸泡10 ~15 d即成。料液浓度高低可根据蛋白凝固状态酌情增减。皮蛋料液基本形成后,用凉开水冲掉蛋壳上的溶液,然后取黄土和已用过的料液调匀成浓浆糊状,按溏心皮蛋的包泥方法包于蛋壳表面,涂泥包糠后,再放入缸中,密封20 d成熟后,才可食用。

c. 产品特性。方便工业生产,缩短成型时间,品质较易把控。

B. 无铅硬心皮蛋的加工。

a. 配方。纯碱 1.0~1.6 kg、食盐 1.8 kg、生石灰 5 kg、植物灰 15 kg、红茶末 0.5~0.8 kg、水 22~28 kg、鸭蛋 1000 枚。

b. 加工方法。

加工季节:一般适宜于早春和晚秋加工,即从惊蛰至芒种(3 月 5 日~6 月 5 日)和从白露至霜降(9 月 8 日~10 月 25 日)加工。夏天因鲜蛋质量较差,配料不易掌握,因此成品易发生粘壳、炸黄、臭蛋等。冬天则色泽黄,易产生黄蛋。但如能调节车间温度,可常年加工。

料泥配制:称取辅料:各种辅料在称取前要进行小样试验,再根据试验结果确定各辅料用量,准确称取。

烧卤:用定量清洁冷水加红茶末在锅内煮沸,滤去残渣,即成卤液。

化灰:取约 90% 的卤液放入缸中,加入纯碱,稍加搅拌,促其溶解,待纯碱溶解后再分批加入生石灰,并不断搅拌,防止料液沸腾外溢。待生石灰完全溶解后,捞出未溶解的石块,并用预留的 10% 卤液冲洗石块,洗涤石块用卤液加入缸内。石块沥干后称重,并补足生石灰用量,然后加盐充分搅拌均匀,即成料卤。

拌料、起料、冷却:将以上料卤倒入搅拌机内、先加入一半植物灰,充分搅拌,然后再逐渐加入另一半植物灰并不断搅拌,直至成糊状。然后将其倒在水泥地面上,摊平,稍冷却后切成每块 15 kg 左右的长方形块,让其充分冷却。

打料:将充分冷却后的料泥块先铲成碎块,再铲入打料机中,打成纯熟的料泥。经测试合格后便可搓蛋。

搓蛋:将经检验合格、分级的鲜鸭蛋用制好的料泥包搓。取料泥时应在料钵口挤刮,料涂在蛋上要呈月牙形,要搓得不紧不松且均匀一致,不可有阴阳面和露白等现象。搓好后将蛋轻轻放在谷壳上,注意不要相互挤压,以防相互粘连。蛋料比例一般为 1∶0.65(允许范围 1∶0.62~1∶0.68)。在搓制前和搓制过程中要用铲将料泥翻匀。

滚糠装缸:将搓好料泥的蛋在谷糠中滚动,使其粘上一层谷糠,要求谷糠粘着牢固,蛋体圆正,均匀美观。然后将蛋装入清洁干燥的缸内,要求蛋横摆、平放,不能竖放,以使蛋黄居中。

封缸贮藏:蛋装缸后,应在缸内外注明时间、级别等,以便检查管理和出缸。然后加盖密封,可用新鲜猪血加适量石灰粉调成的血料封缸。封好后便可放入仓库贮藏成熟。要求仓库温度最好在20℃左右,冬季要求保温,夏季则要求库内凉爽,防止阳光直射和库内过于潮湿。

质量检查:应根据气温高低定期看样,如在4.4~10℃,17~20 d看样;26.7~32.1℃,8~10 d看样。为了了解成熟情况,掌握出缸时间,应经常抽查。一般一个月左右抽查一次,先进行摇检,再进行剖检。一般比较好的蛋,摇检时有震动感,弹性好,剥壳后,蛋白光亮透明,秋蛋呈绿黑色,春蛋呈茶褐色,松花明显美观,溏心正常。

摇蛋包装:皮蛋成熟后,应进行摇蛋检验。摇蛋应以敲为主,敲摇结合,通过敲摇挑选,剔除次劣蛋及外表霉变,大"天窗"露白、料泥过干、料蛋变形、重量过轻等影响内质和外观的蛋。然后将合格蛋进行按级包装,贮藏。

c. 产品特性。环保便捷,无铅环保,品质比较容易受季节和温度的影响。

C. 滚粉皮蛋加工。滚粉皮蛋其加工原理均与其他方法相同,所不同的是辅料先配制成粉料,再以滚粉方式包于蛋面。此法加工皮蛋简单易行,但要严格掌握厚薄,否则易影响皮蛋品质。

a. 配方。鸭蛋100只、碱粉100 g、生石灰100 g、食盐50 g、水35 g。

b. 加工方法。

原料蛋的选择:选用新鲜鸭蛋,要求蛋白浓厚澄清,蛋黄位于中心,照视时无蛋黄暗影,蛋白无任何斑点及斑块。

辅料的选择:滚粉法仅用碱粉(碳酸钠)、生石灰、食盐三种辅料。市售碱粉中,常有食碱(或称洗碱块),如用此种碱块为材料,应先经过加热脱水成为干粉,按配方称取重量。制皮蛋用的生石灰应选用新出炉的烧透的块状石灰。食盐最好用精盐(细盐),如无精盐可将粗盐研成细粉后使用。

生石灰的消化:生石灰加水消化,以每100 g生石灰加水35 g为合适。加水时要均匀,使生成的消石灰成细粉状,有利于下一步操作。

滚粉与密封:将上述配制好的石灰粉加入碱粉100 g(无结块),精盐50 g混合均匀即可使用。如放入小铁锅中,用锅铲混合均匀,锅下生火,使混合粉呈高温状态备用更好。此混合粉可供滚制中等大小的鸭蛋100只用。另取一盆清水,取黏土适量,放入搅和,使成稀薄泥浆。先把鸭蛋放入泥浆中浸泡,使蛋壳表面粘上一层薄薄泥浆,然后把蛋放入混合粉中滚动,使全蛋的外表都粘上一层薄薄的粉。滚好粉的蛋,随即放入坛中,坛口立即加盖用泥密封,或用双层塑料布扎坛口。如用塑料袋(厚的一层,薄的两层)盛蛋,扎好袋口,使不透气即可以。将皮蛋在手中颠颠,有震动感即已成熟。

制皮蛋以春天最符合。鸡蛋也可作皮蛋,用碱量较多,每100只鸡蛋需用碱粉150 g、生石灰150 g、精盐5 g,制作手续及注意事项与鸭蛋相同。

c. 产品特性。味道可口,操作简单。

D. 五香皮蛋加工。五香皮蛋是在配方中增加了某些香辛料,从而使皮蛋除了保持传统皮蛋的色、香、味以外,还具有独特的五香味,而且成熟期较短。与其他皮蛋加工相比,五香皮蛋在料液(泥)配制时,要将香辛料与茶叶共同加水熬煮。其他工序及操作方法一般与传统的浸泡法或包料泥法相似。这里仅介绍数种五香皮蛋的速成配方,以供参考。

a. 配方。鸭蛋150枚、纯碱5 kg、生石灰15 kg、黄土750 g、广丹250 g、花椒500 g、陈丹100 g、砂仁50 g、桂南100 g、山楂100 g、茶叶500 g、食盐4 kg、草木灰750 g、柏枝250 g、八角500 g、小茴香100 g、丁香100 g、玉果50 g、华芰100 g、良姜100 g、水78 kg。

b. 加工方法。浸泡法。用此配方浸泡皮蛋成熟期5~6 d;冷天需7~10 d。成品贮藏期可达4个月以上。该配方出蛋后所剩余的残料液还可再利用,但在利用前需添加一定剂量的纯碱和食盐并煮沸,且成熟期有所延长。残料液重复使用的次数不同,需添加的纯碱和食盐量也不同。一般第二次使用时需加纯碱2.0 kg,成熟期11~12 d;第三次使用加纯碱2.5 kg,成熟期16~17 d;第四次使用加纯碱2.5 kg,成熟期18~20 d。每次加食盐1.0 kg。

c. 产品特性。香味出众,口感更好,时间更短,操作简单。

E. 鹌鹑皮蛋加工。鹌鹑皮蛋加工原理和方法与鸭皮蛋基本相同。但由于鹌鹑蛋个体小,蛋重约 10 g,蛋壳薄,厚仅 0.2 mm,易破损,在加工工艺上要考虑这一特点。现就与鸭皮蛋加工不同之处简述如下。

a. 料液配制。水 10 kg、氢氧化钠(纯度为96%)0.42 kg、红茶0.3 kg、食盐0.25 kg、五香料160 g(桂皮、豆蔻、白、八角各40 g)。

按配方要求先将五香料、红茶和水放在锅中煮沸 15 ~ 20 min,然后用纱布将茶叶过滤,利用茶叶水,趁热加入氢氧化钠和食盐,充分搅拌使其完全溶解,静置 1 d,冷却到室温,测定氢氧化钠浓度,要求氢氧化钠浓度为 0.9 ~ 1.0 mol/L。

b. 加工方法。

装缸灌料:将检验后新鲜的鹌鹑蛋小心放入陶缸中,尽量减少人为的损失,每缸装蛋 10 ~ 20 kg,防止缸底蛋被压破,提高出品率。再将配好的冷却料液灌入缸内,使蛋淹没,盖上竹篾。

出缸:温度在20℃时,经18 ~ 20 d便可成熟,经检验合格者出缸。

包泥或涂膜:将残料与黄泥混合均匀后,在皮蛋表面包裹一薄层,滚上干燥、清洁的锯木屑。由于鹌鹑蛋个体小,用传统的包泥滚糠法操作困难,食用不便,可将晾干的鹌鹑皮蛋用医用液体石蜡或4%聚乙烯醇进行涂膜保质,使皮蛋进一步成熟,清洁卫生,食用方便。鹌鹑皮蛋蛋白晶莹如玉,有弹性和松花,蛋黄呈黄、橙、褐、绿、蓝诸色,溏心适中,带有清香滋味。

F. 水晶皮蛋的加工。

a. 料液配制。鸭蛋 500 g、生石灰 120 g、食用酒精 30 g、纯碱 30 g、食盐 20 g、大蒜泥 3 g、红茶末 4 g、醋酸锌 10 g、水 550 g。将所配料液入锅,用文火煮至 65 ~ 72℃时撤火,使料液温度降至40℃。

b. 加工方法。

入缸浸蛋:浸缸用瓦缸,将选好的鸭蛋放进缸中,蛋面距缸口约10 cm,将40℃的浸泡液慢慢倒入缸中,至液面高过蛋面8 cm,在液面放数根竹条,以压住浮起的鸭蛋,缸口用厚塑料布封紧。

浸后管理:皮蛋成熟期所需的温度应为 27～32℃。鸭蛋泡进缸后不能搬动,也不要随意翻蛋。当鸭蛋浸泡 7～8 d 时,可取出 1 个鸭蛋,先对着太阳或灯泡照光,若蛋黑不透亮,可敲开蛋的小头部分观察。如果蛋白凝固完全,弹性好,蛋白胶质体透明度较好,说明浸蛋已成熟、应立即出缸;若蛋白烂头,说明碱太强,应立即出缸,泡进另一个装有质量分数为 5% 的香醋液缸中,浸泡 30 h 左右;若蛋白胶质体软化不坚实,则说明碱性弱,应再泡 2 d 左右。

出缸晶化:皮蛋出缸后,先擦干蛋壳上的料液,依次放进盆中,加净水淹过蛋面,再将明矾粉均匀撒入水中,每 100 个鸭蛋用明矾 5 g,皮蛋在明矾液中浸泡 6 h 左右,即成水晶皮蛋。

保鲜处理:将适量的食品级石蜡放进电饭锅中加热熔化,用小刷子蘸蜡水薄薄地涂在皮蛋上,即可达到保鲜目的。

c. 产品特性。晶莹剔透,微黄透明,碱味较小,味道可口。

4.4.3　咸蛋

咸蛋主要用食盐腌制而成。蛋经盐水浸泡后,不仅增加其保藏性,而且滋味可口,因此咸蛋便由贮蛋方法变成了加工再制蛋的方法。食盐有一定的防腐能力,可以抑制微生物的发育,使蛋内物质的分解和变化速度延缓,所以咸蛋的保存期比较长。但食盐只能起到暂时的抑制作用,或减缓其变化速度,当食盐的防腐力被破坏或不能继续发生作用时,咸蛋仍会很快地腐败变质。所以,从咸蛋加工直到成品销售为止,必须为食盐的防腐作用创造条件,否则不管何种成品或半成品,仍会在其薄弱的环节中变坏。

食盐溶解在水中,可以发生扩散作用,对周围的溶质具有渗透作用。食盐之所以具有防腐能力,主要是产生渗透压的缘故。咸蛋的腌制过程,就是食盐通过蛋壳及蛋壳膜向蛋内进行渗透和扩散的过程。在腌制过程中,食盐溶液产生很大的渗透压,细菌细胞体的水分渗出,使细菌细胞的原生质起分离作用,于是细菌不能再进行生命活动,甚至死亡。由于腌制时食盐渗入蛋内,使蛋内水分脱出,降低了蛋内水分含量,而使食盐浓度提高,从而也抑制了细菌的生命活动。

同时,食盐可以降低蛋内蛋白酶的活性和降低细菌产生蛋白酶的能力,从而延缓了蛋的腐败变质速度。

当鲜蛋包以泥料或浸入食盐溶液中后,蛋内和蛋外两种溶液浓度不同而产生渗透压。因为盐溶液的浓度大于蛋内容物汁液的浓度,于是盐溶液所产生的渗透压也大于蛋的内部,从而使食盐通过气孔而渗入蛋内。其转移的速度除与浓度和温度成正比外,还和盐的纯度以及盐渍方法等因素有关。采用盐泥和灰料混合物腌蛋的方法比用盐溶液浸渍法要慢一些。而循环盐水浸渍的方法比一般的浸渍方法要快。食盐中所含氯化钠的成分越多,渗透的速度越快。如盐中含有镁盐和钙盐较多时,就会延缓食盐向蛋内的渗透速度,而推迟蛋的成熟期。蛋中脂肪对食盐的渗透有相当大的阻力,所以含脂肪多的蛋,比含脂肪少的蛋渗透得慢,也是咸蛋蛋黄不咸的原因。蛋的品质也有影响,原料蛋新鲜,蛋白浓稠的蛋成熟快;蛋白较稀的成熟慢。加工过程中,温度越高,食盐向蛋内渗透越快,反之则慢。

蛋内水分的渗出,是从蛋黄通过蛋白逐渐移到盐水中,食盐则通过蛋白逐渐移入蛋黄内。食盐对蛋白和蛋黄所表现的作用并不相同。对蛋白可使其黏度逐渐减低而变稀;对蛋黄则黏度逐渐增加而变稠变硬。

腌制的时间越长,蛋内容物的水分就越少,而干物质中的食盐含量就越多,尤其是蛋白的减少程度比蛋黄更显著。由于蛋内水分的减少以及蛋黄蛋白在腌制过程中有某种程度的分解,使蛋黄内脂肪成分相对增加。因此,咸蛋蛋黄内的脂肪含量,看起来要比鲜蛋多得多,使蛋黄出现"油露松沙"。

咸蛋主要是鸭蛋或鸡蛋用食盐腌制而成。食盐溶解于水后成为食盐溶液,食盐溶液通过蛋壳及蛋壳膜向蛋内渗透,由于食盐溶液具有很大的渗透压,能使微生物细胞体内的水分渗透出来,造成细胞内大量失水,因此,微生物不能生长繁殖,甚至死亡。所以咸蛋的保存期较长。

食盐向蛋内渗入的同时,蛋内的部分水分也向外渗出,蛋内水分减少,蛋内酶类的水解作用也受到影响,从而延缓了蛋内容物的分解速度。

此外,由于食盐渗入蛋内,使蛋具有咸蛋特有的风味。

(1)配方

鲜蛋、食盐、黄泥和草灰、水。

(2)工艺流程

咸蛋的加工方法很多,主要有草灰法、涂布法和盐水浸渍法等,各地采用的加工方法随地区而异,工艺流程大同小异,现选三种进行简单介绍:

① 草灰法。

配料→打浆→提浆、裹灰→点数入缸→成熟与管理→成品。

　　　　　　　　↑

　　　　鲜蛋筛选质检

② 盐泥涂布法。

鲜蛋筛选质检→配料→和泥→装缸→腌制→成熟→成品。

③ 盐水浸渍法。

鲜蛋筛选质检→配料→装缸→腌制→成熟→成品。

(3)操作要点

① 草灰法。

A. 原辅料的选择。

a. 鲜蛋:加工咸蛋主要用鲜鸭蛋,其次为鸡蛋,出口咸蛋必须用鲜鸭蛋为原料。鹅蛋也可加工成咸蛋来食用。为使咸蛋质量符合要求,加工前必须对鲜蛋进行感官鉴定、灯光透视、敲蛋和分级。要选择蛋壳完整、蛋白浓厚、蛋黄位居中心的鲜蛋作为原料蛋。严格剔除破壳蛋、钢壳蛋、大空头蛋、热伤蛋、血丝蛋、贴皮蛋、散黄蛋、臭蛋、畸形蛋、异物蛋等破、次、劣蛋。

b. 食盐:腌制咸蛋所用的材料主要为食盐,其他用料则依据加工方法不同而有所差异,如黄泥、草木灰等。食盐要符合食用食盐的卫生标准,要求白色、咸味、无可见的外来杂物;无苦味、涩味、臭味。氯化钠含量在12%以上。

c. 黄泥和草木灰:黄泥最好选用深层的黄泥土,黏性好、无异味、无杂土。草木灰应纯净、均匀,无石块、土块、木屑等杂质。

d. 水:加工咸蛋使用的水,应是符合饮用标准的净水。有条件时,可采用开水、冷开水以保证产品质量。

B. 配料。

a. 配料标准:各地加工咸蛋的配料标准有差异,要根据加工季节、消费习惯和人们的口味特点灵活变动。下面几种配料标准仅供读者参考选用。

5~10 月加工:鸭蛋 1 万只、稻草灰 150 kg、精制盐 45 kg、清水 125 kg。

11~4 月加工:鸭蛋 1 万只、稻草灰 150 kg、精制盐 50 kg、清水 125 kg。

江苏省:鸭蛋 1 万只、稻草灰 155 kg、黄土 13 kg、食盐 87.5 kg、水 202 kg。

安徽省:鸭蛋 1 万只、稻草灰 150 kg、黄土 12.5 kg、食盐 90 kg、水 150 kg。

湖南省:鸭蛋1 万只、稻草灰200 kg、食盐75 kg、水125 kg。

b. 打浆:先将食盐溶于水中,再将草木灰分批加入,在打浆机内搅拌均匀,将灰浆搅成不稀不稠的均匀状态。此时若将手放入灰浆中,手取出后皮肤色黑、发亮,灰浆不流、不起水、不成块、不成团下坠,灰浆放入盘内也不起泡。灰浆达到这种标准,过夜后即可使用。

c. 提浆、裹灰:提浆时将已排好的原料蛋放在经过静置搅熟的灰浆内翻转一下,使蛋壳表面均匀地粘上约 2 mm 厚的灰浆,再进行裹灰或滚灰。裹灰须注意干草灰不要裹得过厚或过薄,如过厚会降低蛋壳外面灰料中的水分,影响咸蛋腌制成熟时间;过薄则使蛋外面灰料发湿,易造成蛋与蛋之间相互粘连。一般裹灰应达 2 mm 厚。裹灰后还要捏灰,即用手将灰料紧压在蛋外。捏灰要松紧适宜,滚搓光滑,厚度均匀一致,无凹凸不平或厚薄不均匀现象。

d. 点数入缸:经过裹灰、捏灰后的蛋即可点数入缸或入篓。如装缸,最后要用棉纸和泥料将缸盖密封好。如使用竹篓,在装蛋前在篓底及四周要垫铺包装纸,装蛋后再盖上一层纸,而后将木盖盖于竹篓上。出口咸蛋一般使用尼龙袋、箱包装。

e. 咸蛋的成熟与管理:咸蛋的成熟快慢主要由食盐的渗透速度决定,而食盐的渗透又受温度的影响,所以要适当控制成熟间内的温度、湿度。一般情况下,夏季需 20~30 d,春季、秋季需 40~50 d。贮藏库温度应控制在 25℃以下,贮存期一般不超过三个月。尤其是夏季腌制的蛋,最好及时组织销售,不宜久藏。

② 盐泥涂布法。

A. 原辅料的选择。原辅料的选择标准参照草灰法。

B. 配料。鲜鸭蛋 2000 枚、食盐 12 kg、黄泥 23 kg、清水 15~16 kg。

配料时应注意:食盐的配制比例应随季节和气温的变化而有所增减。如黄梅季节,每 8000 枚鲜蛋,用盐量增加 1 kg,夏季用盐量增加 0.5 kg。潮湿霉变和带有腐质杂泥等的黄泥及河泥不得使用,以免由于泥质不洁而影响成品蛋的质量。

C. 搅拌泥。搅拌泥俗称和泥。无论机器和泥或人工和泥,要将定量的土、盐、水等调和成均匀的浆糊状,做到盐泥搅彻,无泥仔,无盐团,浆面无水纹,黏稠适当。一般食盐浓度大约 23.5%。

D. 腌蛋。将鲜蛋浸入泥浆中,使蛋周身沾满泥浆,待放入缸中装满后,再洒些泥浆在蛋的上面,俗称封头。

E. 成熟。腌蛋的成熟时间因季节和盐量而异。一般 40~80 d。

③ 盐水浸泡法。

A. 原辅料的选择。原辅料选择标准参考上述两种方法。

B. 配液。配制的盐溶液浓度为 15%~22%,即清水 80~85 kg,加食盐 15~20 kg,可泡鲜鸭蛋 1800~2000 枚,或鲜鸡蛋 2000~2400 枚。

配液时将清水和定量的食盐煮沸,舀去液面上的泡沫杂质。待盐水凉透后,即可浸泡腌制。另外,还可用煮沸的开水冲泡食盐,待其溶化和凉透后即可浸泡鲜蛋。

C. 装缸。盐液配好后,将选剔好的鲜蛋轻轻放入缸内,装满后用竹篾盖或木板条将蛋压实扣牢,使所浸泡的鲜蛋低于液面 10 ~ 20 cm。

D. 腌蛋。将鲜蛋完全浸入盐水中。

E. 成熟与保管。在咸蛋浸泡期间,要避免发生室温过高或通风不良等情况。一般室温应控制在 20 ~ 28℃,并应避免日光直晒。缸或罐口须封严。其成熟时间为 35 d 左右,保质期为 20 ~ 30 d。浸制 2 个月后咸蛋的蛋黄油质特别显著,3 个月以后又逐渐减少,蛋黄硬化,蛋白变老,外壳产生黑斑点。盐水浸泡的咸蛋不宜久贮,加上盐水长时间的放置会有不同程度的沉淀,从而使底部盐分较浓,咸蛋上下的咸度不均,因此不宜大批量加工。

(4)质量要求

咸蛋的质量要求包括:蛋壳状况、气室大小、蛋白状况(色泽、有无斑点及细嫩程度)、蛋黄状况(色泽、是否起油)和滋味等。

① 蛋壳:咸蛋蛋壳应完整、无裂纹、无破损,表面清洁。

② 气室:应该小。

③ 蛋白:蛋白纯白、无斑点、细嫩。

④ 蛋黄:色泽红黄,蛋黄变圆且黏度增加,煮熟后黄中起油或有油析出。

滋味:咸味适中,无异味。

4.4.4 卤蛋

卤蛋是我国传统的特色蛋制品之一,一直深受人们的喜爱。目前,市场上的卤蛋普遍存在着风味单薄、蛋白组织较嫩和蛋黄粘牙糊口、食之欠爽等缺陷。针对上述不足,在继承传统工艺的同时增加了烘制工艺,从配方、浸泡时间、烘烤温度、烘烤时间和烘烤方式等几个方面对卤蛋成品质量的影响进行了研究,制作出具有独特风味且口感优雅的新型卤蛋制品。

(1)配方

配方 1:鸡蛋 100 枚、白糖、酱油各 1 kg、茴香、桂皮各 75 g、丁香、甘草、葱各 25 g、食盐 120 g、绍酒 750 g。

配方2:鸡蛋100枚,白糖、酱油各2 kg,黄酒1 kg,葱500 g,红曲400 g,食盐250 g,姜200 g,茴香、桂皮各150 g,水10 kg。

配方3:鸡蛋100枚,酱油2 kg,白糖1.5 kg,甘草300 g,食盐150 g,茴香、桂皮各100 g,丁香50 g,水10 kg。

配方4:鸡蛋100枚,酱油2.5 kg,白糖、茴香、桂皮各800 g,食盐、丁香各200 g,黄酒、甘草各500 g,水10 kg。

（2）工艺流程

原料蛋挑选→清洗消毒→预煮→冷却→蛋壳处理→卤制→烘制→真空包装→高温灭菌→冷却质检→包装→成品。

（3）操作要点

① 原料蛋挑选。要求原料蛋蛋壳完整,新鲜度高,无污染,挑出流清蛋等次劣蛋。

② 清洗消毒。鲜蛋放入清水池中浸泡,用毛刷洗净表面的污物然后放入含有效氯浓度为100～200 mg/kg的次氯酸钠溶液或0.5%氢氧化钠溶液中浸泡4～5 min,确保蛋表面彻底消毒,再用清水冲淋蛋壳表面,除尽蛋壳表面的余氯或余碱。

③ 预煮。将清洗后的鸡蛋放入夹层锅内,加入清水和适量食盐,用文火煮沸后保持微沸4～5 min,使蛋白和蛋黄刚刚凝固即可,取出在冷水中冷却。煮制时注意控制温差变化,以免造成破损。

④ 蛋壳处理。分剥壳和不剥壳2种。剥壳时注意保证蛋白的完整性并去除蛋白上薄膜,使在卤制及烘制中上色均匀;不剥壳的则宜轻轻敲击,使蛋壳微裂但不脱落,同时蛋壳膜要完好。

⑤ 卤制。先煮制,按比例将各种香辛料用纱布包好做成调料包,放入盛有定量清水的夹层锅中煮沸,保持微沸0.5 h,然后加食盐、白糖、焦糖色素、鸡精和鲜味剂,煮沸后开始卤蛋。卤制时确保料液高出蛋面,保持微沸煮制60 min,使调料和香味慢慢浸透蛋白中。然后浸泡。在4～10℃条件下,按卤液和蛋重量1:1的比例进行浸泡。浸泡卤制车间必须卫生清洁,防止微生物污染。浸泡时料液全部淹没蛋,使香味更充分地进入蛋内。

⑥ 烘制。浸泡后取出晾干,放入烘房,经不同烘烤温度、烘烤时

间和烘烤方式烘制后冷却待包装。

⑦ 真空包装。卤蛋经冷却晾透后进行真空包装(- 0. 095 ~ - 0. 100 MPa的真空度)。

⑧ 高温杀菌。采用杀菌公式 15 ~ 25 min/118℃,反压冷却至常温。

⑨ 质检和包装。挑出破袋和涨袋等不合格产品,对质检合格的产品进行外包装。

(4)质量要求

色泽浓郁,卤味厚重,营养丰富,食用方便。

4.4.5 茶叶蛋

五香茶叶蛋,又称茶叶蛋,是我国一种历史悠久的风味蛋制品,颇受消费者欢迎。因其加工时使用了茶叶、桂皮、八角、小茴香、食盐五香调味香料,故称其为"五香茶叶蛋"。不过各地的用料有一定差异。

(1)配方

配方 1:鲜蛋 100 枚,茶叶 100 g,食盐 100 g,食盐 150 g,八角、小茴香、桂皮各 20 g,水 5 kg。

配方 2:鲜蛋 100 枚,茶叶 100 g,食盐 150 g,酱油 400 g,小茴香、桂皮各 25 g,丁香 10 g,水 5 kg。

配方 3:鲜蛋 100 枚,茶叶、食盐各 150 g,酱油 500 g,桂皮 150 g,八角 15 g,水 10 kg。

配方 4:鲜蛋 100 枚,茶叶 100 g,食盐 75 g,红糖 50 g,八角、花椒各 20 g。

(2)工艺流程

原料蛋挑选→清洗→预煮→冷却→蛋壳处理→卤制→浸泡→冷却→成品。

(3)操作要点

A. 原料蛋挑选。要求原料蛋蛋壳完整,新鲜度高,无污染,挑出流清蛋等次劣蛋。

B. 清洗消毒。鲜蛋放入清水池中浸泡,用毛刷洗净表面的污物。

C. 预煮。将清洗后的鸡蛋放入夹层锅内,加入清水和适量食盐,用文火煮沸后保持微沸 4～5 min,使蛋白和蛋黄刚刚凝固即可,取出在冷水中冷却。煮制时注意控制温差变化,以免造成破损。

D. 蛋壳处理。待蛋冷透后,取出击破蛋壳,使裂纹布满整个蛋面,或用两手轻轻搓蛋,使整个蛋壳破碎。

E. 卤制。按配方将各种辅料及水放入锅中,再将击破蛋壳的蛋放入锅内,使蛋全部被淹没在料液中。蛋入锅后,先用常火将料液烧开,再改用文火焖煮约 1 h 即可。

F. 浸泡。在原料液中再浸泡 6～8h,其风味更好。因此,五香茶叶蛋一般均浸泡在原料液中贮存,随吃随取。

(4)产品特点

成品茶色,香味浓郁,呈虎皮纹,油光清亮,鲜香可口。

4.5　中式早餐奶制品

奶制品是一种营养丰富的食品,含有大量蛋白质、维生素、矿物质和脂肪,而且易消化吸收。包括牛奶以及以牛奶为基础加工而成的酸奶、奶酪等奶制品。奶类为人体提供优质的蛋白质。奶类食物也是钙的主要来源,应占早餐的 10%。

如今,喜欢饮用奶制品的人日益增多,尤其牛奶几乎已经成为人们生活中的最佳营养食品。奶制品可提供全面均衡的营养素,为人体健康和生长发育提供物质基础。据第四次全国营养调查结果显示,我国膳食供应最不足的营养素是钙、维生素 A 和维生素 B_2,而奶制品正是这几种营养素的最佳来源。中国乳业起步晚、起点低,但发展迅速。未来全球乳业的快速增长主要依靠市场消费拉动,而中国拥有 14 亿多人口,是世界最大的消费市场。目前,我国居民平均每人每年摄入牛乳约 10 kg,而全球人均为 100 kg,欧美发达国家达到 300 kg,与我国相邻的日本、韩国人均消费也在 80 kg 左右,我国牛乳消费有较大的增长潜力。因此,乳制品行业被社会称为"朝阳"产业,在这种形势下,我国对乳制品加工技术人员的需要量不断增大。

4.5.1　灭菌乳

灭菌乳又称消毒乳,是指以新鲜牛乳、稀奶油等为原料,经净化、杀菌、均质、冷却、包装后,直接供应消费者饮用的商品乳。按照灭菌方式分类常见的为巴氏灭菌乳和超高温灭菌乳。

巴氏灭菌是指杀死引起人类疾病的所有病原微生物及最大限度地破坏腐败菌和乳中酶,以确保产品安全性的一种加热方法。

超高温灭菌乳(又称 UHT 灭菌乳)是指将原料乳加热到 130~150℃,保持几秒钟以达到商业无菌水平,然后在无菌状态下灌装于无菌包装容器中的产品。产品无须冷藏,可以在常温下长期保存。

(1)巴氏灭菌乳

① 配方。新鲜液态乳、常用牛乳。

② 工艺流程。

原料乳的验收→过滤或净化→标准化→均质→巴氏杀菌→冷却→灌装→封盖→装箱→冷藏。

③ 操作要点。

A. 原料乳的验收。灭菌乳的质量取决于原料乳,因此对原料乳的质量必须严格管理,认真检验。主要的检验项目为:色泽、滋味、气味、温度、相对密度、酒精试验、酸度、脂肪、细菌数(直接镜检法)、杂质等。必要时抽查抗菌物质、残留农药(DDT、BHC)、乳房炎菌和进行亚甲蓝试验等。只有符合标准的原料乳才可生产消毒乳,不符合标准的乳可加工成其他制品。

B. 过滤或净化。为了除去原料乳中的尘埃、杂质,原料乳验收合格后必须进行过滤净化。最简单的方法是用三层纱布过滤,有的厂家用双联过滤器过滤。生产保质期较长的灭菌乳时,还应进行净乳处理,以除去乳中细小的机械杂质及一些细菌细胞。

C. 标准化。标准化是为了确定巴氏杀菌乳中的脂肪含量,以满足不同消费者的需求。一般低脂巴氏杀菌乳的脂肪含量为 1.5%,常规巴氏杀菌乳的脂肪含量为 3%。但是不同的国家有不同的规定,有时脂肪含量可降低至 $0.1\% \sim 0.5\%$ 。为了保证达到法定要求的脂肪含量,在半脱脂乳和标准化乳生产中需要进行标准化,而脱脂乳是一种稀奶油的分离产品,原则上无须标准化。因此,凡不符合标准的原料乳,都必须进行标准化以后,才能用于加工。如果规定的产品含脂率高于全脂乳的含脂率,就必须除去部分脱脂乳;反之则应分离多余的脂肪。一般情况下,标准乳的含脂率通常比全脂乳的含脂率要低,因而,多余的脂肪可以用于加工奶油等产品。

标准化的方法:标准化有三种不同的方法,即预标准化、后标准化和直接标准化。

a. 预标准化:预标准化是指在巴氏杀菌之前把全脂乳分离成稀奶油和脱脂乳。如果标准化乳脂率高于原料乳中的乳脂率,则需要将稀奶油按照计算比例与原料乳在罐中混合以达到要求的含脂率;如果标准化乳脂率低于原料乳中的乳脂率,则需要将脱脂乳按照计算比例与原料乳在罐中混合以达到稀释的目的。

b. 后标准化:后标准化是在巴氏杀菌之后进行,方法同上,它与预标准化不同的是二次污染的可能性更大。

以上两种方法都需要使用大型的、等量的混合罐,分析和调整工作比较耗时。

c. 直接标准化:直接标准化是与现代化的乳制品大生产相结合的方法,其主要特点是:快速、稳定、精确、与分离机联合运作、单位时间内处理量大。将牛乳加热至 $55 \sim 65℃$,按照预先设定好的脂肪含量,分离出脱脂乳和稀奶油,并根据最终产品的脂肪含量,由设备自动控制回流到脱脂乳和稀奶油的流量,多余的稀奶油会流向稀奶油巴氏杀菌机。

D. 均质。由于脂肪球直径较大,相对密度较小,放置一定时间后乳中的脂肪会上浮,形成一层淡黄色脂肪层。均质使乳脂肪球在强机械作用力下被破碎成小脂肪球,其目的是防止脂肪的上浮分离,并改善乳的消化吸收程度。均质时须将乳预热到 $60℃$ 左右,然后使其通过 $14 \sim 21$ MPa 的均质阀而使脂肪球粉碎。经均质后,除了脂肪球被破碎外,蛋白质颗粒也变小了。故当牛乳凝固时,形成的凝块较软,组织光滑,黏度增加。均质设备除了高压均质机外,还有离心均质机和超声波均质机等。

经过均质处理后的脂肪球直径可以控制在 1 μm 左右,这时乳脂肪表面积增大,浮力下降,乳可以长时间保持不分层。均质处理后的牛乳具有以下优点:风味良好,口感细腻;不会产生脂肪上浮现象;表面张力降低,改善了牛乳的消化、吸收程度。

一般采用两段均质。两段均质是指将物料连续通过两个均质阀头,一段均质阀将脂肪球破碎,压力为 17 ~ 21 MPa,第二段均质阀将粘在一起的小脂肪球打开,从而提高均质效果,压力为 3.5 MPa,均质前将乳预热至 50 ~ 65℃。

E. 巴氏杀菌。杀菌或灭菌不仅影响消毒乳的质量,而且影响其风味、色泽和保存期。因此,巴氏杀菌的温度和持续时间必须准确。如果巴氏杀菌太强烈,那么该牛奶就会有蒸煮味和焦糊味,稀奶油也会产生结块或凝聚。一般牛奶高温短时巴氏杀菌的温度通常为75℃、15 ~ 20 s 或 80 ~ 85℃、10 ~ 15 s。

均质破坏了脂肪球膜并暴露出脂肪,与未加热的脱脂奶(含有活性脂肪酶)重新混合后缺少防止脂肪酶侵袭的保护膜,因此混合物必须立即进行巴氏杀菌。

F. 冷却。乳经杀菌后,虽然绝大部分细菌已被消灭,但在以后各项操作中还有污染的可能。为了抑制乳中细菌的生长繁殖,增加保存性,杀菌后仍须及时进行冷却。采用片式杀菌器时,乳通过冷却区段后已冷却至4℃。如用保温缸或管式杀菌器时,须用冷排或其他方法将乳冷却至 2 ~ 4℃。冷却后的乳应直接分装,及时分送给消费者。如不能立即发送,也应贮存于5℃以下的冷库内。

G. 灌装、封盖、装箱及冷藏。

a. 灌装的目的:主要是便于分送和零售,防止外界杂质混入成品中,防止微生物再污染,保存气味,防止其吸收外界气味而产生异味,防止维生素等成分受损失等。

b. 灌装容器:目前我国小型乳品厂采用的灌装容器主要为玻璃瓶,有些生产厂家采用聚乙烯塑料瓶或塑料袋。国际上乳品工业较发达的国家,采用塑料夹层纸及铝箔夹层纸将牛乳包装成粽子形或方柱形,这种包装方式多用于超高温灭菌乳。

c. 灌装方法:瓶装时,大型工厂多采用自动装瓶机和自动封瓶机,并与洗瓶机直接连接。这种机器的工作过程如下:洗净的乳瓶由传送带从洗瓶机送到自动装瓶机,用纸盖将奶瓶封好,随后加封纸罩。封好的奶瓶落到输出台上,自动装入箱内,然后移至5℃以下的冷库保藏或直接发送。

d. 纸袋包装:乳用玻璃瓶包装时,瓶的重量几乎等于所装乳的重量,而且玻璃瓶还需每天收回、清洗、消毒。所以使用玻璃瓶时需要消耗大量的劳动力、燃料、水电和运输工具等,瓶的破损率也很大。因此,一些国家采用纸制容器——塑料涂膜夹层纸。其包装方法为:塑料涂膜夹层带经过圆辊进入机器,在这里纸带先经过紫外线杀菌,然后卷成纵向的纸筒,当纸筒通过出乳口时,乳就装入纸筒再转移到下部,在这里有两对加热板,以垂直方向对纸筒加压,同时封闭装好乳的纸筒口,然后再由剪断机剪成粽子形。

④ 质量要求。色泽呈现乳白色或者略微带黄色;液体组织状态呈现均匀一致,无凝块,无沉淀,无正常视力可见异物;具有乳固有的香味,无异味;滋味可口且微发甜。

(2)超高温灭菌乳的加工

① 配方。新鲜液态乳,常用牛乳。

② 工艺流程。

原料乳的验收→过滤或净化→标准化→超高温灭菌→均质→脱气→灭菌→冷却→灌装→封盖→装箱→冷藏。

两种杀菌乳工艺的主要不同之处在于对牛乳的热处理强度不同,因而热处理效果不同。超高温灭菌(简称 UHT)是采用升高灭菌的温度和缩短灭菌保持的时间的灭菌方式,通常超高温灭菌的温度在 135~150℃,牛乳在该温度下保持很短的时间(数秒钟)以达到商业无菌水平,然后在无菌状态下灌装于经灭菌的包装容器中。由于采用了超高温瞬时杀菌工艺,因而在保证灭菌效果的同时减少了产品的化学变化,较好地保持了牛乳原有的品质。

③ 操作要点。

A. 原料验收与预处理。灭菌乳生产的原料乳质量必须非常好，特别是乳中蛋白质在热处理过程中不能失去稳定性，可以用72%的酒精试验进行快速判定。

B. 过滤、净化、标准化。具体流程要点同巴氏灭菌法。

C. 超高温灭菌。UHT乳的热处理分两段进行：第一阶段为巴氏杀菌过程，杀菌条件为85℃、20 s，其目的是杀死嗜冷菌；第二阶段为UHT灭菌，直接加热法是将乳喷到一定压力下的蒸汽室内或将蒸汽注入乳中，在蒸汽瞬间冷凝的同时加热牛乳到140~150℃，保持1~4 s后，乳进入减压蒸发室，将乳中由蒸发液化而来的水分等量蒸发出去，同时将乳迅速冷却，又称闪蒸。间接加热法用管式或板式热交换器进行加热，通过热交换器将乳加热到135~140℃，保持2~5 s后，迅速冷却到20℃。

D. 均质。采用间接加热法，UHT乳在巴氏杀菌后，乳冷却到60℃进行均质，通常采用两段均质，第一段均质压力为20 MPa，第二段为5 MPa。

而直接加热法在闪蒸后冷却到55~60℃，再在无菌条件下进行均质，采用两段均质，第一段均质压力为40 MPa，第二段为5 MPa，均质后的牛乳迅速冷却至20℃。

E. 脱气。采用间接加热UHT乳时，应通过脱气的方法除去产品中的氧，否则产品氧气含量过高会导致氧化味的产生和贮存过程中一些维生素的损失。而直接加热法乳在闪蒸冷却过程中就完成了脱气。

F. 无菌灌装。冷却后的牛乳直接进入无菌灌装机，该过程包括包装材料或容器的灭菌，在无菌环境下灌入商业无菌的产品，并形成足够紧密防止再污染的包装容器。无菌灌装系统是生产UHT产品不可缺少的。灌装乳管路、包装材料及周围空气都必须灭菌。牛乳管路同灭菌设备相连，有来路，还有回路，在灭菌设备进行灭菌时一同进行灭菌。包装材料为平展纸卷，先经过氧化氢溶液（浓度为30%左右）槽，达到化学灭菌的目的。当包装纸形成纸筒后，再经一种由电器元件产生的热辐射,即可达到灭菌目的。同时这一过程可将过氧化氢转换成向上排出的水蒸气和氧气,使包装材料完全干燥。消毒空气系统采用压缩空气,从注料管周围进入纸卷,然后由纸卷内周向上排出,同时受电器元件加热,带走水蒸气和氧气。

④ 质量要求。同上述巴氏灭菌乳的质量要求。

4.5.2 发酵乳

发酵乳(酸乳)就是乳和乳制品在特征菌的作用下发酵而成的酸性凝乳状制品,该类产品在保质期内的特征菌必须大量存在,能继续存活且具有活性。因此,发酵乳是指在乳中添加乳酸菌(保加利亚乳杆菌和嗜热链球菌),经乳酸发酵制成的凝乳状产品。成品中必须含有大量与之相应的活性微生物。

发酵乳制品营养全面,风味独特,比牛乳更易被人体吸收利用。有以下作用:

①抑制肠道内腐败菌的生长繁殖,对便秘和细菌性腹泻具有预防治疗作用。

②发酵乳中产生的有机酸可促进胃肠蠕动和胃液分泌,胃酸缺乏症患者,每天适量饮用发酵乳,有利于恢复健康。

③可以克服乳糖不耐症。

④酸乳中的 3 - 羟基 - 3 - 甲基戊二酸和乳酸能够明显降低胆固醇,可预防老年人患心血管疾病。

⑤发酵乳在发酵过程中,乳酸菌可产生抗诱变化合物活性物质,具有抑制肿瘤产生的潜能,同时还可提高人体的免疫功能。

⑥饮用发酵乳对预防和治疗糖尿病、肝病也有一定的效果。

根据产品的加工方式和组织状态,酸奶可分为凝固型酸奶和搅拌型酸奶两大类。两类酸奶的加工方式、原材料要求、发酵剂类型、产品的微生物学指标等有许多相似之处。

(1)凝固型酸乳

① 配方。原料乳、脱脂乳粉、稳定剂、糖和果料。

② 工艺流程。

原料乳的净化→标准化→配料→均质→灭菌→冷却→接种→容器杀菌→灌装→发酵→冷藏→成品。

$\uparrow$

发酵剂

③ 操作要点。

A. 原料乳的质量要求。用于加工酸乳的原料乳必须是高质量的,要求酸度在 18°T 以下,杂菌数不高于 $5 \times 10^5 cfu/mL$,乳中全乳固体不得低于 11.5%,不得含有抗生素。

B. 酸乳加工中使用的其他原辅料。

a. 脱脂乳粉:用作发酵乳的脱脂乳粉要求质量高、无抗生素和防腐剂。脱脂乳粉可提高干物质含量,改善产品组织状态,促进乳酸菌产酸,一般添加量为 1%~1.5%。

b. 稳定剂:在酸乳加工中,通常添加稳定剂。常用的稳定剂有明胶、果胶、CMC – Na 和琼脂等,其添加量应控制在 0.1%~0.5%。

c. 糖及果料:在酸乳加工中,常添加 6%~9% 的蔗糖或葡萄糖。在搅拌型酸乳中经常使用果料及调香物质,如果酱等。在凝固型酸乳中很少使用果料。

C. 原料乳的净化。暂存缸内的原料奶通过净乳机净乳,净乳机的高速离心分离作用除去原料奶中的机械杂质,净乳后的原料奶通过板式换热器迅速降温至 4℃ 以下,打入生奶仓暂存,暂存温度不超过 5℃。

D. 乳的标准化。目前乳品工厂对原料乳进行标准化,一般是通过添加原料组成、浓缩原料乳和重组原料乳三种途径。

a. 直接加混原料组成:通过在原料乳中直接加混全脂或脱脂乳粉或强化原料乳中的乳成分(如加入乳清粉、酪蛋白粉、奶油、浓缩乳等)来达到原料乳标准化的目的。

b. 浓缩原料乳:原料乳通常通过蒸发浓缩、反渗透浓缩或超滤浓缩的方法进行浓缩。

c. 复原乳:由于奶源条件的限制,以脱脂乳粉、全脂乳粉、无水奶油等为原料,根据所需原料乳的化学组成,用水来配制成标准原料乳。

E. 配料。一般添加 6% ~9% 的蔗糖,将原料乳加热到 50℃ 左右,再加入蔗糖,待 65℃ 时,用泵循环通过纱布滤除杂质。

F. 均质。均质处理可使原料充分混匀,有利于提高酸乳的稳定性和黏稠度,使酸乳质地细腻,口感良好。均质所采用的压力一般为 20 ~25 MPa。

G. 杀菌、冷却。杀菌的目的在于杀灭原料乳中的杂菌,确保乳酸菌的正常生长和繁殖,钝化原料乳中对发酵菌有抑制作用的天然抑制物;使牛乳中的乳清蛋白变性,以达到改善组织状态,提高黏稠度和防止成品中乳清析出的目的。杀菌条件一般为:90 ~95℃ ,5 min。

H. 接种。杀菌后的乳应马上冷却到 45℃ 左右,以便接种发酵剂。接种量根据菌种活力、发酵方法、加工时间的安排和混合菌种配比而定。一般加工发酵剂,其产酸活力在 0.7% ~1.0%,此时接种量应为 2% ~4%。加入的发酵剂应事先在无菌操作条件下搅拌成均匀细腻的状态,不应有大凝块,以免影响成品质量。发酵剂活力弱或接种量太少会造成酸乳的凝固性下降。

I. 灌装。可根据市场需要选择玻璃瓶或塑料杯等容器,在灌装前需对容器进行清洗和蒸气灭菌。对一些灌装容器上残留的洗涤剂(如氢氧化钠)和杀菌剂(如氯化物)须清洗干净,以免影响菌种活力,确保酸乳的正常发酵和凝固。

J. 发酵。用保加利亚乳杆菌与嗜热链球菌的混合发酵剂时,温度应保持在 41 ~42℃ ,培养时间 3 ~4 h(2% ~4% 的接种量)。灌装后的包装容器放入敞口的箱子里,互相之间留有空隙,使培养室的热气和冷却室的冷气能到达每一个容器。箱子堆放在托盘上送进培养室。在准确控制温度的基础上,能够保证质量的均匀一致。达到凝固状态时即可终止发酵。

发酵终点可按以下方法来判断:滴定酸度达到 70 以上;pH 值低于 4.6;酸乳变黏稠,凝固。

发酵时应注意避免振动,否则会影响组织状态;发酵温度应恒定,避免温度波动;掌握好发酵时间,防止酸度不够或过度以及乳清析出。

K. 冷藏、后熟。发酵好的凝固酸乳,应立即移入 0 ~ 4℃的冷库中,迅速抑制乳酸菌的生长,以免继续发酵而造成酸度升高。在冷藏期间,酸度仍会有所上升,同时风味成分双乙酰含量会增加。试验表明,冷藏 24 h,双乙酰含量达到最高,超过 24 h 又会减少。因此,发酵凝固后须在 0 ~ 4℃贮藏 24 h 后再出售,通常把该冷藏过程称为后熟,一般最大冷藏期为 7 ~ 14 d。

④ 质量要求。色泽呈现均匀一致的乳白色或微黄色;具有酸牛乳固有的滋味和气味;组织细腻、均匀,允许有少量乳清析出;果料酸牛乳有果块或者果料。

(2)搅拌型酸乳

① 配方。原料乳、脱脂乳粉、稳定剂、糖和果料。

② 工艺流程。

原料乳的净化→标准化→配料→均质→灭菌→冷却→接种→
发酵→冷却搅拌→容器杀菌→灌装→冷藏→成品。
↑
发酵剂

③ 操作要点。搅拌型酸乳的加工工艺及技术要求基本与凝固型酸乳相同,其不同点主要是搅拌型酸乳多了一道搅拌工艺,这也是搅拌型酸乳的特点。根据加工过程中是添加果蔬料或果酱,搅拌型酸乳可分为天然搅拌型酸乳和加料搅拌型酸乳。下面只对与凝固型酸乳的不同点加以说明。

A. 发酵。搅拌型酸乳的发酵是在发酵罐中进行的,应控制好发酵罐的温度,避免波动。发酵罐上部和下部温差不要超过 1.5℃。

B. 搅拌。通过机械力破碎凝胶体,使凝胶体的粒子直径达到 0.01 ~ 0.4 mm,并使酸乳的硬度和黏度及组织状态发生变化。在搅拌型酸乳的加工中,这是一道重要的工序。

a. 搅拌的方法:机械搅拌使用宽叶片搅拌器,搅拌过程中应注意既不可过于激烈,也不可搅拌时间过长。搅拌时应注意凝胶体的温度、pH 及固体含量等。通常搅拌开始用低速,以后用较快的速度。

b. 搅拌时的质量控制。

温度:搅拌的最适温度为 0~7℃,但在实际加工中使 40℃的发酵乳降到 0~7℃不太容易,所以搅拌时的温度以 20~25℃为宜。

pH 值:酸乳的搅拌应在凝胶体的 pH < 4.7 时进行,若在 pH > 4.7时搅拌,则因酸乳凝固不完全、黏性不足而影响其质量。

干物质:较高的乳干物质含量对搅拌型酸乳防止乳清分离能起到较好的作用。

C. 冷却。搅拌型酸乳冷却的目的是快速抑制乳酸菌的生长和酶的活性,以防止发酵过程产酸过度及搅拌时脱水。冷却在酸乳完全凝固(pH 4.6~4.7)后开始,冷却过程应稳定进行,冷却过快将造成凝块收缩迅速,导致乳清分离;冷却过慢则会造成产品过酸和添加果料的脱色。搅拌型酸乳的冷却可采用片式冷却器、管式冷却器、表面刮板式热交换器、冷却罐等。

D. 管道流速和直径。凝胶体在通过泵和管道移送及流经片式冷却板片和灌装过程中,会受到不同程度的破坏,最终影响到产品的黏度。凝胶体在经管道输送过程中应以低于 0.5 m/s 的层流形式出现,管道直径不应随着包装线的延长而改变,尤其应避免管道直径突然变小。

E. 混合、灌装。果蔬、果酱和各种类型的调香物质等可在酸乳自缓冲罐到包装机的输送过程中加入,这种方法可通过一台变速的计量泵连续加入酸乳中。在果料处理中,杀菌是十分重要的,对带固体颗粒的水果或浆果进行巴氏杀菌,其杀菌温度应控制在能抑制一切有生长能力的细菌,而又不影响果料的风味和质地的范围内。

酸乳可根据需要,确定包装量和包装形式及灌装机。

F. 冷却、后熟。将灌装好的酸乳于 0~7℃冷库中冷藏 24 h 进行后熟,进一步促使芳香物质的产生和黏稠度的改善。

④ 质量要求。色泽呈现均匀一致的乳白色或微黄色;具有酸牛乳固有的滋味和气味;组织细腻、均匀,允许有少量乳清析出;果料酸牛乳有果块或者果料。

4.6 中式早餐蔬菜制品

以馍菜汤为经典搭配的中式早餐中,蔬菜是必不可少的。由蔬菜制作的菜肴品种众多,加工方法各异,其与午餐和晚餐中的菜肴并无明显差异。作为早餐食用的蔬菜制品,讲究营养丰富之外,还要求方便快捷。满足这一要求的早餐蔬菜制品主要以咸菜为主。

咸菜

咸菜是中国家庭喜爱的一道用食盐等调味料腌渍一定时间后的蔬菜,有较强的咸味,可长期保存。制作原料主要有黄瓜、辣椒、酱油、各类蔬菜、盐等。我国幅员辽阔,各地生活及饮食习惯各异,衍生出不同类型的早餐佐食——咸菜。北京地区多用黄酱腌制,如京酱萝卜、甜酱黄瓜、甜酱甘螺、甜酱黑菜、甜酱仓瓜、甜酱姜芽、甜酱藕片、甜酱八宝菜、甜酱什香菜、甜酱瓜、杂锦酱菜;江苏地区的镇江酱萝卜头、辣油香菜心、乳黄瓜;上海的杂锦菜、咸胚萝卜菜、白糖乳瓜;四川的酱大头菜;辽宁的沈阳酱包瓜、锦州虾油小黄瓜;湖南株洲的杂锦菜;黑龙江哈尔滨的酱油小菜;贵州的百花酱菜;台湾的菜脯。榨菜是一种常见的酱腌菜,可以作为炒菜中的配料,也可以直接食用,特别是在早餐中,和粥或面搭配食用。榨菜的原料是茎瘤芥,拳头大小,食用时,一般都将它切成丝。比较著名的榨菜产地是重庆涪陵、浙江宁波等。因加工时需用压榨法榨出菜中水分,故称"榨菜"。

(1)配方

因咸菜选用的原料种类各异,制作咸菜的一般材料为盐、油、辣椒、不同蔬菜。不同原料的咸菜配方有所不同,甚至相同的原料也有多种做法,后续将以几种具有代表性的咸菜为例做介绍。

(2)工艺流程

选料→清洗→腌制→成品。

(3)操作要点

原料和辅料准备。

A. 蔬菜。选取新鲜蔬菜的可食用部分,用流动水洗净后备用。

选取蔬菜时需注意以下几点:一是深绿色叶菜以茎叶为主要食用部分,叶子颜色深绿的蔬菜,营养价值最高;二是按照蔬菜的栽培管理和质量认证方式,可以分为普通蔬菜、无公害蔬菜、绿色食品蔬菜和有机蔬菜四类;三是蔬菜贵在新鲜:果菜以色泽鲜艳、形状端正,状大、无斑点,有该品种特有的清香气味者为好。叶菜以叶身肥壮、菜质细嫩、色泽鲜艳者为好。茎菜以茎身细嫩、菜质坚实肥厚、不带老皮烂根者为好。花菜以花蕊肥大细嫩、色泽新鲜、无斑点者为好。根菜以生脆不干缩、表皮光亮滑润,无虫咬,水分充足者为好。

B. 盐。首先观察盐的外观,购买食用盐的时候应首先看食用盐的颜色,一般来说,质量好的使用盐大多都是洁白色,一些存放时间较长,或者质量差的食用盐会呈现黄褐色或灰色。然后要注意看盐粒的形状,优质的食用盐盐粒大小均匀,而且看起来呈半透明状,其内没有任何杂质。

C. 辅料。如糖、味精等辅料应使用高质量的产品,对葱、蒜、生姜等辅料应除尽不可食部分,用流水洗净,斩碎备用。

(4)质量要求指标/产品特点

① 选好腌渍原料。腌制咸菜原料,必须符合两条基本标准:一是新鲜,无杂菌感染,符合卫生要求;二是选择合适的品种,不是任何蔬菜都适于腌制咸菜。比如有些蔬菜含水分很多,怕挤怕压,易腐易烂,像熟透的西红柿就不宜腌制;有一些蔬菜含有大量纤维质,如韭菜、一经腌制榨出水分,只剩下粗纤维,无多少营养,吃起来又无味道;还有一些蔬菜吃法单一,如生菜,适于生食或做汤菜、炒食、炖食不佳,也不宜腌制。因此,腌制咸菜,要选择那些耐贮藏,不怕压、挤,肉质坚实的品种,如白菜、萝卜、苦蓝、玉根(大头菜)等。

② 准确掌握食盐的用量。食盐是腌制咸菜的基本辅助原料。食盐用量是否合适,是能否按标准腌成各种口味咸菜的关键。腌制咸菜用盐量的基本标准,最高不能超过蔬菜的25%,最低用盐量不能低于蔬菜重量的10%(快速腌制咸菜除外)。腌制果菜、根茎菜,用盐量一般高于腌制叶菜的用量。

③ 按时倒缸。倒缸,是腌制咸菜过程中必不可少的工序。倒缸就是将腌器里的酱或咸菜上下翻倒。这样可使蔬菜不断散热,受盐均匀,并可保持蔬菜原有的颜色。

④ 咸菜的食用时间。一般蔬菜中都含有硝酸盐,不新鲜的蔬菜硝酸盐的含量更高。亚硝酸盐对人体有害。如亚硝酸盐长期进入血液中,人就会四肢无力。刚腌制不久的蔬菜,亚硝酸盐含量上升,经过一段时间,又下降至原来水平,腌菜时,盐含量越低,气温越高,亚硝酸盐升高越快,一般腌制 5 ~ 10 d,硝酸盐和亚硝酸盐上升达到高峰,15 d 后逐渐下降。21 d 即可无害。所以,腌制蔬菜一般应在 20 d 后食用。

⑤ 蔬菜腌制工具的选择。腌制咸菜要注意使用合适的工具,特别是容器的选择尤为重要。它关系到腌菜的质量。

A. 选择腌器腌制数量大,保存时间长的,一般用缸腌。腌制半干咸菜,如香辣萝卜干、大头菜等,一般应用坛腌,因坛子肚大口小,便于密封,腌制数量极少,时间短的咸菜,也可用小盆、盖碗等。腌器一般用陶瓷器皿为好,切忌使用金属制品。

B. 酱腌要选用布袋酱腌咸菜,一般要把原料菜切成片、块、条、丝等,才便于酱腌浸入菜的组织内部。如果将鲜菜整个酱腌,不仅腌期长,又不易腌透。因此,将菜切成较小形状,装入布袋在投入酱中,酱对布袋形成压力,可加速腌制品的成熟。布袋最好选用粗砂布缝制,使酱腌易于浸入;布袋的大小,可根据腌器大小和咸菜数量多少而定,一定以装 5 斤咸菜为宜。

C. 酱耙要用木质,不宜用金属。制酱和酱腌菜都需要经常打耙。打耙,就是用酱耙将酱腌菜上下翻动。木质酱耙轻有浮力,放于酱缸内,不怕食盐腐蚀,也没有异味,符合卫生条件。另外,腌菜还需要笊篱、叉子等工具,可以根据需要,灵活选择。

D. 咸菜的腌制温度及放置场所。咸菜的温度一般不能超过20℃,否则,咸菜容易很快腐烂变质、变味。在冬季要保持一定的温度,一般不得低于 -5℃,最好在 2 ~ 3℃为宜。温度过低咸菜受冻,也会变质、变味。贮存咸菜的场所要阴凉通风,蔬菜腌制之后,除必须密封发酵的咸菜以外,一般供再加工用的咸菜,在腌制初期,腌器必须敞盖,同时要将腌器置于阴凉通风的地方,以利于散发咸菜生成的热量。咸菜发生腐烂、变质,多数是由于咸菜贮藏的地方不合要求,温度过高,空气不流通,蔬菜的呼吸强烈不能及时散发所造成的。腌后的咸菜不宜太阳曝晒。

E. 腌制品和器具的卫生能直接影响人体的健康,尤其是酱腌菜的清洁卫生。因此,必须注意和保持咸菜的清洁卫生。

a. 腌制前的蔬菜要处理干净。蔬菜本身有一些对人体有害的细菌和有毒的化学农药。所以腌制前一定要把蔬菜彻底清洗干净,有些蔬菜洗净后还需要晾晒,利用紫外线杀死蔬菜的各种有害菌。

b. 严格掌握食品添加剂的用量,食品添加剂是食品生产、加工、保藏等过程中所加入的少量化学合成物质或天然物质。如色素、糖精、防腐剂和香料等,这些物质具有防止食品腐败变质,增强食品感官性状或提高食品质量的作用。但有些食品添加剂具有微量毒素,放多了有害,必须按照标准严格掌握用量。国家规定使用的标准,苋菜红、胭脂红最高使用为 0.05 g/kg;柠檬黄、靛蓝为 0.5 g/kg。防腐剂在酱菜中最大使用量为 0.5 g/kg。糖精最高使用量 0.15 g/kg。

c. 腌菜的器具要干净。一般家庭腌菜的缸、坛,多是半年用半年闲。因此,使用时一定刷洗干净,除掉灰尘和油污,洗过的器具最好放在阳光下晒半天,以防止细菌的繁殖,影响腌制品的质量。

(5)加工实例

① 辣椒黄瓜小咸菜。

A. 原料配方。黄瓜 2500 g、辣椒 500 g、酱油 750 g、花生油 50 g、老酒 50 g、精盐、姜片、花椒、味精适量。

B. 加工方法。

a. 将菜洗净,晾干。辣椒切片待用,黄瓜切条,用盐腌渍 2～3 h 后,捞出晾干备用。

b. 花生油加热后,放入花椒,待花椒变黄后再加入酱油、白酒、精盐、姜片煮沸。盛入晾干的容器中,放入味精、香油,晾凉后,把黄瓜、辣椒倒入汤汁,最好浸过菜,隔天即可食用。

C. 产品特点。鲜、脆、香、辣、咸。

② 酱八宝菜。

A. 原料配方。黄瓜 1000 g,藕、豆角各 800 g,红豆 400 g,花生米 300 g,栗子仁 200 g,核桃仁 100 g,杏仁 100 g,(以上原料应先行腌制好)黄酱 2000 g,糖色 100 g,酱油 1000 g。

B. 加工方法。将以上原料均加工成大小均等的形状混合在一起,用水泡出部分咸味,捞出晾干,装入布袋入缸,缸中放黄酱,糖色酱油每天搅拌 1 次,5 ~ 7 d 后即成。主料先腌制时加盐不宜过多,时间要长一点,5 ~ 8 d,缸中的调料应淹没主料,如不足可加凉开水。

③ 酱黄瓜。

A. 原料配方。鲜黄瓜 5000 g、粗盐 400 g、甜面酱 700 g。

B. 加工方法。

a. 将黄瓜洗净,沥干水分,须长剖开成两条(也可不切开)加粗盐拌匀压实,面上用干净大石块压住。腌制 3 ~ 4 d 后,将黄瓜捞出,沥干盐水。

b. 将腌缸洗净擦干,倒入沥干的黄瓜加甜面酱拌匀,盖好缸盖酱制 10 d,即可食用。

④ 酱莴笋。

A. 原料配方。肥大嫩莴笋 3000 g、食盐 50 g、豆瓣酱 150 g。

B. 加工方法。

a. 把莴笋削去外皮,洗净;放置于消毒干净的小缸中用盐均匀腌渍,置于阳光下晒干。

b. 将豆瓣酱涂抹在莴笋上,重新放入小缸内。酱制 3 ~ 4 d 后,即可食用。

c. 莴笋上抹豆瓣酱要抹匀,以免酱出的菜味不一致。

d. 若大量酱制,可拣去豆瓣渣晒干,储存在坛子内,经久不坏。此菜味道鲜美、酱香味浓,可与四川榨菜媲美。

⑤ 泡辣茄条。

A. 原料配方。大小中等鲜茄子 2000 g、老盐水 2000 g、红糖 20 g、干红辣椒 100 g、食盐 50 g、白酒 15 g、香料包 1 个。

B．加工方法。将茄子去蒂(留1 cm不剪)洗净把各种调料拌匀装入坛中,放入茄子和香料包,用竹夹卡紧,盖上盖,添满坛盐水,泡15 d左右即成。

4.7　中式早餐粥类

在中国有文字记载的历史中,粥的踪影伴随始终。中国的粥在4000年前主要为食用,2500年前始作药用,《史记》扁鹊仓公列传载有西汉名医淳于意(仓公)用"火齐粥"治齐王病;汉代医圣张仲景《伤寒论》述:"桂枝汤,服已须臾,啜热稀粥一升余,以助药力",便是有力例证。进入中古时期,粥的功能更是将食用、药用高度融合,进入了带有人文色彩的养生层次。早餐在一日三餐中占有较高地位,吃粥既节省时间,味道又美,且对身体有很大的益处。

一般将粥分为普通粥和花色粥两大类。普通粥是指单用米或面煮成的粥,花色粥则是在普通粥用料的基础上,再加入各种不同的配料,制成的粥品种繁多,咸、甜口味均有,丰富多彩。以广式咸味粥为例,常见的如鱼片粥、干贝鸡丝粥、肉丝粥等。此外,食疗药粥是我国食粥的特色,集传统营养科学与烹饪科学于一体,对增进国民的健康发挥着更为重要的作用。它从医食同源、药食同用的观念出发,根据传统营养学的理论,以各种养生食疗食物为主,或适当佐以中药,并经过烹调加工而成的具有相应养生食疗效用的一类粥品,又属于药膳的一个组成部分。

(1)原辅料

制作粥用到的食品种类诸多,主要有面、麦、豆、菜、花卉、水果、肉、鱼及食疗药等。

(2)制作方法

制作粥的方法一般有煮和焖两种。煮,即先用大火煮至滚开,再改用小火煮至粥汤浓稠的方法。焖,是指用大火加热至滚沸后,即倒入有盖的木桶内,盖紧桶盖,焖约2 h即成,具有香味较浓的特点。

通常粥多采用煮法,此外,花色粥的制作,还有以煮好的滚粥冲入各种配料,搅拌均匀即成的方法,如生鱼片粥等。粥在制作时,应注意水要一次加足,一气煮成,才能达到稠稀均匀、米水交融的特点。煮粥用的米既可先用清水浸泡 5 ~ 6 h,然后下锅再煮,也可淘洗干净后直接下锅煮粥。先浸后煮,可缩短煮粥的时间,但浸泡易致养分损失。若配方中有不能直接食用的中药,则可先用中药煮取汤汁,再加入米或面煮粥,或先将中药研成粉末,再入粥与米同煮;若粥中的配料形体较大,应先进行刀工处理,再下锅煮粥,以使粥稠味浓。

(3)操作要点

① 浸泡:煮粥前先将米用冷水浸泡 0.5 h,让米粒膨胀开。

② 开水下锅:大家的普遍共识都是冷水煮粥,而真正的行家里手却是用开水煮粥,开水下锅不易煳底,而且它比冷水熬粥更省时间。

③ 火候:先用大火煮开,再转文火即小火熬煮约 30 min。

④ 搅拌:煮粥之时搅拌,是为了怕粥煳底,没了冷水煮粥煳底的担忧,此外,搅拌有一定的增稠作用,也就是让米粒颗颗饱满、粒粒酥稠。搅拌的技巧是,开水下锅时搅几下,盖上锅盖至文火熬20 min时,开始不停地搅动,一直持续约 10 min,到呈酥稠状出锅为止。

⑤ 点油:粥改文火后约 10 min 时点入少许色拉油,成品粥色泽鲜亮,且入口别样鲜滑。

⑥ 底、料分煮:粥底是粥底,料是料,分头煮的煮、焯的焯,最后再搁一块熬煮片刻,且绝不超过 10 min。这样熬出的粥品清爽不浑浊,每样东西的味道都熬出来了又不串味。特别是辅料为肉类及海鲜时,更应粥底和辅料分开。

⑦ 花粥原料配比:以大米和小米粥为例,两者以 2:1 的比例共煮时,最容易消化。这样的搭配,大米易于消化,调和养胃,小米营养丰富,滋润脏器。

(4)几种粥的加工实例

① 油盐白粥。

A. 原料配方。大米 150 g,食用油、盐各适量。

B. 制作方法。

a. 大米洗净,加少许食用油腌制备用。

b. 锅内烧开 150 mL 清水,加入大米(连同浸米的油)煮沸,在转中小火煮至浓稠。

c. 加盐调味即可。

C. 产品特点。大米富含淀粉和蛋白质,常食用可治全身虚弱,精神怠倦、肌肉痉挛等症;食用油含有维生素 E、钾、钙、铁、磷、脂肪酸等物质,适量食用有润泽肌肤的作用。

② 寒食粥。

A. 原料配方。杏仁 10 g、旋覆花 10 g、款冬花 10 g、粳米 50 g。

B. 制作方法。

a. 杏仁 10 g、旋覆花 10 g、款冬花 10 g 加水适量,煎后去渣取汁。

b. 用药汁煮米为粥,空腹食用。

C. 产品特点。主治益气,治脾胃虚寒,下泄呕吐,小儿出痘疮面色苍白。

③ 淡菜皮蛋粥。

A. 原料配方。淡菜 30 g、皮蛋 1 个、粳米 100 g。

B. 制作方法。粳米加适量清水煮制,待水开时加入洗净的淡菜同煮,粥将成时放入切碎的皮蛋,稍煮,加盐 1~2 g 调味。

C. 产品特点。滋阴降火,清热除烦。

④ 甜浆粥。

A. 原料配方。大米 50 g、新鲜豆浆 500 g、白糖。

B. 制作方法。大米 50 g 洗净与新鲜豆浆 500 g 同煮粥,加白糖少许,可供早晚餐温热服食。

C. 产品特点。大豆有宽中益气,利大肠,润泽肌肤的功效,豆浆的营养价值更为丰富,并易消化吸收。本粥除起润肤的作用外,对体虚久咳、便秘等症也有良效。

⑤ 番薯粥。

A. 原料配方。番薯 100 g、粳米 450 g。

B. 制作方法。取番薯 100 g 洗净切小块,与粳米 150 g 及适量水同煮成粥,作早晚餐食用。

C. 产品特点。番薯可补中、和血、肥五脏。中医认为,脾为气血生化之源,能将水谷化生为气血,滋养荣润面部肌肤,使人容光焕发。本粥便是凭其健脾胃、和气血之功,来达到润肤悦色之效果。

⑥ 胡萝卜粥。

A. 原料配方。胡萝卜 100 g、粳米 100 g。

B. 制作方法。取胡萝卜 100 g 洗净切小丁,与粳米 100 g 同煮成粥,早晚空腹食用。

C. 产品特点。胡萝卜营养丰富,除含维生素 B_1、B_2 外,还含有胡萝卜素,可在人体内很快转化为维生素 A,能润滑皮肤,防止皮肤老化。该粥对防止面部皮肤干燥、老化,较为适合,也适宜于老人食欲不振或消化不良等症。

⑦ 熟地粥。

A. 原料配方。熟地 20 g、粳米 50 g、冰糖少许。

B. 制作方法。取熟地 20 g 用纱布包好与适量水煮 20 min 后,拣出纱包,下粳米 50 g 煮成粥,下冰糖稍煮即可食用。

C. 产品特点。本粥常食能补中气,壮筋骨,通血脉,益精气,和五脏,有轻身美颜,聪耳明目的作用,对肌肉消瘦者适宜。

⑧ 枣仁龙眼粥。

A. 原料配方。酸枣仁 15 g、龙眼肉 15 g、粳米 50 g、红糖 5 g。

B. 制作方法。将酸枣仁 15 g、龙眼肉 15 g 切小粒,与粳米 50 g 一同入锅加适量水煮成粥,加红糖 5 g 拌匀,可作晚餐食用。

C. 产品特点。二药相配为粥,长期食用可使人容颜减皱,肌肤光滑。对思虑过度、劳伤心脾、暗耗阴血所致的面容萎黄失泽及心悸怔忡、健忘失眠亦适宜。老年人常食,有利于健康长寿。

⑨ 燕麦粥。

A. 原料配方。小米 50 g、红枣 15 g、原味燕麦片 15 g。

B. 制作方法。锅中水烧开后,加入小米,大火烧开后转中小火熬制 25 min,加入红枣、燕麦片,再煮制 6~8 min 即可。

C. 产品特点。富含维生素 B_1、B_{12} 等,具有防止消化不良及口角生疮的功效;防止反胃、呕吐;滋阴养血。

⑩ 红枣银耳粥。

A. 原料配方。白米饭 1 碗,开水 4 杯,银耳 25 g,大枣 2 个,莲子、枸杞少许、冰糖 50 g。

B. 制作方法。

a. 银耳用温水泡软,去根部备用。

b. 红枣用温水洗净灰尘,沥干水分备用。

c. 大米用温水轻轻揉洗干净。

d. 红枣、银耳和大米及冰糖放入锅里,大火煮开,转小火 20 min。

C. 产品特点。红枣银耳粥能健脾、化生气血,适宜于贫血、肝炎、血小板减少、消化不良等。

⑪ 薏米红豆粥。

A. 原料配方。薏米 30 g、红小豆 15 g(米豆 2∶1)。

B. 制作方法。

a. 把薏米洗净浸泡 20 min。

b. 把所有材料放入锅中,加水用大火煮开,改慢火煮至薏米烂熟即可。

C. 产品特点。有止血调理、清热解毒的功能。薏米的营养很丰富,含有薏苡仁油、薏苡仁脂、固醇、氨基酸、精氨酸等多种氨基酸成分和维生素 B_1、碳水化合物等营养成分,多吃能起到利水祛湿、健脾止泻、清热解毒的作用。

4.8　其他中式早餐食品

4.8.1　炸油条

(1)原料配方

面粉 500 g,小苏打 4 g,精盐 12 g,植物油、水适量。

(2)工艺流程

配料→和面→饧面→切块→油炸→成品。

（3）加工方法

① 配料：将小苏打精盐同时用水化开，应充分溶解备用。将面粉过筛备用。

② 和面：将过筛后的面粉放入盆内，把上述水溶液倒入面粉中，充分搅拌和匀，至面团表面发光不粘手为止。

③ 饧面：面和好后，擀成长条，刷上植物油，静置饧面 1 h 左右。

④ 切块：面饧好后，用刀切成长条，抻薄，在切成小块，每两块合在一起，中间用手指按一下，双手抻长。

⑤ 油炸：将抻长的面块下到沸腾的油锅中，炸至金黄色即可。

（4）产品特点

色泽金黄，口感松脆有韧劲。

4.8.2　米粉麻球

（1）原料配方

糯米粉 5.5 kg，粳米粉 3 kg，面粉 1.5 kg，豆沙馅 6 kg，芝麻仁、开水、油适量。

（2）加工方法

① 先把糯米粉、粳米粉混合拌匀，加入适量开水揉匀成团，再将面粉打成熟芡与粉团一起揉透，然后搓成条，揪成每个 17～25 g 的剂子，按扁包上豆沙馅，收紧口搓成圆形，滚上芝麻仁待炸。

② 将油烧至 5～6 成热时，放入麻球炸 3～4 min，外壳一硬即捞出，油锅离火，待油冷却至不烫手时，倒入炸好外壳的麻球，炸约 10 min，使麻球膨胀、内空，然后用大火炸 3～4 min，外壳变挺，呈金黄色时即可出锅。

（3）产品特点

香、甜、有筋道，外形挺括，色泽美观。

4.8.3　芙蓉香蕉饼

（1）原料配方

糯米粉 500 g，面包糠、奶黄馅各 200 g，香蕉、鸡蛋液、熟澄面各

150 g,白糖 150 g,熟猪油 3 大匙,植物油适量。

（2）加工方法

① 将糯米粉加入熟澄面、白糖、熟猪油及适量清水调匀,揉成面团,饧 30 min。

② 将香蕉剥去外皮,切成小粒,放入奶黄馅中搅匀。

③ 将面团搓成长条,每 25 g 下一个面剂,包入奶黄馅,裹蛋液、沾面包糠,搓成圆锥形。

④ 稍用力压扁、压实,再下入五成热的油中炸至呈淡黄色,见浮起,捞出装盘即可。

（3）产品特点

外酥里嫩,口感香甜。

4.8.4　萝卜丝酥饼

（1）原料配方

油酥、油皮各 1 份,白萝卜 600 g,虾米 15 g,葱末、姜末、精盐、香油各适量。

（2）加工方法

① 将油皮、油酥分别搓成长条,切成 8 小块,再将油酥包入油皮中,收口捏紧,擀成长方形,卷成圆筒,制成油酥皮。

② 将白萝卜去皮,洗净,刨成丝,加入精盐腌 150 min,挤干水分,再加入葱末、姜末、虾米及香油,调拌成馅。

③ 将油酥皮包入萝卜丝馅,收口捏紧朝下,依次排入烤盘,放入烤箱中,以 220℃烤约 20 min 即可。

（3）产品特点

外皮酥香,馅心肥甜,爽而不腻。

4.8.5　枣泥米团

（1）原料配方

糯米粉 500 g、中筋面粉 50 g、枣泥馅 300 g、红果酱 20 g、白糖 3 大匙、蜂蜜 1 大匙、精盐少许。

（2）加工方法

① 糯米粉 100 g 入锅蒸熟；糯米粉 400 g 和中筋面粉分别过细萝,放入容器再加入沸水稍烫,然后加入温水和成粉团。

② 粉团搓成条,下成面剂,摔成皮。

③ 枣泥馅放入碗中,加入白糖、蜂蜜和精盐调匀,团成圆球,用粉团薄皮包好。

④ 制成米团生胚后,放入蒸锅蒸熟,取出,滚匀熟糯米粉,点缀上红果酱即可。

（3）产品特点

软糯香甜,拉丝有嚼劲。

4.8.6 糯米煎圆

（1）原料配方

干糯米粉、爆米花各 500 g,花生仁、芝麻仁各 100 g。白糖、红糖、饴糖、植物油各 100 g。

（2）加工方法

① 将 150 g 干糯米粉用清水 100 g 和成粉团煮熟,然后与余下的干糯米粉、白糖揉成面团。

② 红糖、饴糖、清水放入锅中熬成浓汁,离火,放入爆米花、花生仁拌成馅料,分成小团。

③ 将粉皮、馅料各分成 10 份,面皮包好馅料后擀成薄圆形,洒水后沾上芝麻仁。

④ 再放入加有植物油的平锅内,用小火煎炸至两面呈金黄色即成。

（3）产品特点

色泽金黄,香脆而具有黏性。

4.8.7 糯米糍

（1）原料配方

糯米粉 500 g、面 100 g、莲蓉馅 200 g、果脯粒适量、椰蓉 200 g、白糖100 g、猪油3大匙。

（2）加工方法

① 将糯米粉加入白糖、清水调匀，揉成面团。

② 置阴凉处稍饧发一段时间。

③ 澄面用开水烫透，揉匀，加入糯米面团中，再加入猪油，揉至均匀有光泽，搓成条状。

④ 每25 g下1个面剂，压扁，包入莲蓉馅，搓成圆球状，摆入方盘中。上屉蒸6 min至熟透，取出趁热滚上椰蓉。

⑤ 点缀上果脯，装盘即可。

（3）产品特点

色泽透明，软糯香甜。

4.8.8 玉米烙

（1）原料配方

玉米粒150 g，椰丝35 g，香菜15 g，垫盘纸1张，白糖、淀粉各2大匙，吉士粉、鹰栗粉、糯米粉各1大匙，植物油适量。

（2）加工方法

① 玉米粒洗净，装入盘中，加入吉士粉、鹰栗粉、淀粉、糯米粉拌匀，再沾上椰丝。

② 坐锅点火，留底油烧热，放入拌好的玉米粒摊成大圆饼，再用小火烙至起硬壳，取出。

③ 锅中加油烧热，放入玉米饼炸至金黄酥脆。

④ 捞出沥油，切成三角块，放入装有垫盘纸的盘中，用香菜点缀，跟白糖上桌蘸食即可。

（3）产品特点

色泽金黄，外酥里嫩，香甜可口。

4.9 南方传统特色早餐

"一日之计在于晨"，早餐是一天中最重要的一餐，它似乎有一种别样的仪式感,可以让我们赶走昨日的疲乏,精神满满地去应对新一天的挑战。中国幅员辽阔,不同地域有不同文化和习俗,几乎每个地方都有独属于自己的早餐文化。以下以南北方作为划分,介绍各地不同类型的早餐食品。

4.9.1　武汉热干面

(1)原料

水碱面,干辣萝卜或五香萝卜,香油,芝麻酱,酱油,盐,香葱或香菜。

(2)加工方法

① 备好碱水面条。

② 将榨菜、干辣萝卜切成细丁待用。

③ 芝麻酱中加入香油调成糊状,加进适量的酱油、鸡精粉和盐,调匀待用。

④ 沸水锅中将面条抖散下入,煮至八成熟待浮起捞出,沥干水分;淋上香油,用电扇吹凉,摊在较大的平盘中。

⑤ 食用时将一定量的晾凉的面条在沸水里迅速烫一下,沥水后入碗,将调好的芝麻酱、榨菜、干辣萝卜丁加在面条上,撒上葱花拌匀即可。

(3)产品特点

回味甘香、饱腹感强、滋味鲜美、营养价值高。

4.9.2　上海生煎包

(1)原料配方

中筋面粉 300 g、温水 150 g、鲜肉馅 500 g、油适量,酵母 3 g、盐 1 g、芝麻适量、开水适量。

(2)工艺流程

原料→和面→饧发→包制成型→煎制→成品。

(3)加工方法

① 把中筋面粉放入盆内,中间挖个洞放入酵母,盐放在远离酵母的地方,倒入 100 g 温水,和面,边和边倒入剩余温水。

② 面团盖上保鲜膜饧发 0.5 h。

③ 排气后均匀分成 20 份。把皮擀开,肉馅均匀分摊到生煎皮上,像包包子一样将口收紧。

④ 平底锅内倒入适量油,转动锅子,将油分布均匀。生煎包收口朝下,均匀地放在平底锅内。再将油沿着外圈少量地倒一圈,开中小火煎制。

⑤ 待生煎包膨胀至中间缝隙消失,倒入开水没到生煎包的一半,盖上锅盖焖煮至水差不多收干,撒上芝麻。

⑥ 继续加盖焖煮到水彻底收干。

(4)产品特点

底部金黄酥脆,咬一口皮薄馅嫩。

4.9.3　上海糯米团

(1)原料配方

糯米 1 小碗、油条酥适量、脆条适量、脆萝卜条碎适量、油条 1 根。

(2)工艺流程

原料糯米→浸泡→蒸制→卷料→成品。

(3)加工方法

① 糯米洗净提前浸泡 4 h 以上,准备材料备用。

② 蒸架上铺打湿的蒸布,倒糯米铺均匀,盖严后大火蒸20 min 左右。

③ 保鲜膜上倒糯米饭铺好,糯米饭上放脆萝卜条碎,油条酥,脆条,再把油条对折,卷起来裹紧压实即可。

(4)产品特点

软糯可口。

4.9.4　宁波汤圆

(1)原料配方

糯米粉 500 g、黑芝麻 90 g、猪油 95 g、绵白糖 65 g、60℃水 400 g。

(2)工艺流程

原料→黑芝麻炒制→和面→包制成型→煮制→成品。

（3）加工方法

① 黑芝麻小火炒熟,盛出备用。

② 将炒熟的黑芝麻擀碎,在碎芝麻里加绵白糖,倒猪油搅拌均匀。

③ 糯米粉堆里挖个坑,倒60℃的热水搅拌均匀,揉成光滑面团,再搓成长条分成差不多大小的小面团。

④ 拿一个小面团揉圆按扁,放黑芝麻馅,封口捏住揉成光滑面团。

⑤水开放汤圆,盖严后大火焖煮,水开加少量清水,继续煮,连续3次后即可出锅。

（4）产品特点

皮薄而滑,白如羊脂,油光发亮,滑润味美。

4.9.5　桂林米粉

（1）原料配方

香料:草果、桂皮、甘草各4 g,八角、香茅、砂仁、白蔻各3 g,肉蔻、川砂仁、槟榔、砂姜各5 g,香叶、花椒各5 g,干辣椒5 g,小茴香8 g,罗汉果1/4 个,公丁香1 g,陈皮3 g。葱适量,姜适量,色拉油适量,鸡粉适量,清水5 kg,猪骨头500 g,牛肉500 g,冰糖30 g,老抽50 g,干米粉适量,油炸花生米适量,香菜末适量,蒜茸适量,酸豆角或酸笋适量。

（2）加工方法

① 将所有香料起油锅爆香之后放入清水和猪骨头,大火开后转小火炖4 h 的时候将牛肉放入香料锅里,小火0.5 h 后捞起牛肉,香料锅里放入冰糖、鸡粉、干辣椒继续小火熬2 h,过滤所有香料,放凉后装瓶待用。

② 牛肉过油。开小火,锅内倒入食用油,放入牛肉小火炸,炸到牛肉颜色稍变深,放冰箱冷藏20 min 后切薄片备用。

③ 泡发干米粉。用大盆将水烧开后关火,放入干米粉浸泡1 h 之后再开火10 min,用筷子能轻微夹断米粉就算泡好了,将米粉过冷水后用滤网滤水备用。

④ 花生入烤箱120℃,烤30 min,闻到香味即可,同时准备香菜末,蒜茸。另起油锅炒熟酸豆角或酸笋。

⑤ 锅内烧开水后将米粉在开水里过几秒即可捞起装入碗内,放入3汤勺卤水拌匀,放牛肉片、香菜末、蒜茸、花生米即可。

（3）产品特点

嫩爽有劲道、汤味鲜香、锅烧肉香脆、卤菜有味、花生酥脆、油辣椒香辣。

4.9.6 重庆酸辣粉

（1）原料配方

红薯粉100 g、高汤1碗、花生米2勺、黄豆2勺、香菜1根、榨菜半包、葱1根、姜末1勺、香油1勺、生抽2勺、辣椒粉3勺、花椒粉1勺、辣椒油3勺、盐1勺、醋3勺、酱油2勺、蒜末1勺、花椒油1勺、胡椒粉1勺、芝麻适量、豆腐皮一小蝶。

（2）加工方法

① 泡红薯粉,冷水需提前泡2 h,温水0.5 h即可。有豆腐皮也可以泡一点。

② 黄豆、芝麻和花生炒熟,榨菜也可以炒一下更香。小碗里放3勺辣椒粉、1勺花椒粉、1勺芝麻,高温热油浇上去闻见很浓的香味即可。

③ 蒜末姜末剁细,葱花,香菜切好备用。

④ 大碗打底:葱姜蒜、榨菜、油辣子、花椒粉、花椒油、香油、酱油、陈醋、胡椒粉、盐放入大碗。

⑤ 泡好的红薯粉、豆腐皮放入开水里煮大约5 min捞出装入打底的碗里,加入烧开的鸡汤,撒上香菜,花生、黄豆、芝麻即可。

（3）产品特点

粉丝筋道弹牙、口味麻辣酸爽、浓香开胃。

4.9.7 湖南米粉

（1）原料配方

小葱2根、生姜3片、瘦肉2两、菜芯2两、味精少量、油2勺、鸡精 1/2 勺、盐 1 勺、米粉 1 斤、豆豉 2 勺、蒜 4 瓣。

（2）加工方法

① 油入锅烧热，鸡蛋煎黄，倒入 2 勺豆豉，出锅。

② 油入锅烧热，放切片的蒜和豆豉炒香放水煮开，放菜心烧滚水，放剁碎的瘦肉，加葱姜盐味精鸡精起锅。

③ 水烧开，加入面煮 2 min 捞出，用凉水冲洗两遍。

④ 面，汤，鸡蛋依次放入碗中即可。

（3）产品特点

味道鲜美，煮食方便。

4.9.8　南京牛肉锅贴

（1）原料配方

牛肉 300 g、面粉 1 碗、盐 5 g、蚝油 5 g、洋葱 1 个、食用油 8 g、酱油 8 g、料酒 3 g。

（2）加工方法

① 准备食材。面粉加水和成面团，洋葱切成洋葱碎，牛肉剁成肉馅。

② 准备半碗水慢慢地倒入牛肉中，边倒边用筷子顺时针搅动，直到牛肉把水完全吸收。

③ 把洋葱碎倒入牛肉馅中，倒入食用油，酱油，蚝油，料酒，盐顺时针搅动。

④ 取一块面，搓成长条，切成一个个剂子。比饺子的稍微大一点。用手掌压扁，擀成一个个面皮，把馅料放入面皮中，把面皮对折捏紧。

⑤ 平底锅刷油，把锅贴摆入锅中煎 2 min 左右。加入水，没过锅贴一半即可。盖上锅盖直到水干为止。

（3）产品特点

味香汁足，鲜嫩美味。

4.9.9 成都肥肠粉

（1）配方

主料:肥肠100 g、上等红薯粉150 g;辅料:葱末5 g、香菜10 g、油泼辣子10 g、食用油5 mL、榨菜10 g、生抽7 g、鸡精3 g、盐2 g。

（2）加工方法

① 肥肠切块,锅中放油,倒入蒜末,大火爆炒。

② 加入肥肠,翻炒均匀,加入油泼辣子,翻炒出红油。

③ 加入榨菜,适量的清水、生抽、鸡精,搅拌均匀。

④ 加入香辣酱、盐,搅拌均匀。

⑤ 清水煮沸,加入红薯粉,转中火煮熟。

⑥ 将红薯粉倒入肥肠,倒入汤汁,倒入香菜。

（3）产品特点

润燥、补虚、止渴、止血。

4.9.10 贵阳素粉

（1）配方

米粉200 g、花生米、葱、姜、蒜、红油、盐、麻油、酱油、味精、黑大头菜、泡酸萝卜适量。

（2）加工方法

① 米粉用清水冲散,锅加水煮沸情况下将米粉烫热,滤出装漂在凉开水中。

② 花生米用油炸脆,葱切成葱花,姜剁成姜末,蒜剁成蒜茸,黑大头菜、泡酸萝卜切成小丁备用。

③ 食用时从凉开水中滤出装碗,放上适量的油炸花生、姜、蒜、盐、麻油、酱油、味精、黑大头菜、泡酸萝卜,淋上红油,撒葱花即可拌食。

（3）产品特点

粉凉爽滑,香辣爽口。

4.9.11　福建礼饼

（1）配方

面粉 5000 g、芝麻 1500～3500 g、熟面粉 5000 g、猪白肉膘丁 10000 g、熟花生仁粉 7500 g、去皮红枣丁 2500 g、桂圆肉 750 g、瓜子仁 1250 g、核桃仁 1250 g、饴糖 1000 g、猪油 4050 g、白糖粉 12500 g。

（2）加工方法

① 桂圆肉、瓜子仁、核桃仁分别切成黄豆大小的丁,加入猪肉膘丁、红枣丁、白糖粉、熟面粉、熟花生仁粉、猪油 2800 g 搅拌成馅料。

② 猪油 1250 g 加入饴糖和清水 1750～2000 g 搅拌均匀,再加入面粉和成面团,反复揉匀揉透,放置饧面 15 min。

③ 饧好的面团上分成 4 块,每块再搓成长条。揪成 30 个剂子,共计 120 个剂子,再按皮、馅为 1.5∶8.5 的比例包馅。

④ 先将皮面剂子搓圆,擀成中间略厚,边缘稍薄的圆形皮,然后将馅料搓圆包入,皮料边缘只包到 2/3 部位,两手边包转边拉,使封口包严,封口朝下稍按扁,再擀成扁圆形,厚为 1.5 cm。

⑤ 在饼体正面抹一层清水,沾上芝麻,摆入烤盘后,面上逐个盖印,送入烤炉中,炉温 140℃,烘烤时须翻 1～2 次,当饼皮圆周内青绿色转为金黄色即可,取出冷却即可。

（3）产品特点

礼饼成扁圆形,比月饼大,皮薄如纸,馅饱味香。吃起来香肥细润,润而不肥,饼面上那一层严严实实的白芝麻,经烘烤香味浓郁。

4.9.12　广东肠粉

（1）配方

粉皮:肠粉 200 g、冷水 350 g;内馅:猪前夹肉 80 g、盐半小勺、鸡精少许、姜末少许、葱末少许、生粉 1 小勺、老抽少许、料酒 1 小勺、绿豆芽适量;味汁:生抽 2 勺、鲜味露半小勺、蚝油半小勺、糖少许、葱末适量、麻油 1 勺。

（2）加工方法

① 猪前夹肉剁成肉末,加入内馅材料中的盐、鸡精、姜末、葱末、生粉、老抽、料酒,拌匀腌制 15 ~ 20 min 使其入味。

② 取一大碗,将 200 g 肠粉倒入大碗中,加入 350 g 冷水搅拌成均匀的粉浆,炒锅倒入大半锅水大火煮沸。

③ 倒适量粉浆入比萨盘内,以转动粉浆刚刚盖住盘底为宜。

④ 将比萨盘放入沸水中,使其浮在水面上,盖上锅盖蒸 1 ~ 2 min,看到粉浆颜色变透明后将盘取出,趁热迅速揭下粉皮,即成肠粉皮。

⑤ 将蒸好的肠粉皮中间零星放上少许肉末和绿豆芽,将肠粉皮左右向内折起后再卷成筒状。

⑥ 剩余材料重复以上步骤操作,然后将卷好的肠粉置于蒸格中,大火烧上汽后蒸 15 min 左右。

⑦ 蒸肠粉的同时将味汁材料中所有调味料以及水混合均匀。

⑧ 最后将蒸好的肠粉装盘,淋上调好的味汁即可。

4.9.13　南京蟹黄包

（1）配方

大闸蟹 800 g,调料:葱末、姜末、绍酒各 10 g,盐、香醋各 4 g,白胡椒粉 3 g,熟猪油 50 g;活母鸡 2500 g,猪肉皮 1500 g;调料:葱、酱油各 50 g,姜、绍酒、虾子、食用碱各 20 g,葱花、盐各 15 g,白糖 3 g,鸡精、白胡椒粉各 10 g。

（2）加工方法

① 将活螃蟹刷洗干净,用绳子捆绑好,上笼大火蒸 20 min 至熟,取出放凉,去壳取蟹肉、蟹黄备用。

② 锅入熟猪油,烧至三成热,入葱末、姜末炒香,入蟹肉和蟹黄,翻炒至出蟹油,加绍酒、盐、白胡椒粉调味,打去浮沫,淋上香醋,起锅装盘即可。

③ 将母鸡宰杀,去内脏,用清水洗净,冷水下锅,大火烧开,除去血水,捞出,用热水洗净。

④ 将猪肉皮洗净,冷水下锅,大火烧开,烧 5 min 至肉皮断生,待肉皮卷曲时捞出。

⑤ 在盆中放入 50℃ 左右的温水 3 kg,加食用碱调匀,放入肉皮,洗掉油脂,取出冲洗掉碱味,去掉残留的猪毛和油脂,漂洗干净。

⑥ 将猪皮、母鸡一同放锅中,加入清水 10 kg,放入葱、姜,大火烧开,改小火焖制 2 h 捞出,用绞肉机绞碎肉皮,制成猪皮蓉。

⑦ 将鸡汤过滤,放入锅中,下入猪皮蓉,大火烧开,改小火熬制 50 min,打去浮沫,待汤汁约剩 7 kg 时,依次放入虾子、酱油、盐、白糖、绍酒调味,待汤稠浓时,调入鸡精、白胡椒粉,撒上葱花,2 min 后起锅,趁热过滤,将汤汁放在盘中,并不断搅拌,待汤汁冷却,凝固后捏碎即成皮冻馅。

⑧ 将皮冻蓉和制好的蟹黄放入盆中,向一个方向拌匀,制成蟹黄馅备用。

⑨ 将盐、陈村枧水放入碗中,加清水 275 g 调匀,制成混合水。

⑩ 将高筋面粉放在案板上,逐次倒入混合水,揉和成面团,搓成粗条,放在案板上,用干净的湿毛巾盖好,饧制 20 min。

⑪ 将饧好的粗条搓细,下重约 25 g 的小面剂 30 个,均擀成直径约 16 cm,中间稍厚,周边略薄的圆形面皮。

⑫ 取面皮 1 张,放在手心,五指收拢,包入蟹黄馅 100 g,将面皮对折,左手夹住,右手推捏收口,成圆腰形汤包胚。

⑬ 将汤包胚置于笼屉中,每只间隔 3.3 cm,置于沸水锅上,大火蒸制 7 min 即熟。

⑭ 将装汤包的盘子用开水烫过、沥干,用右手五指把包子轻轻提起,左手拿盘随即插于包底,配醋、姜丝,带吸管上桌。

4.9.14 柳州螺蛳粉

(1)配方

小石螺 5 kg、干辣椒 0.5 kg、油辣椒红 0.5 g、桂林豆腐乳 15 块、酸笋 0.5 kg、姜 50 g、高度白酒 50 g;骨汤料:清水 25 kg、猪筒骨 2.5 kg、鸡架 3 个、鸡油 1 kg;八角 6 g、山奈 12 g、丁香 2 g、花椒 15 g、

桂皮 10 g、草果 10 g、砂仁 12 g、鲜紫苏半斤、罗汉果 3 个、小茴香 8 g。

（2）加工方法

① 先将螺蛳用清水洗净，浸泡 2 d（放入生锈的铁，这样吐沙会更快）剪去尾尖，用水冲洗干净备用。

② 将猪骨，鸡架焯水，放入 25 kg 水中炖开后，将鸡油洗净放入汤锅中熬煮 1 ~ 2 h。

③ 螺蛳滤干水分，入锅炒干水分后起锅。

④ 锅中倒入油烧至 6 成热下入姜片炝锅，放入螺蛳、香料、干辣椒、酸笋，淋入高度白酒，炒至干香，倒入骨汤中一同熬制出味，调入豆腐乳，盐，鸡精，味精，柳州鲜味王（按说明使用，也可不放）冰糖适量，熬制 40 min 左右下入红油，螺蛳汤头就做好了。

4.9.15　浙江汤包

（1）配方

主料：面粉 1000 g、温水 600 g、猪五花肉 700 g、肉皮冻 280 g、蟹肉 160 g、蟹黄、酱油各 40 g、猪油 100 g；辅料：料酒 6 g、香油 8 g、白糖、葱花、姜末各 5 g、精盐 15 g、胡椒粉、味精各 1 g。

（2）加工方法

① 将面粉加水和匀揉透，放置片刻。

② 猪肉剁成肉茸，蟹肉剁碎，锅内加猪油烧热，放入蟹肉、蟹黄、姜末煸出蟹油，与肉茸、皮冻、酱油、料酒等调拌成馅。

③ 将面团搓成长条，揪成每 50 g 4 个的面胚，擀成圆皮，加馅捏成提褶包，上蒸笼用大火蒸 10 min 即可。

4.10　北方传统特色早餐

4.10.1　天津狗不理包子

（1）原料配方

面粉 750 g、净猪肉 500 g、生姜 5 g、酱油 125 g、水 422 mL、净葱

62.5 g、香油 60 g。

（2）工艺流程

原料和辅料准备→配料→馅料制作─────────┐

　　　　　　　　　　　　↓　　　　　　　　　　　　　↓
　　　　和面→发酵→压延→制皮→包制→汽蒸→成品。

（3）加工方法

① 猪肉肥瘦按 3∶7 匹配。将肉软骨及骨渣剔净，用大眼篦子搅碎或剁碎，使肉成大小不等的肉丁。在搅肉过程中要加适量生姜水，然后上酱油。上酱油的目的是找口（调节咸淡），酱油用量要灵活掌握。上酱油时要分次少许添进，以使酱油完全掺到肉里，上完酱油稍停一会，如在冰箱内放一会更好。如有拌馅机搅馅，上完酱油的肉不用停，紧接着上水即可。上水也要分次少许添进，否则馅易出汤。最后放入味精，香油和葱末搅拌均匀。

② 和面时面与水的比例是 2∶1，用老肥和碱的比例成正比。一般来说面粉 25 kg，冬季用老肥 20 kg 左右，碱面 190 g，春秋两季用老肥 10 kg 左右，碱面 135 g。夏季用老肥 7.5 kg 左右，碱面 130 g。和面后要揉均匀，避免出现花碱现象。放剂子时要揉出光面，750 g 水面出剂子 40 个，每个剂子重 18.75 g。

③ 把剂子用面滚匀、滚圆，双手按擀面棍平推平拉，推到头、拉到尾，用力均匀，擀成薄厚均匀，大小适当，直径为 8.5 cm 的圆皮。

④ 左手托皮，右手拨入馅 15 g，掐褶 15~16 个。掐包时拇指往前走，拇指与食指同时将褶捻开，收口时要按好，不开口，不拥顶，包子口上没有面疙瘩。

⑤ 包子上屉蒸。用锅炉硬气一般需 4~5 min；用烟煤蒸灶需 5 min；用家庭煤球火，上屉时火旺、水开，上汽足需 6 min。

（4）产品要求及特点

做出的包子要求不走形，不掉底，不漏油，个个呈菊花形状。其风味特点是选料精良、皮薄馅大、口味醇香、鲜嫩适口、肥而不腻。

4.10.2　北京豆汁

（1）原料配方

绿豆。

（2）工艺流程

原料→浸泡→磨浆→沉淀→粉浆分离→熬制。

（3）加工方法

① 将绿豆杂质筛净,淘洗干净,放入盆内用凉水(冬天用温水,水量要比绿豆高出 2 倍)泡约 15 h。待豆皮用手一捻就掉时捞出,加水磨成稀糊(磨得越细越好),1 kg 绿豆约出稀糊 2.65 kg。然后,在稀糊内加入 1.5 kg 的浆水(即前一次制作豆汁、淀粉时撇出的清水)并逐次加入不少于 12 kg 的凉水过滤,约可滤出粉浆 17 kg、豆渣 2 kg。

② 把粉浆倒入大缸内,经过一夜沉淀。白色的淀粉就沉淀到缸底,上面是一层灰褐色的黑粉,再上一层即是颜色灰绿、质地较浓的生豆汁,最上层是浮沫和浆水。撇去浮沫和浆水,把生豆汁舀出(可得生豆汁 8 kg 左右,另有淀粉约 500 g 和黑粉少量),在煮之前还需再沉淀一次,夏季沉淀 6 h。冬季沉淀一夜。沉淀好后,撇去上面的浆水。

③ 锅内放入少许凉水,用大火烧沸后倒入生豆汁,待豆汁煮涨并将溢出锅外时,立即改用微火保温(此时不能用大火,否则会煮成麻豆腐),随吃随盛,并佐以辣咸菜同食。

（4）产品特点

豆汁是老北京小吃中很有特色且具有代表性的一款以酸味为主、掺杂着些许臭味的糊状流体食品。喝豆汁的时候,经常佐以焦圈、油条、薄脆、排叉等食物或辣咸菜。

4.10.3　北京焦圈儿

（1）原料配方

面粉 500 g、精盐 12 g、食碱 6 g、明矾 14 g、植物油 2500 g、水适量。

（2）工艺流程

矾碱溶液配制→面团制作→饧面→成型→炸制→成品。

（3）加工方法

① 将明矾、食碱、精盐碾碎加温水 75 g，用研槌碾搅至起泡沫，再倒入温水 225 g 搅成溶液待用。

② 盆内加面粉，倒入部分矾碱溶液，用手先拌匀，洒上少许水后调和成面团，盖湿布饧发 15～30 min，然后再洒上剩余的溶液，揉和后对折成长方形，表面抹一层植物油，按平，再饧发 15～30 min，上案切条出胚。

③ 将饧好的面团扣在油案上，切下一条，再切成 2 cm 宽的面胚。两个面胚对折双层，用双手中指在剂中间横按一道凹沟，再用切刀从中心切透即成焦圈生胚。

④ 锅内加植物油，烧至五六成热时，把生胚用双手稍抻顺势放入油锅内，见成型并上浮时，立即用长筷翻过，并将筷子插入中缝处转动，使之焦圈圆形，定型后翻炸 3～4 次，呈深褐色即成。

（4）产品特点

焦黄油亮，形似手镯，玲珑剔透，焦酥香脆。

4.10.4 东北酸汤子

（1）原料配方

主料：玉米碴子 500 g；辅料：水 2 L。

（2）工艺流程

原料→浸泡→研磨→发酵→面团调制→成型→熟制→成品。

（3）加工方法

① 玉米碴子用水浸泡 3 d 左右，每天换 2～3 次水，放进盛有冷水的缸中浸泡。

② 待米质松软后，用小磨一点点磨成糊状，装进一个大盆里放到火炕上自然发酵。

③ 把发酵好的玉米面量的 1/3 拍成小饼状，放入热水中 1～2 min。

④ 把开水烫过的面和没烫的面和到一起,和匀,用压条装置压成条状即可。

⑤ 面条水煮熟制,可加入五花肉酱、黄瓜丝、白萝卜丝、香菜叶、蒜泥、辣椒油等菜码和调料。

(4)产品特点

色泽金黄,食之清爽可口,面条筋道。

4.10.5　山东杂粮煎饼

(1)原料配方

高筋面粉 2000 g、黄豆粉 250 g、杂粮粉 250 g、花生粉 50 g、芝麻粉 50 g、水 2600 g、盐 20 g、鸡精 20 g、白糖 20 g、十三香 10 g、食用碱 10 g。

(2)工艺流程

原料→面糊调制→静置→摊饼熟制→添加配料→成品。

(3)加工方法

① 将所有干粉按配方称好后混匀。水中加入食用碱调匀,再倒入面粉中调面糊。

② 调好的面糊以达到提起勺子时顺着勺子滴落下来为标准,面糊浓稠度即可。

③ 面糊静置 40 min,中途搅拌两次,使没有溶开的小面疙瘩全部溶开。

④ 先大火烧锅 3 min 预热,调中小火摊面饼,先舀一勺面糊入锅边,用刮板沿着锅边逆时针摊开划圈,摊到最上点再刮到中心至下面,然后顺时针划圈往左上角至最上点,整个面饼摊完。

⑤ 以香菜(切碎)、火腿肠(切丁)、葱花(最好用小葱)、榨菜(切丁)、生菜、黄瓜丝、脆饼等为配料,根据需求以及当地的喜好随意添加。

(4)产品特点

里外全脆,薄软如纸,香气扑鼻,味美适口。

4.10.6 河南胡辣汤

（1）原料配方

牛肉500 g、豆腐皮1张、金针菜30 g、木耳（干）20 g、花生100 g、面筋80 g、红薯粉条80 g、面粉80 g、鸡精适量、生抽适量、老抽适量、蚝油适量、白胡椒粉15 g、姜4片、八角5颗、花椒适量、桂皮一小块、香叶3片、丁香3粒。

（2）工艺流程

原料→牛肉腌制→配料预处理→熬汤→加配料煮制→成品。

（3）加工方法

① 牛肉切小块，用盐、鸡精、生抽、老抽、蚝油、花椒、八角、姜片腌制1 h。

② 腌牛肉的时候准备其他食材，木耳、红薯粉条泡发，豆腐皮切丝，面筋切丁。

③ 花生凉水下锅，加入盐，两颗八角，几粒花椒，水开后再煮10 min，煮好后不用捞出，继续浸泡。

④ 牛肉腌好后，开火，坐锅，放油，油热后放入牛肉翻炒3～5 min，然后离火。

⑤ 准备一口大些的锅，加入大约5 L牛骨汤（或水），水开后放入炒好的牛肉、香叶、桂皮，煮0.5 h，加入木耳，再煮0.5 h。用漏勺舀出飘在上面的花椒、八角、姜片等香料。

⑥ 捞出煮过的花生，放进锅里，再放豆腐皮、粉条、金针菜、面筋煮开。

⑦ 面粉加水，调成稠面糊，搅拌均匀，缓慢倒入面糊，一边倒一边搅拌，防止面糊凝结成块。

⑧ 煮开后加入15 g白胡椒粉，1大勺鸡精，再煮5 min左右关火。

（4）产品特点

微辣，营养丰富，味道上口。

4.10.7　兰州牛肉拉面

（1）原料配方

主料：面粉 15 kg、牛肉 10 kg；配料：牛肝 1.5 kg、白萝卜 5 kg。调料：花椒 350 g、草果 50 g、桂籽 25 g、姜皮 50 g、清油 0.25 kg、食盐 0.5 kg、酱油 2 kg、胡椒粉 15 g、香菜、蒜苗、葱花各 0.25 kg，灰水 350 g、辣子油酌量。

（2）工艺流程

原料→和面→饧面→加拉面剂折搋面→拉面→煮面。

（3）加工方法

① 先把牛肉及骨头用清水洗净，然后在水里浸泡 4 h（血水留下另用），将牛肉及骨头下入温水锅，等即将要开时撇去浮沫，加入盐 200 g，草果 25 g，姜皮 25 g 及花椒 10 g 用纱布包成调料包用清水淘洗去尘后，放入锅里，小火炖 5 h 即熟，捞出稍凉后切成 1 cm³ 的丁。

② 牛肝切小块放入另一锅里煮熟后澄清备用。桂籽、花椒、草果、姜皮温火炒烘干碾成粉末，萝卜洗净切成片煮熟。蒜苗、葱花切末、香菜切小节待用。

③ 将肉汤撇去浮油，把泡肉的血水倒入煮开的肉汤锅里，待开后撇沫澄清，加入各种调料粉，再将清澄的牛肝汤倒入水少许，烧开除沫，再加入盐、胡椒粉、味精、熟萝卜片和撇出的浮油。

④ 面粉 15 kg 加水 9 kg，再揉和均匀，用灰水 350 g（如果灰水浓则少加，灰水淡则多加）搅和揉匀。案子上擦抹清油，将面搓成条，揪为重五两的条，面盖上湿条布，静置一段时间，至少 30 min 以上。

⑤ 将加好拉面剂水的面团，揉成长条，两手握住两端上下抖动，反复抻拉，根据抽拉面团的筋力，确定是否需要拉面剂。经反复抻拉、揉搓，一直到同团的面筋结构排列柔顺、均匀，符合拉面所需要的面团要求时，即可进行下一道工序。

⑥ 可根据需求分别拉成大宽、韭叶、二细、芥麦楞（三角条）、一窝丝等形状的面条。

⑦ 面熟后捞入碗内,将牛肉汤、萝卜、肉丁、浮油适量,浇在面条上即成。并以个人的口味加上适量的香菜、蒜苗、葱花及辣子油。

(4)产品特点

具有"汤镜者清,肉烂者香,面细者精"的独特风味,"一清二白三红四绿五黄"的特点,一清(汤清)、二白(萝卜白)、三红(辣椒油红)、四绿(香菜、蒜苗绿)、五黄(面条黄亮)。

4.10.8 开封灌汤包

(1)原料配方

精粉 5 kg、猪后腿肉 5 kg、小磨油 1250 g、酱油 400 g、料酒 150 g、姜末 150 g、味精 55 g、盐 100 g、白糖 35 g。

(2)工艺流程

原料→制馅→和面→成型→熟制→成品。

(3)加工方法

① 将猪后腿肉绞成馅,放入盆内,加上酱油、料酒、姜末、味精、盐、白糖。冬季用温水 4 L,夏季改用凉水 3.5 L,分 5~6 次加入馅内,搅成不稀不稠的馅,最后放入小磨油搅匀。

② 将面倒入盆内,兑入 2.5 L 水(冬季用热水,春秋季用温水,夏季用凉水),把面和匀。和面时不要将水一次倒入,先下少许水,抄成面穗,再逐步把水下足和成面块揉匀。反复垫面 3 次,将面由软和硬。再用手沾水扎面,和成不软不硬的面块。

③ 将和好的面从盆里抄在案板上,反复揉,根据面的软硬情况适当垫入干面,反复多盘几次,搓条,下成 15 g 重的面剂,擀成边薄中间厚的薄片,包入 20 g 馅,捏 18~21 个褶。

④ 将包子生坯放入直径 32~35 cm 的小笼里,用大火蒸制。蒸的时间不宜过长,长了包子易掉底、跑汤,随吃随蒸,就笼上桌。

(4)产品特点

外形美观,小巧玲珑,皮薄馅多,灌汤流油,味道鲜美。

4.10.9 武陟油茶

（1）原料配方

面粉5 kg，花生米1.5 kg，核桃仁500 g，玉米淀粉1 kg，芝麻1 kg，盐500 g，香料粉（大小茴香、花椒、丁香、良姜、肉桂、草果、陈皮、砂仁共100 g），上磨麻油600 g，花生油150 g。

（2）工艺流程

原料→面粉蒸制→配料炒制→混合炒制→成品。

（3）加工方法

① 将面粉、玉米粉上笼蒸约40 min，摊开晾凉，把结块的疙瘩捏散过筛将芝麻过筛后炒成深黄色，再碾碎将花生米用花生油炸焦，捞出晾凉去皮，压成形如黄豆粒的粒子；将核桃仁碾成形如绿豆的小粒。

② 将锅放火上，倒入面粉用小火炒出香味，再分3次加入麻油炒上色后，将花生米、芝麻、核桃仁、盐、香料粉一起加入，继续炒拌3～5 min后出锅，即成为可食用的油茶面。

③ 食时可分冲食、煮食：冲食时，须先将油茶面用少量温开水搅拌成糊，再用100℃的开水冲入，顺着一个方向搅成稀糊，即可对热水食用。一般50 g油茶面可兑热水400 g。煮食时，先将油茶面用少量凉水搅成糊，再将糊搅入适量的开水内煮开即成。

（4）产品特点

咖啡色，乳状稀汁，味道浓郁，咸甜适口，营养丰富。

4.10.10 蒙古族马奶酒

（1）原料配方

鲜马奶。

（2）工艺流程

原料→搅拌升温→发酵→分离→成品。

（3）加工方法

① 将鲜奶盛装在皮囊或木桶等容器中。

② 用特制的木棒反复搅动,使奶在剧烈的动荡撞击中温度不断升高。

③ 最后发酵并产生分离,渣滓下沉,醇净的乳清浮在上面,便成为清香诱人的奶酒。

(4)产品特点

呈半透明状,酒精含量比较低,不仅喝起来口感圆润滑腻、酸甜适口、乳香浓郁,而且和其他酒一样具有性温驱寒的特点。

4.10.11　新疆馕饼

(1)原料配方

面粉 500 g、盐适量、发酵粉 6 g、泡打粉 10 ~ 15 g、芝麻 10 g、油适量。

(2)工艺流程

原料→和面→发酵→制饼成型→熟制→成品。

(3)加工方法

① 用温水大约 400 mL 溶解发酵粉,然后加入泡打粉和面粉的混合物里,和面时放入少量盐。

② 饧面大约 30 min,把面团分成大小相等的面剂,揉面剂时,加入少量油,使饼烤出来可以分层。

③ 把面剂擀成饼状,表面撒上适量芝麻。

④ 熟制。熟制的方式有多种,馕坑烤(疏勒县维吾尔族的馕大部分都是在馕坑里烤制而成的),笼蒸,油炸(用尖底铁锅油炸或者是平底锅油煎),炉壁上烤(利用做完饭的炉膛余火,在炉壁上烤馕),烤箱烤(放入烤箱上火 200 ~230℃烤 3 ~5 min,中途要转动饼)。

(4)产品特点

色泽金黄,面酥香脆。

4.10.12　藏族酥油茶

(1)原料配方

牛奶或羊奶 500 g、碎砖茶 3 ~5 g、盐 0.5 g。

（2）工艺流程

原料→加热→搅拌→冷却→分离→熬茶→混合→加热→成品。

（3）加工方法

① 先将奶汁加热，然后倒入一种叫作"雪董"的大木桶里，用力上下来回抽打。

② 抽打来回数百次，直至搅得油水分离。上面浮起一层黄色的脂肪质，把它舀起来，灌进皮口袋，冷却了便成了酥油。

③ 制作酥油茶时，先将茶叶或砖茶用水久熬成浓汁，再把茶水倒入酥油茶桶。

④ 接着放入酥油和食盐，用力将茶桶上下来回抽几十下，搅得油茶交融，然后倒进锅里加热即可。

（4）产品特点

均匀润滑，颜色偏黄，闻起来有新鲜的乳酪香味和厚重的茶香，入口则回味绵绵，倍觉滋润。

4.10.13　河北驴肉火烧

（1）原料配方

肥瘦适中的小嫩驴肉 20 kg、高汤 30 kg、糖 200 g、花椒 65 g、八角 50 g、小茴香 45 g、桂皮 25 g、香叶 15 g、白蔻 15 g、草蔻 25 g、肉蔻 25 g 和荜茇 15 g，大葱段、姜块各 150 g，干辣椒 30 g、盐 200 g、料酒 150 g、冰糖 50 g；面粉 10 kg。

（2）工艺流程

原料→和面→饧发→成型→烤制→炖肉→成品。

（3）加工方法

① 选用肥瘦适中的小嫩驴肉切成大块后，用清水浸泡 30 min。

② 汤桶垫入箅子，加高汤烧开，加入糖色调成淡黄色，下入焯水后的驴肉块，加入香料包（花椒 65 g、八角 50 g、小茴香 45 g、桂皮 25 g、香叶 15 g、白蔻 15 g、草蔻 25 g、肉蔻 25 g 和荜茇 15 g，先冷水浸泡 30 min，再把所有香料用纱布包好）和大葱段、姜块，以及干辣椒、盐、料酒、冰糖。在驴肉上面放盘子扣压住，大火烧开，转小火煮 2 h，

视驴肉色泽红润,关火即可。

③ 面粉加温水揉匀,饧发 30 min 后再揉一次,按每个火烧 100 g 面坯的量下剂子,抻成长方形片儿,抹少许油并撒少许盐,然后自左右向中间对折两次,擀成四方形饼状。

④ 面饼放在木炭炉上的平底锅上,烙上色(温度 180~200℃)。待火烧基本成型后,再把它放到平底锅下的炉灶中,火烧受高温辐射烘烤,形成一层酥脆的外皮。

(4)产品特点

火烧色泽金黄,外焦里嫩,驴肉色泽红润、鲜嫩可口。

4.10.14 天津煎饼果子

(1)配方

饼皮:绿豆 60 g、小米 20 g、水 225 g。

配料:生菜,火腿,油条(或油饼,薄脆等),小葱各适量,鸡蛋(一张饼一个)。

调料:甜面酱,酱豆腐适量。

(2)加工方法

① 将绿豆和小米分别用搅拌机打成细粉,倒入同一个大碗里。

② 倒入水,将绿豆粉和小米粉充分混匀。

③ 通过细网将粉浆过滤,弃去滤网上的渣末。

④ 将小葱切成细葱花,火腿切成丝,生菜洗净沥干水分,酱豆腐和着汁儿碾碎搅匀。

⑤ 不粘锅中倒入粉浆,一次倒入的量以刚刚可以转开锅底即可,小火加热。

⑥ 待底部逐渐鼓起,可以剥离锅底时,翻面,打入一个鸡蛋,用木铲将其轻轻地均匀地在饼皮上铲散摊开,撒上葱花。

⑦ 待鸡蛋刚凝固时,再次翻面,刷上甜面酱和酱豆腐,铺上生菜,火腿和油条,将饼卷起包好,出锅。

4.10.15　陕西西安油茶麻花

(1)配方

面粉 5 kg、砂糖粉 0.5 kg、植物油 0.075 kg、奶粉 0.175 kg、碱粉 0.105 kg(冬季 0.1 kg)、明矾 0.1 kg、炸制耗用植物油 1.25 kg,如制拌糖麻花另备撒用糖粉 0.65 kg,如制咸味的可减少砂糖粉,加用适量冰糖和盐。油茶制作所需配料为:小麦粉、菜油、肉丁、盐、花椒粉、五香粉、核桃仁(切小粒)、芝麻、杏仁、花生。

(2)加工方法

① 疏松剂的调配:明矾加冷水 0.1 kg,碱粉加冷水 0.35 kg,分别化成溶液,然后再将碱水徐徐倒入矾水内,用铲进行搅和,搅到没有泡沫为止。即可使用。操作时不可将矾粉与碱粉混合在一些加水,防止溅出,影响安全。这种疏松剂是使酸碱中和产生碳酸气而膨胀,使之耗油少而产品松脆。此外,用小苏打、碱水或酵母面团也可和成疏松剂。

② 面团制作:面粉与糖、油、疏松剂混合均匀后,另加水 1.5 kg,调制成面团。成型前要将面团静置 40 min,如不静置,调制面团时应加老酵面 0.5 kg。

③ 成型:将面团开块,切成需要重量的小条,逐只搓成 40~50 cm 的细长条,要求粗细均匀。操作时要注意搓长,不要拉长,否则会使成品韧缩成"矮胖形"。搓好后双起搓成两股绳状,再双起搓成四股铰链状,即成生胚。生胚要求长短均匀。

④ 余制:油在锅内烧热,放入生胚,用铁丝笊篱轻加搅动,待浮起,颜色呈金黄色时即可捞起。外表如需撒用糖粉,最好在销售时临时拌制。如拌制过早,糖粉容易被油分润湿,影响颜色光泽。

⑤ 加菜油或牛油热锅,放入少许肉丁煸炒,出油后改用小火。

⑥ 加面粉翻炒,最上等者用牛骨髓油炒制,等面炒熟的时候调料加盐、花椒粉、五香粉、核桃仁(切小粒)、芝麻、杏仁、花生。

⑦ 火候是炒时最难掌握的,火小面不熟,火大锅底糊,一旦糊了,油茶入嘴里总有一股怪味,口感较差。故火要适中,偏小也可,无非

多翻炒会,还便于入味,但手上不能停,要不断的翻炒,防止扒底,待面粉颜色由白变黄、香气溢出时即可出锅。

⑧ 出锅成品是炒面,此时在大锅中把油茶用开水兑开,兑时只可用滚水,手上不停均匀搅拌,切不可在锅里滚出面疙瘩来,在搅拌的同时小火加热,待油茶黏糊匀匀时即冲好。

⑨ 麻花做成后,下到煮好的油茶中,就叫油茶麻花。取炸好的新鲜麻花泡入,面上撒上芝麻,杏仁,黄豆,花生、核桃颗粒等配料。

4.10.16 陕西汉中面皮

（1）配方

高筋面粉1500 g、干酵母16 g、盐10 g。

（2）加工方法

① 制浆:将1500 g面粉加700 g水,10 g盐(盐在水里化开)的比例和成面团,然后饧发0.5 h,接着盘软揉光之后分五次以上加入水洗出面筋,然后沉淀,(夏天沉淀5～6 h,冬天12 h)将洗出来的面筋静置20 min,让它自然发酵后再煮。煮的时候将面筋揪成鸡蛋大小的剂子,放入开水锅中大火煮20 min即可。出锅后晾凉用手撕成条备用。

② 发酵:将沉淀好的面浆水去掉上边的浑水然后搅拌均匀加干酵母15 g(酵母粉加30℃温水化开)之后充分搅拌均匀。再让它自然发酵(发酵时间夏天8～10 h,冬天15 h以上,肉眼判断面浆表面有均匀气泡,味微酸即可)。

③ 滋面:将发酵好的面浆搅拌均匀,锅烧热刷上色拉油,然后开小火倒入1/3发酵好的面浆(一次不要倒得太多),用木棒搅动,待面水糊化黏稠时须用力不停搅拌,直到面团全部粘在木棒上,颜色呈半透明状,不粘手即可。

④ 蒸皮:面团取出之后,快速趁热将其揉至光滑即可擀面皮,每次不要擀的太多,注意不要烫伤。擀好的面皮每三张一摞放蒸锅中大火蒸5 min即可。

4.10.17 洛阳驴肉汤

（1）配方

驴肉 500 g，料酒 25 g，精盐 5 g，味精 3 g，葱段 10 g，姜片 10 g，花椒水、猪油各少许。

（2）加工方法

① 将驴肉洗净，下沸水锅中氽透，捞出切片。

② 烧热锅加入少许猪油，将葱、姜、驴肉同下锅，煸炒至水干，烹入料酒，加入盐、花椒水、味精，注入适量水，烧煮至驴肉熟烂，拣去葱、姜，装碗即成。

（3）产品特点

味道醇香，汤汁浓厚，风味独特，北方风味，并有补气血、益脏腑之功效，适用于贫血、筋骨疼痛、头眩等症状。

4.10.18 安阳扁粉菜

（1）配方

大棒骨 1000 g、扁粉条 150 g、鸭血 200 g、豆腐 200 g、黑木耳50 g、青菜适量。

（2）制作方法

① 大棒骨洗净后凉水入锅焯水。

② 起浮沫后捞出，再清洗掉表面浮沫。

③ 压力锅烧开水，下入焯好的骨头，将姜和辣椒、花椒、八角等煮肉料放入调料盒中，压力锅上汽后压 20 min。

④ 煮好的骨头汤备用。

⑤ 扁粉条用水泡软，取适量的骨头汤，也放入几块骨头，加盐和胡椒粉再煮上 2 min。

⑥ 豆腐、鸭血切块，泡发的黑木耳洗净。

⑦ 把扁粉下入锅中煮开，豆腐、鸭血和黑木耳都放入锅中，炖煮 3 ~ 5 min。

⑧ 最后下入一点青菜，即可关火。

4.10.19　豆腐脑

（1）配方

黄豆 80 g、猪肉 50 g、鸡蛋 1 个、黑木耳 4 朵、苦菜 1 小把、内酯 2 g、食盐、鸡精、葱、姜、老抽、淀粉、小葱、植物油、辣椒油、生抽、白糖、鸡汁、水等。

（2）制作方法

① 将黄花菜剪掉蒂部，入水中浸泡 0.5 h 左右至软，黑木耳泡发后切成细条。

② 大葱切片，小葱切花，姜切小粒，锅放油烧热，加入大葱和姜粒炒香，再加入肉末炒断生，加入木耳和黄花菜翻炒一会儿。

③ 依次加入生抽 2 大勺、老抽少量、白糖 1 小勺、鸡汁 50 mL、水 300 mL、盐适量、鸡精适量煮开。

④ 加入水淀粉勾芡煮开，鸡蛋打散，蛋液倒入锅中，边倒边用筷子搅散后关火待用。

⑤ 黄豆浸泡过夜后成胀发状，把泡好的黄豆放入料理机中，加入 400 mL 水进行搅打，将打好的生豆浆倒入小锅中，再加入 400 mL 水进入搅打，倒入小锅中。

⑥ 将豆浆加热煮开，再中小火煮 5 min 左右关火，煮豆浆的过程中取一个能够装得下豆浆的碗，将内酯用少量温水化开，转动碗，使碗壁都能沾上内酯液。

⑦ 将豆浆稍放凉，降至 80 ~ 90℃ 的样子，事先准备好一个大点的盆倒入开水，将有内酯的碗放入其中，豆浆一降至 80℃ 迅速倒进碗中，不要做任何搅拌，保温静置 15 ~ 20 min 即可凝固。

4.10.20　老潼关肉夹馍

（1）配方

五花肉 500 g、大葱 1 根、姜 1 大块、老卤汁 1 碗、香叶 2 片、丁香 4 颗、八角 2 个、花椒 15 粒、桂皮 1 段、草果 1 枚、陈皮 2 片、酱油 2 汤匙、老抽 1 汤匙、冰糖 1 汤匙、料酒 2 汤匙、盐适量、水适量、面粉

300 g、酵母 3 g、食用碱面 2 g。

（2）加工方法

①煮肉。

A. 准备猪肉，将猪肉放入凉水中浸泡 2 h 以上，中间最好换几次水，泡出肉里的血水。

B. 准备葱姜，葱切段、姜切片。

C. 准备料包，香叶 2 片、八角 2 粒、桂皮 1 段、花椒 15 粒、陈皮 2 片、草果 1 枚、丁香 4 颗。

D. 猪肉切块入锅，倒入没过肉的清水，水开焯去浮沫后再煮 3 min 左右，把肉捞出，水倒掉不要。

E. 锅内再次倒入清水放入焯好的猪肉，大火烧开，放入调料包加 1 碗老汤改小火慢炖 2 h。

F. 煮好的肉超级喷香、酥软。

G. 炖好的肉稍放凉后，用刀剁成肉末，不用太碎。

H. 将煮肉时上面的油收集起来备用。

②烙饼、夹肉。

A. 将面粉放入盆中，放入干酵母、食用碱，倒入清水用筷子搅拌成雪花状面絮；用手揉成光滑面团，将面团盖上保鲜膜放在温暖处发酵，不要完全发透，稍微有一点点起发就可以盖。

B. 将发好的面团揉匀，分成同样大小的剂子。

C. 取其中的一份先搓成长剂子，手掌略压扁后再用擀面杖擀成长条。

D. 将收集来的煮肉的油均匀地涂抹在面片上。

E. 将涂抹好油的面片从顶端卷起。

F. 面片卷到最后留 50 cm，将面片用手指划成细条。

G. 将最后划成细条的面片卷起来。

H. 用手边卷边将卷好的面分成等份的剂子。（一定用手，不要用刀切）。

I. 然后将分好的剂子竖放在案板上，用手按扁用擀面杖擀成一个小圆饼。

J. 平底锅刷少许油,将擀好的小圆饼放入锅中小火将一面烙上色后再翻面还是小火烙上色。

K. 用刀将馍从中间切开,不要切断。将切好的肉夹入烙好的饼里即可。

参考文献

[1]朱维军. 中式糕点工艺及配方[M]. 北京:金盾出版社,2012.

[2]朱维军. 面制品加工工艺与配方[M]. 北京:科学技术文献出版社,2001.

[3]于新,李小华. 肉制品加工技术与配方[M]. 北京:中国纺织出版社,2011.

[4]于新. 乳蛋制品加工技术与配方[M]. 北京:中国纺织出版社,2011.

[5]于新. 酱腌泡菜加工技术与配方[M]. 北京:中国纺织出版社,2011.

[6]许克勇,冯卫华. 薯类制品加工工艺与配方[M]. 北京:科学技术文献出版社,2001.

[7]徐怀德,梁灵,张国权. 杂粮食品加工工艺与配方[M]. 北京:科学技术文献出版社,2001.

[8]吴昊天,吴杰. 家庭营养早餐[M]. 北京:金盾出版社,2011.

[9]滕文军. 玉米食品加工工艺与配方[M]. 北京:科学技术文献出版社,2001.

[10]唐静. 高蛋白谷物早餐糊粉工业化技术与产品研究[D]. 扬州:扬州大学,2016.

[11]齐婧,吕莹果. 多谷物面条的配方优化[J]. 河南工业大学学报,2018.

[12]莫建斌. 中式面点制作[M]. 杭州:浙江大学出版社,2012.

[13]路敏. 高膳食纤维杂粮馒头粉的研究[D]. 天津:天津科技大学,2015.

[14]刘耀华,林小岗. 中式面点制作[M]. 沈阳:东北财经大学出版

社, 2003.

[15]惠更平, 邵虎. 挤压五谷杂粮营养早餐食品的工艺参数研究[J]. 农业科技与装备, 2010(11): 30 – 32.

[16]高云, 王霞, 张彧, 等. 黑甜玉米营养早餐食品的工艺研究[J]. 食品科学, 2005(8): 558 – 560.

[17]高新楼, 邢庭茂. 小麦品质与面制品加工技术[M]. 郑州:中原农民出版社, 2009.

[18]高维, 谭念. 即食型膨化玉米粉早餐的工艺研究[J]. 食品科技, 2016, 41(4): 173 – 176.

[19]高亮. 中式面点制作[M]. 北京:中国林业出版社, 2009.

[20]傅晓如. 米制品加工工艺与配方[M]. 北京:化学工业出版社, 2008.

[21]陈逸鹏, 梁建芬. 谷物棒产品研究进展[J]. 粮油食品科技, 2014(5): 17 – 19.

[22]中式面点制作技艺[M]. 上海:上海交通大学出版社, 2014.

[23]中式面点制作工艺[M]. 北京:北京邮电大学出版社, 2014.

[24]即食玉米、南瓜羹状早餐食品加工技术[J]. 农产品加工, 2013(11): 42.

第5章 新式健康早餐加工生产工艺与配方

5.1 营养化早餐

早餐在一日三餐中占有重要的地位,只有通过食用早餐摄取足够的营养和能量,人们才能在一整天保持一个较好的状态。早晨由于人体内血液中的葡萄糖处于较低水平,以葡萄糖为能源的脑细胞就会因能源供应不足而处于怠倦状态。此时如果不吃早餐或随意的应付早餐,容易导致脑活动出现障碍。营养早餐是一种"营养、方便、卫生"的绿色食品,通俗的讲就是有养分的早餐。

5.1.1 主要原辅料

(1)蛋、奶、豆类食物

蛋白质的质和量、各种氨基酸的比例,关系到人体各种蛋白质的合成与组织更新。因此,早餐中最好要有奶类、蛋类、豆类中的两种,它们不仅能提供充足的蛋白质,还可延缓胃的排空速度,延长餐后的饱腹感。

(2)淀粉

淀粉类主食最主要的能量来源是葡萄糖。葡萄糖是由淀粉转化而来。早餐吃些馒头、面包、燕麦片、面条、包子、杂粮粥等富含淀粉类主食,能保证一上午的工作效率,且对胃有保护作用。

(3)水果蔬菜

水果蔬菜是膳食中维生素 A 和维生素 C 的主要来源。水果中所含的果胶具有膳食纤维的作用,同时水果也是维持电解质平衡不可缺少的。早餐吃点果蔬可以提供丰富的维生素、矿物质、膳食纤维和天然抗氧化物,可保持身体健康、维持肠道正常功能。因此,好的早餐中,水果蔬菜至少要有一样。

（4）坚果

坚果中富含钾、钙、镁、铁、锌等矿物质,还有极其丰富的维生素E,能够降低慢性病的危险。此外,坚果中的不饱和脂肪酸有利于心脏健康。因此,每天早晨一小把坚果,能让早餐的营养升级。当然,坚果还是高脂肪食品,不能吃过量。

（5）油

适量吃点"油",胆汁能促进脂肪的消化和吸收,而胆囊需要小肠内有高脂肪或高蛋白食物时,才分泌胆汁,若早餐缺乏脂肪和蛋白质,胆囊就无法排出胆汁。因此,早餐应该吃点"油",比如,切几片肉佐餐,或者在菜中拌勺橄榄油,都是帮助胆汁排出的好方法。专家推荐,最方便的方法就是吃个鸡蛋。

（6）水

早餐要摄入足够多的水分,至少 500 mL,既可帮助消化,又可为身体补充水分、排除废物、降低血液黏稠度。起床后先喝一杯淡蜂蜜水或白开水滋润肠胃是养生的秘诀之一。如果早晨进行体育锻炼,最好先喝水,然后出门锻炼。

5.1.2　加工工艺

在欧美等发达国家,早餐食品早已形成工业化规模,其营养甚至高于一般食品。国外已是非常成熟的零售商业模式,肯德基和麦当劳等通过采取网络外卖、免下车等方式刺激消费者进行早餐消费。连锁式餐饮业,通过标准统一化的生产和规范化的管理,满足人们对早餐方便、快捷的需求。同样 2008 ~ 2014 年,我国早餐市场规模不断增长,保持 14% 左右增长率,上海、北京等一线城市,有 2/3 的居民选择外出食用早餐,城镇居民对营养早餐的重视、消费能力的提升以及城市化进程的提速等对营养早餐市场的扩大都产生了很大推动作用,同时也促使营养早餐开始走向工业化的生产。

（1）喷雾干燥

喷雾干燥,就是通过机械力的作用,将液态或浆状食品喷成雾状液滴悬浮于热空气流中进行脱水干燥的过程,从而使表面积大幅增加。一旦这些雾化形成的雾滴与从顶部导入的热气流接触,在瞬间进行强烈的热物质交换,绝大部分水分迅速蒸发并被干燥介质带走,经过 10 ~ 30 s 便可得到干燥产品。喷雾干燥过程复杂,包括表面水分气化,微粒内部水分向表面扩散。一般而言,干燥过程分为预热、恒速干燥以及降速三个阶段。喷雾干燥在食品方面应用已经相当成熟,果蔬粉加工基本采用的都是喷雾干燥技术。

喷雾干燥技术的优点包括:干燥速度快;产品质量好;营养损失少;产品纯度高;工艺简单及生产率高。但喷雾干燥技术也存在明显缺点:如占地面积大、投资多;耗能多,热效率低;因废气中较高的湿含量,需要消耗较多空气量以减少产品的水含量,从而增加鼓风机的电能消耗同时增加粉尘回收装置的负担;干燥室内壁已被产品微粒黏附,造成清洗困难,增加设备清洗工作量;结构复杂。

(2)双螺杆挤压

双螺杆挤压机的两个螺杆可以相互啮合,具有自洁能力,同时避免单螺杆挤压中经常出现的结焦现象。双螺杆挤压技术在原料的适应性、动力消耗、物料内热分布等方面存在诸多优势,应用厂家越来越多,适用范围不断扩大。

(3)焙烤

焙烤是一种很重要的食品加工过程,通过干加热使物料脱水,同时改进食品的风味、色泽、外表以及质地。焙烤设备的形式多种,统称烤箱或烤炉,分为固定式、隧道式、盘式等。焙烤热源分为燃料和电,前者采用煤气、重油等,后者包括电热管、微波发生器等。我国焙烤食品工业已形成一定规模,但是在日常生活中,还远远没有占据到应有的地位,需要不断开发和研制适合我国国情的新产品。

(4)挤压膨化原理

挤压膨化是将含有一定水分的物料,在挤压机套筒内受到螺杆的推动作用和卸料模具或套筒内节流装置(如反向螺杆)的反向阻滞作用。另外,还受到了来自外部的加热或物料与螺杆和套筒的内部摩擦热的加热作用。此综合作用的结果使物料处于高达 3 ~ 8 MPa 的高压和200℃左右的高温状态之下。如此高的压力超过了挤压温度下的饱和蒸气压,所以在挤出机套筒内水分不会沸腾蒸发,在如此的高温下物料呈现熔融的状态。一旦物料由模具口挤出,压力骤然降为常压,水分便发生急骤的蒸发,产生了类似于"爆炸"的情况,产品随之膨胀、水分从物料中的散失,带走了大量热量;使物料在瞬间从挤压时的高温迅速降至80℃左右,从而使物料固化定型,并保持膨胀后的形状。

(5)其他

① 压片蒸煮加工工艺。该工艺通过传统的蒸汽蒸煮物料,物料熟化后搅拌成团状,再通过挤压、冷却、切割、压片成半成品,最后焙烤或涂上营养的外衣,即该工艺包括原料加工、蒸煮配料、成型、烘烤、喷涂增强剂五个阶段。

② 微波干燥技术。用微波加热时产生剧烈的微波电磁场,水分子在磁场中易被极化,分子运动中快速产生大量热能和高压环境,使水分以蒸汽的形式从原料中去除,从而实现低温、快速的干燥效果。

③ 冷冻干燥技术。冷冻干燥技术即运用低温条件使水升华,达到物料低温脱水干燥的目的,该技术能有效保留物料中对热敏感的功能性成分,且产品色泽、复水性好,但是成本较高。

5.1.3　质量要求

(1)满足人体所需要的热能和营养素

营养早餐中应含有人体需要的热能和一切营养素。各种营养素相互比例要适当。科学的早餐应是低热能、营养均衡,碳水化合物、脂肪、蛋白质、维生素、矿物质和水齐全,富含膳食纤维。因此,一般营养早餐搭配原则应包括水果蔬菜,如生菜沙拉、小番茄、苹果;饮料,橙汁、猕猴桃汁、豆浆、牛奶;主食,面包、粥、面食;配菜,凉拌海带丝等小菜;中饭前加餐,核桃、杏仁等坚果这样才能满足上午的膳食需要。

(2)能满足不同人群的需要

儿童正是生长发育的旺盛时期,注重补充丰富的蛋白质和钙相当重要。首先要少量摄入含糖量较高的食物,以防引起龋齿和肥胖。在条件许可的情况下,儿童的早餐通常以一杯牛奶、一个鸡蛋和一两片面包为最佳。牛奶可与果汁等饮料交替饮用。面包有时也可用饼干或馒头代替。中国传统的早餐也可以成为儿童的健康早餐,比如,豆浆、蒸包、白米粥、玉米粥等,都是不错的选择。对发育中的儿童来说,补充足够的钙及蛋白质是很重要的。发育中的孩子最容易忽略的营养元素是钙质,因此在搭配营养早餐时最好添加一些奶制品。

青少年时期身体发育较快,常常肌肉、骨骼一起长,特别需要足够的钙、维生素 C、维生素 A 等营养素来帮助身体的生长发育。因此,青少年合适的早餐是一杯牛奶、一个新鲜水果、一个鸡蛋和二两干点。(主要是馒头、面包、饼干等碳水化合物)青少年成长期需要营养均衡,可以选择豆浆(豆浆可以和牛奶搭配喝,如果每天饮用豆浆会急速发胖,还容易导致过快发育)、瘦肉粥、蔬菜粥等,来搭配便于均衡营养。

人到中年是"多事之秋",肩负工作、家庭两大重任,身心负担相对较重。为减缓中年人的衰老过程,其饮食既要含有丰富的蛋白质、维生素、钙、磷等,又应保持低热量、低脂肪。可以选择脱脂奶、豆浆等,对于碳水化合物的摄取,不要经常吃油条和较甜食物,一般的馒头或面包即可,不要加油的那种。此外还可以选择水果,如果要吃鸡蛋的话,不要吃蛋黄。

对体力劳动者来说,需要摄取足够的淀粉,才能满足一天的能量所需。建议在搭配营养早餐时可适当增加碳水化合物的分量,但不要一次吃完,比如,先吃一份有菜有肉、饱腹感较足的早餐,然后在十点多的时候再吃一份厚片吐司或馒头,若能随身带个苹果等水果作为餐间点心,既能补充能量,更有多种营养素。

(3)正确选配食物和科学烹调加工

合理的营养早餐必须由多种食物构成。一般应包括五大类食物:一是谷类、薯类和干豆类,主要供给碳水化合物,其次是蛋白质、B 族维生素和膳食纤维,它们是膳食中主要提供热能的食物。二是动物性食物,包括肉类、鱼类、蛋、奶类等,主要供给蛋白质、脂肪、矿物质、维生素 A 和 B 族维生素。三是大豆及其制品,主要供给蛋白质、脂肪、矿物质、B 族维生素和膳食纤维。四是蔬菜、水果,主要供给维生素 C、胡萝卜素、矿物质和膳食纤维。五是纯热能食物,如烹调油、糖、酒类等,主要供给热能。

科学烹调加工可减少营养素的丢失,使食物具有良好的感官性状,能增进食欲,利于食物消化吸收。

(4)应有合理的膳食制度和进食原则

膳食制度中定时定量最为重要。不少习惯早起的人,在清早五六点钟起床后就马上进食早餐,认为这样能及时补充身体所需,也利于身体吸收。但事实上,早餐吃得太早,不但对健康无益,还可能误伤肠胃。保健专家指出,人在夜间睡眠过程中,身体大部分器官都得到了休息,但消化器官因为需要消化吸收晚餐食物,通常到凌晨才真正进入休息状态,如果早餐吃得过早,就会影响胃肠道的休息,长此以往将有损胃肠功能。

此外,很多人因为意识到早餐的重要性,因此在早餐食物的选择上尽量丰富,大量摄入高蛋白、高热量、高脂肪的食品:如奶酪、汉堡、油炸鸡翅、煎炸食品等。但过于营养的早餐只会加重肠胃负担,对身体有害无益。在清晨,人体的脾脏困顿呆滞,营养过量会超过胃肠的消化能力,食物不宜被消化吸收,久而久之,会使消化功能下降,导致胃肠疾病,并引起肥胖。

(5)必须符合国家食品卫生标准

营养早餐中不应有微生物污染及腐败变质;无农药或其他化学物质污染;加入的食品添加剂应符合食品卫生要求。

5.1.4　几种营养化早餐的加工实例

(1)高膳食纤维杂粮馒头

① 配方。根据需求量按以下比例配置面粉:小麦粉60.6%、豆渣粉10%、青稞粉11.2%、全麦粉9.5%、荞麦粉8.7%。

② 工艺流程。

和面→面团发酵→成型→饧发→汽蒸及冷却。

③ 加工方法。

A. 用适量的温水(37℃)将酵母活化 5 min,倒入混合粉中,中速搅拌 5～10 min 至面团表面光滑,不黏手,面团内不含生粉为宜。

B. 面团发酵:将和好的面团置于相对湿度为 80% ,温度为 38℃的饧发箱中,发酵 1.5 h,至面团体积膨大,内部呈蜂窝状组织结构均匀。

C. 将发酵好的面团分割搓圆,手工揉成大小均匀、表面光滑,形状相同的馒头胚,放入屉中。

D. 将馒头胚再次置于饧发箱内,相同条件下,饧发 15 min。

E. 沸水蒸制屉内饧发好的馒头胚 20 min,取出馒头,自然条件下冷却即可。

④ 产品要求及特点。所得的杂粮馒头粉在提高膳食纤维含量的同时,其粗细程度不会影响所制成的馒头的感官品质,同时杂粮粉的添加不会影响面粉的加工品质。

(2)高蛋白谷物早餐糊粉

① 配方。以药用价值和营养价值高的黑豆为主料,与绿豆、红豆、糙米、糯米以及薏仁米等进行合理搭配,获得以糊粉类为主要形式的高蛋白即食早餐食品,为消费者提供营养丰富、方便、快捷且安全的产品。

② 工艺流程。

A. 喷雾干燥制备高营养杂豆乳粉。

原料精选→原料浸泡清洗→热烫、磨浆及煮浆→浓缩→过筛→过胶体磨→喷雾干燥→包装豆乳粉。

B. 双螺杆挤压制备高蛋白冲调糊粉。

原料精选、风选→粉碎→配比→调节水含量→双螺杆挤压操作→粉碎、干燥→包装。

C. 焙烤法制备高蛋白早餐冲调粉。

原料精选、风选→焙烤→粉碎→筛分→包装。

③ 加工方法。

A. 喷雾干燥制备高营养杂豆乳粉。

a. 黑豆、红豆和绿豆经过筛选后去除杂质和破碎豆,再经过筛分,去除霉变、腐蚀豆以及杂豆等。

b. 原料浸泡清洗:冬季6~8 h、夏季3~6 h。

c. 用90℃水热烫杀霉、去腥,同时磨浆,磨浆所用机器为自动分离磨浆机,浆渣自动分离。将豆浆煮沸15 min。

d. 在旋转蒸发仪上进行浓缩,浓缩到所需的固形物含量,用手持式折光仪判断是否达到所需固形物含量。

e. 过筛,过胶体磨:100目筛,胶体磨微磨及均质。

f. 喷雾干燥:进风温度140℃,进风量6 m³/h,压力0.3 MPa出风温度分别为60℃。

g. 收集喷雾干燥所得豆乳粉,并立即密封包装。操作人员严格按照操作规程,戴帽、着工作服、戴口罩进行操作,检查封口是否严密,按计量标准称重。

B. 双螺杆挤压制备高蛋白冲调糊粉。

a. 原料精选、风选:挑选原料时,选择无霉变及蛀虫的豆子,用风选方法去除碎石等杂质以及不饱满颗粒。

b. 粉碎:粉碎时间相同,粉碎机不能过热,否则温度过高,对原料可能会造成影响。

c. 配比:按线性规划设计配方进行配比,配比后的原料在粉碎机中混合均匀,

d. 调节水含量:按生产工艺所需的湿度进行增湿,以减少主螺杆负荷,保证产品最终质量。

e. 双螺杆挤压操作:物料水含量20%,机筒温度为155℃,螺杆转速为30 Hz。

f. 粉碎、干燥:挤压出的条形产品用高速中药粉碎机中粉碎,70℃干燥120 min,再于室温下自然冷却。冷却后过80目筛,确保口感粗粒度相同。

g. 包装:收集双螺杆挤压所得高蛋白冲调糊粉,按计量标准称重,立即密封包装。操作人员严格按照操作规程,戴帽、着工作服、戴口罩进行操作,检查封口是否严密。

C. 焙烤法制备高蛋白早餐冲调粉。

a. 原料经风选去除草棍、泥沙等杂质后,在经筛选后去除不饱满、有蛀虫、霉烂颗粒。

b. 焙烤条件为:黑豆,120℃,20 min;红豆,120℃,15 min;大米,100℃,15 min;薏仁米,120℃,20 min。

c. 粉碎:焙烤后的原料经高速中药粉碎机粉碎,每次粉碎时间相同。

d. 筛分:筛分过程中粉体分别经过 60 目筛、80 目筛和 100 目筛、120 目筛和 160 目筛五个等级。

e. 包装:收集双螺杆挤压所得高蛋白冲调糊粉,按计量标准称重,立即密封包装。

④ 产品要求及特点。便于包装、贮存、运输和销售,所得的产品符合国家食品卫生质量的标准,不得有致病菌检出。此外冲调粉色泽、组织状态及冲调性,口感、嗅觉检验其滋味、气味都应符合感官质量评价标准。

5.2 多样化早餐

随着国民经济的发展和就餐观念的转变,在我国早餐发展过程中形成了套餐化早餐和简单化早餐两种状况。套餐化的早餐餐饮内容较丰富,且营养的丰富程度较高,这类早餐只被少数国人所重视;简单化的早餐其早餐的品种数较少,其营养素满足不了人体的需要,也很少有人受得了每天都吃一样的早餐。其实只要多花些心思,做些不同的搭配,早餐可以有很多变化。鸡蛋可以水煮、油煎,或是清蒸;牛奶可以泡麦片,也可以泡饼干,甚至可以兑入米酒中……这样的安排可以摄取到不同食物,不同营养素,更易达到营养的均衡。早餐如果能够补充水果,品质会更好!水果为维生素 A、维生素 C 丰富的来源,并含 B 族维生素、纤维素与矿物质,不但具有刺激食欲的作用,同时可促进肠道蠕动以及维持体内酸碱平衡。

我国早餐食品的多样化趋势可以从地区和人群的角度进行分

析。我国幅员辽阔且纬度跨度较大,致使我国的季节性明显,因此食材种类既丰富又有明显的区域特征;南方与北方、东部与西部的区位分布不同与饮食习惯的差异性,促使早餐食品类型必然多样化;市场细分的逐渐细化,会使早餐市场上出现儿童早餐、学生早餐、女士早餐等。而以此为划分的早餐类型在本书4.9、4.10和5.4均有涉及,以下从早餐食材搭配多样化的角度简单介绍几种早餐食品。

5.2.1　鲜蔬谷物拌面

食物多样是实现平衡膳食的关键,多种多样的食物才能满足人体的营养需要。鲜蔬谷物拌面中加入了西红柿、青椒、木耳、香菜、榨菜、葱花、栗子、玉米等,多种食材的味道彼此交融,好吃好看又有营养。

(1)配方

因个人口味的不同,可以选择个人偏好的蔬菜和谷物进行搭配,常用的材料有番茄、香菇、洋葱、生菜、栗子、玉米、面条等。

(2)工艺流程

面条制作流程:

面粉检验→面粉计量→和面→熟化→压面→切条→剪齐→烘干→切断→贮存。

(3)加工方法

① 原料洗净备用。

② 西红柿切片,青椒切丝,香菜、榨菜、葱花切碎,栗子、玉米剥开。

③ 锅中放水烧开,下入适量面条煮七分熟。

④ 面条捞出放在凉水中备用。

⑤ 锅中倒入橄榄油,下入蔬菜翻炒至熟,加盐、料酒、生抽调味炒匀。

⑥ 倒入煮好的面翻炒,加入适量高汤、辣椒酱(不吃辣的朋友可以不加)。

⑦ 出锅,摆盘,完成。

（4）产品特点

多样化搭配,营养均衡;色泽饱满,增加食欲。

5.2.2　木耳鸡肉面

木耳鸡肉面中,除了木耳、鸡肉,还可以加入腐竹、红薯叶等。各种食材的加入,不仅能够让早餐的营养更加丰富均衡,还可以让口味更好。

（1）配方

通常选用鸡胸肉、木耳、青椒、生菜等进行搭配,也可根据个人喜好加入蔬菜,配料有生姜、蒜、花椒、八角、老干妈等。

（2）工艺流程

面条制作流程:

面粉检验→面粉计量→和面→熟化→压面→切条→剪齐→烘干→切断→贮存。

（3）加工方法

① 鸡胸脯肉切小片,用油、老抽腌一会儿。

② 木耳洗净待用,姜蒜切块待用。

③ 油锅烧热,加入花椒、八角、姜、蒜翻炒爆香。

④ 加入鸡肉、木耳、青椒,翻炒至熟,加入适量盐、老干妈调味,盛出。

⑤ 煮面,生菜焯熟。

⑥ 捞出面和生菜,盖上木耳炒肉,完成。

（4）产品特点

荤素搭配多样化;酱香浓厚,口味独特。

5.2.3　同类功能谷米搭配早餐

中医讲,绿色养肝、红色补心、黄色益脾、白色润肺、黑色补肾。用不同颜色的谷米类食材做粥或者饭的时候,按照食材不同的功能来搭配,可以有很好的滋补养生效果。黑豆、黑米、黑芝麻等一起煮粥,可以起到补肾乌发的作用。红豆薏米搭配起来可以除湿解毒。

（1）配方

以黑豆黑米黑芝麻粥为例,准备原料黑米、黑豆、黑芝麻、红芸豆、红豆、薏米、枸杞、莲子、红皮花生、红糖或冰糖。

（2）加工方法

① 红皮花生、枸杞、黑豆、黑米、红豆、红芸豆、薏米、莲子 4 ~ 5 颗,和起来普通小碗 1/2 ~ 2/3 碗。

② 洗净后再放入黑芝麻,用水浸泡 3 ~ 5 h,放入锅内,加水 1000 mL左右,选择煲粥挡。

③ 吃的时候,女士可以放红糖,男士可以放冰糖,不喜欢甜的可以不放。

（3）产品特点

① 含有优质蛋白质和丰富的矿物质;

② 含有丰富的不饱和脂肪酸、维生素 E 和芝麻素及黑色素;

③ 健胃、保肝、促进红细胞生长,可以增加体内黑色素,有利于头发生长;

④ 具有清除自由基、改善缺铁性贫血等多种生理功能。

5.2.4　自助搭配多样化

自助早餐的优势在于可以固定菜品,但又可以根据个人选择的不同而出现不同的搭配,形成多样化早餐。自助式早餐需要提供多样化的品类,以满足就餐者需要。

（1）禽蛋类

蛋类的早餐食谱有:水煮蛋、荷包蛋、茶叶蛋、咸鸭蛋、卤鹌鹑蛋、煎蛋饼。

① 加工方法。

A. 水煮蛋:把盐放入水中,煮开。水沸腾后,将蛋用勺子放入水中煮。如果蛋壳裂开,可以加些醋使蛋白凝固,防止流出,煮好后马上放入冰水中,这样蛋壳会比较好剥。

B. 荷包蛋:主要有两种加工方法,煎和煮。煎蛋又分单面煎和双面煎两种,单面煎出的荷包蛋较为嫩滑,而双面煎出来的荷包蛋则为香脆为主。还有一种水煮荷包蛋的做法,是将鸡蛋直接打在沸腾的水中煮制而成,其特色为蛋黄保持圆形不散开,但大多数地区将这种做法称为水铺蛋,以与荷包蛋区别。

C. 茶叶蛋:煮鸡蛋前,先要用勺子轻轻敲打鸡蛋,轻敲鸡蛋的目的在于,使每个蛋都有裂缝时,这样烹煮时容易入味,熬煮时间也不用太久。煮鸡蛋时加入盐可以使有裂缝鸡蛋的蛋液不会溢出,这样茶叶蛋会煮得十分完整。

D. 咸鸭蛋:将鸭蛋放一坛子中,水刚漫过鸭蛋,放入约鸭蛋重量一半的盐,密封盖口,腌制 7~10 d,即可食用。

E. 卤鹌鹑蛋:先用清水泡洗一下蛋,把表面的脏东西清洗干净。卤水和清水比例 1:4,加几个八角。把鹌鹑放下去煮开。煮开后用中火煮 3 min。小火煮 20 min,把蛋壳敲裂,泡 0.5 h。

F. 煎蛋饼:小勺地瓜粉加水调成糊,打入两个鸡蛋,放入葱花,最后加适量盐和鸡精调味搅拌均匀;锅里放点油,倒入适量的蛋糊摊开成饼,双面都煎好后即可。

② 产品特点。鸡蛋营养价值高,富含多种维生素、蛋白质、钙、锌、胆固醇等多种人体所需要的营养物质,不同的做法能满足不同人群的需求。

(2)粥类

粥的品种很多,自助式早餐每餐需要提供三种以上粥品供就餐者选择,如白粥、小米粥、各类蔬菜粥、皮蛋瘦肉粥、番薯粥、南瓜粥、赤豆粥等。

① 加工方法。

白粥:放大米和水一起煲,大米与水的比例分别为:全粥 = 大米 1 杯 + 水 8 杯,稠粥 = 大米 1 杯 + 水 10 杯,稀粥 = 大米 1 杯 + 水 13 杯。

小米粥:以小米作为主要食材熬制而成,煮粥时一定要先烧开水然后放入洗净后的小米,先煮沸,然后用文火熬,汤黏稠后即可关火。

蔬菜粥:将浸泡好的大米煮至八成熟后放入蔬菜一起煮,稍煮即可。

皮蛋瘦肉粥:皮蛋2个,切成粒;瘦肉切成薄片,先放入少量食粉、盐搅匀至起胶,再放入少许水,搅匀,然后放入少许生粉,搅匀后再放入少许水,如此三翻令肉片完全吸收水分,加入生油、姜丝等搅匀,腌4 h,待用;将煲好的粥底滚开,先放入姜丝、皮蛋粒,滚开后,放入肉片,待肉片浮起时离火,撒上葱花,滴上数滴麻油即可。

番薯粥:将番薯洗净去皮,切成小块,把小米淘净,将小米和薯块放入锅中,加清水适量,用大火烧沸后,转用文火煮至米烂成粥。

南瓜粥:把米和南瓜粉搅匀置入锅中,加入适量水,水以淹至原料面15 cm为好;先用大火煮,然后改用文火,不断搅拌,直至米粒完全烂熟即可。

赤豆粥:将除净杂质的赤豆,用水洗净放在锅中,加水煮至六七成熟,再将大米倒入一起煮粥。

② 产品特点。吃粥能够滋补身体,温暖脾胃,帮助消化掉胃中的积食,且容易消化,人们可以根据个人喜好选择粥的种类。

(3)杂粮类

红薯、山药、玉米、胡萝卜、南瓜、芋头、花生等杂粮都含有丰富的营养成分,杂粮的组织均含有较多的膳食纤维素,膳食纤维素经过代谢的作用,可以促进肠蠕动治疗便秘,常吃杂粮还可以预防热性疾病,防治心脑血管疾病和糖尿病等。

(4)点心类

点心类品种很多,可以每天换不同花样供应,例如,煎饺子、粟米饼、黄金糕、糯米鸡、叉烧包、生肉包、豆沙包、馒头、麦香斋包、麻球和南瓜饼等。

(5)面粉类

汤面、炒河粉、炒面、炒意粉、肠粉、酸辣粉、热干面等常见的面食都是自助早餐不错的供应选择。种类繁多,可自觉选用。

(6)西点类

玉米餐包、水果挞、叉烧餐包、香芋慕斯蛋糕、水果蛋糕、鲜奶杏仁糕、酱香方包、法式曲奇等,西点的脂肪、蛋白质含量较高,味道香甜而不腻口,样式美观。

（7）小菜类

泡菜、咸菜、榨菜丝、炸花生米、雪菜肉丝、拌海带、凉拌土豆丝等小菜,清香开胃。

（8）其他类

可以根据实际需要,准备沙拉类、水果类、饮品类等,以满足就餐者的不同需求。

5.3 功能化早餐

功能食品是指具有营养功能、感觉功能和调节生理活动功能的食品。它的范围包括:增强人体体质(增强免疫能力,激活淋巴系统等)的食品;防止疾病(高血压、糖尿病、冠心病、便秘和肿瘤等)的食品;恢复健康(控制胆固醇、防止血小板凝集、调节造血功能等)的食品;调节身体节律(神经中枢、神经末梢、摄取与吸收功能等)的食品和延缓衰老的食品,具有上述特点的食品都属于功能食品。随着人们生活水平的提高,对早餐食品的品质提出更高要求,具有营养功能、感觉功能和调节生理活动功能的功能化早餐食品应运而生。

5.3.1 富锌豆米粉

锌是人体内最重要的微量元素之一,我国的膳食构成中易引起锌缺乏症。锌的缺乏和过剩都会引起人体生理病变,这对于正在生长发育的儿童尤为重要。富锌豆米粉针对锌缺乏者提供锌的补充,强化营养。

（1）原料配方

大米粉60%、大豆粉20%、蔗糖粉20%、乳酸锌(以锌计)50 mg/kg、葡萄糖酸钙0.5%、赖氨酸0.2%、食盐0.5%。根据需要还可添加少量花生粉、芝麻粉等增加风味的原料。

（2）工艺流程

（3）加工方法

① 选料。选用支链淀粉含量高的大米,以晚粳米为好。大豆要选

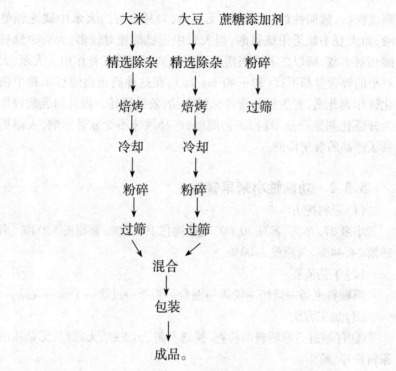

新鲜饱满无虫的。白砂糖选用一级新糖。其他添加剂均符合国家标准。

② 精选除杂。用去石机除去大米及大豆中的沙石等杂物。

③ 焙烤。将大米及大豆分别放入烘烤箱焙烤,焙烤温度为 120 ~ 150℃,25 ~ 30 min,注意不要烤煳。烤熟后迅速拿出冷却。

④ 粉碎过筛。冷却后的大米、大豆,用粉碎机粉碎并过 80 目网筛。

⑤ 辅料粉碎过筛。将蔗糖和各种辅料添加剂分别计量后粉碎,过 80 目网筛。

⑥ 混合。将各物料按配方中的比例投入混合机搅拌混合均匀。

⑦ 包装。混合均匀的成品用消过毒的食品袋包装封口。

(4)产品特点

成品呈淡黄色粉状,具有浓郁的米香、豆香味,开水冲饮时,能冲调成糊状,黏稠性好,无沉淀,无异味,口感良好。大米中缺乏赖氨酸,而大豆中缺乏甲硫氨酸,但大米中蛋氨酸相对较多,大豆中赖氨酸相对丰富,所以二者适当搭配可以起到氨基酸互补作用。大米、大豆中的锌含量都不高(30~40 mg/kg),在这种高蛋白的豆米粉中强化锌作为儿童、青少年的营养保健食品,效果更佳。而且用乳酸锌作为锌强化剂生产豆米粉,工艺简单,产品风味不受显著影响,大幅提高了产品的食用价值。

5.3.2 功能性小米早餐粉

(1)原料配方

小米27.76%、黄豆20.00%、核桃仁19.70%、葡萄皮5.00%、白砂糖24.44%、黄原胶3.00%。

(2)工艺流程

原辅料准备→焙烤→粉碎→混合→粉碎→过筛→干燥→成品。

(3)加工方法

① 仔细进行原辅料的检查,挑选新鲜、无虫蛀、无霉烂、无杂质的原料洗净、晾干。

② 将原料分别放入微波炉中焙烤,不同原料选用不同焙烤时间,以散发出浓郁香味,无焦煳现象为准,小米、大豆还要求90%以上颗粒爆裂。

③ 取已熟化的原料用粉碎机粉碎。因核桃含油量高,单独粉碎不彻底,因此将其与小米按比例混合后一起粉碎。

④ 葡萄皮粉过120目筛,其他原料粉过80目筛,各种原料按比例混合均匀,于60℃烘至恒重。

(4)产品特点

以小米作为最主要的原料,并从营养学的角度出发,选取黄豆、核桃和葡萄皮为辅料,制备出的杂粮早餐粉对羟基自由基有较高的清除率,并有一定的抗氧化能力。

5.3.3 米糠油早餐饼干

(1)原料配方

燕麦粉 300 ~ 350 g、盐 2 ~ 3 g、小苏打 3 ~ 5 g、黄油 150 ~ 200 g、蜂蜜 35 ~ 50 g、米糠油 50 ~ 80 g、猕猴桃 30 ~ 50 g、中草药提取物 10 ~ 20 g(桑寄生 1 ~ 2 g、野菊花 1 ~ 2 g、夏枯草 3 ~ 4 g、钓藤 3 ~ 5 g、天麻 2 ~ 3 g、灵芝 1 ~ 2 g、黄岑 2 ~ 3 g)、营养液 20 ~ 30 g(黑木耳 5 ~ 10 g、香菇 1 ~ 2 g、平菇 2 ~ 3 g、马齿苋 2 ~ 3 g、牡蛎 1 ~ 2 g、醋 4 ~ 5 g、板栗 3 ~ 4 g)。

(2)加工方法

① 先称取出适量的燕麦粉,过 100 目的圆筛,再称取过圆筛后的燕麦粉重量。

② 根据过滤后的燕麦片重量,称取适量的中草药,再通过分离提纯,得到中草药提取物混合物,备用。

③根据过滤后的燕麦片重量,称取适量的黑木耳、香菇、平菇、马齿苋、牡蛎、醋和板栗,通过粉碎、混合搅拌,制得营养液,备用。

④ 称取出适量的黄油,放置在加温炉内,将加温炉的温度调至 20 ~ 25℃,加温 2 ~ 3 min 后,取出,再将蜂蜜加入黄油内,进行搅拌,在搅拌的同时,加入适量盐,混合搅拌;在搅拌超过 10 min 后,再加入小苏打,混合搅拌均匀后,盛起。

⑤ 将步骤 1 中得到的燕麦粉加入混料机内,加入少量的水,再将步骤 4 得到的混合液加入混料机内搅拌,在搅拌过程中,先加入洗净去皮、去核的猕猴桃进行混合搅拌。

⑥ 待搅拌超过 20 min 后,再加入步骤 2 制取的中草药提取物混合粉末,混合搅拌,边搅拌的同时,边加入米糠油,直至混合物表面无粉末即止;再加入混合后的营养液,混合搅拌,边搅拌边加入米糠油,搅拌 10 ~ 15 min 后,即止。

⑦ 将步骤 6 中得到的混合物,倒入饼模内,再将装有混合物的饼模送入到烘干机内,将温度调节到 65 ~ 85℃,烘烤 8 ~ 10 min 后,取出。

⑧将烘烤后的饼干取出,放置在空气中,自然冷却,待饼干逐步变硬后,拣出烤焦、不规则的饼干,对合格的饼干及时包装,避免长时间暴露在空气中,使其失去酥脆的口感。

(3)产品特点

米糠油是一种稻米油,其本身是与橄榄油齐名的健康油,能有效实现降血压、降血脂,预防心脑血管等方面的疾病,该产品在饼干中加入米糠油制备的饼干,可实现降压的目的;进一步的,在该配方中加入了多种能够降压的中草药提取物,不仅能够实现促进该饼干的降压目的,也能够实现增加人体免疫力的作用;同时,在该产品成分中,通过加入由多种营养物质混合制成的营养液,从而可实现辅助降压效果,提升人体免疫力。

5.4　个性化早餐

个性化营养早餐就是根据就餐者本人已病、未病和偏食状况设计饮食结构。世界上任何食物都有药物作用,每个人缺乏或者过剩的食物也不一样,因此应该个性化科学食疗——针对高考生的特殊时期性,其早餐中会出现黑芝麻、花生米、核桃仁等有助于补脑和提高记忆力的食品;针对女性群体减肥、瘦身的要求,在其早餐中会出现低脂早餐、排毒早餐、养颜早餐等;老年人早餐的总量不宜太多,食七八分为宜,而且要控制盐分摄入量,并且避免摄入油炸食品,多摄入谷物以及粗纤维食物;糖尿病群体早餐应减少谷物,增加蛋白质含量高的肉、蛋、乳等。

5.4.1　儿童早餐

幼儿园儿童正处于快速生长发育时期,对膳食质与量的要求都明显高于成人。因此要适当调整膳食结构,制订适合儿童生长发育所需的营养食谱,才能保证儿童的健康成长。每天食用营养充足的早餐可以为儿童提供体力和智力活动所需的能量和各种营养素,而不吃早餐或早餐营养质量不佳,不仅影响儿童身体健康和智力发育,而且会造成远期健康危害。早餐中应提供含优质蛋白的食物,如奶及奶制品或豆类及其制品等。

(1)一种幼儿食用的早餐食品

① 配方。香油 4~8 g、鸡胸脯肉 6~10 g、苹果汁 4~8 g、胡萝卜汁 4~8 g、生鸡蛋 9~13 g、玉米粉 7~11 g、去皮山药 5~9 g、去皮紫薯 3~6 g、牛奶粉 7~11 g、葡萄糖酸钙 4~8 g、葡萄糖酸锌 4~8 g、红豆 3~7 g、助剂 7~12 g。

② 加工方法。

A. 将红豆研磨 6 min,然后加入去皮山药和去皮紫薯继续研磨 6 min,然后再加入牛奶粉搅拌混合 6 min。

B. 将鸡胸脯肉蒸熟,然后切成鸡肉末。加入生鸡蛋匀速搅拌混合 12 min,再加入葡萄糖酸钙、葡萄糖酸锌继续搅拌 5 min,再加入胡萝汁,继续搅拌 5 min。

C. 将 A 与 B 放入铁锅中,加入玉米粉和香油。搅拌混合10 min,再加入苹果汁继续搅拌混合 4 min。

D. 将助剂(白术 1 g、人参 2 g、三七 3 g、茯苓 4 g、玫瑰花 5 g、薏米 6 g、枇杷叶 7 g、丁香 1 g、生地 2 g、芦荟 3 g、大青叶 4 g、何首乌5 g)煮沸,关火并且加入 3 种的混合材料,搅拌混合 8 min,然后再开大火煮制 25 min 即可,食用时加入冰糖或者红糖、蜂蜜均可。

(2)蜂蜜番薯水果早餐

① 配方。

番薯100 g、蛋黄 1 颗、面粉约 40 g、各式新鲜水果少许、蜂蜜 3 大匙。

② 加工方法。

A. 地瓜去皮,切片,入蒸锅内蒸软,再迅速捣成泥状,加入蛋黄及面粉拌匀。

B. 分成约 30 g 的剂子压入蛋挞模,烤箱预热 160℃烘烤 20 min 左右。

C. 各式新鲜水果切丁或切片,摆在烤好的地瓜塔上面,再淋上蜂蜜即可享用。

③产品特点。营养分析:地瓜既含维生素 C 又含胡萝卜素,与面配合食用,可发挥蛋白质的互补作用,提高营养价值。

5.4.2　青少年早餐

青春期是生长发育的旺盛时期,又是不断加大身心活动量的高峰时期,其热量营养的需要比成人高出 25% ~ 50%。而营养素的功能就在于构成躯体,修补组织,供给热量,补偿消耗及调节生理功能等。在青春发育期的青少年有着特殊的营养要求,额外营养的摄入要比成人高 13% ~ 15%。

(1)中式牛肉汉堡

① 配料。面饼:水、酵母粉、面粉;肉馅:牛肉、洋葱、盐、白胡椒粉、鸡蛋、蚝油、花雕酒、生抽、白糖组合、生菜、番茄酱。

② 加工方法。

A. 面团提前和好,放入冰箱冷藏发酵。

B. 发酵完成,根据软硬程度不同,混合入面粉,揉成稍硬的面团,揪成合适大小的面剂,反复揉成光滑的馒头样。

C. 按压,用擀面杖擀成圆饼。

D. 平底锅烧热,将饼放入,小火,将其两面煎至微黄即可。

E. 制馅:牛肉解冻好,尽量吸去多余水分;绞肉,加入洋葱碎,用刀剁成肉泥;倒入花雕酒、生抽、蚝油、盐、白糖、鸡蛋清、白胡椒粉,搅拌均匀,成肉馅。

F. 平底锅烧热,放入煎蛋圆模,放入肉馅,用勺背压平,小火,煎至两面干爽,略黄即可。

G. 饼烙好,自中间对切开,放上洗好的生菜,牛肉饼,挤上番茄酱,放上另一个饼。

(2)牛肉烩饭

① 配料。主料:牛肉末 2 勺、白米饭 1 碗、橄榄油或玉米油 2 勺、盐适量、蚝油 1 小勺;蔬菜配料:小白菜 1 棵切片、番茄 1/3 个切粒、水白菜 1 棵切片、胡萝卜 1/2 个切粒、菠菜 1 ~ 2 棵切小节段、洋葱 1/4 个切粒。

② 加工方法。

A. 油温适宜下牛肉末、蚝油煎炒。

B. 下蔬菜配料炒匀。

C. 下汤或水适量烧开。

D. 加米饭煮软。

E. 烧至菜熟饭热即可。

③产品特点。蛋白质、维生素、矿物质丰富,含碳水化合物。红绿色彩搭配,可增进孩子食欲。洋葱有缓解疲劳,调整心情的作用。配合鸡蛋 1 个、鲜牛奶 250 mL、时令水果 1 份(50 ~ 100 g)食用,营养更佳。

5.4.3　中年人早餐

人到中年,心、脑、肾等脏器不如年轻时,十分明显的是消化系统或多或少出现了一些症状,如果此时再不注意早餐进食的质量,势必影响健康与长寿。人到中年是"多事之秋",肩负工作、家庭两大重任,身心负担相对较重,为减缓中年人的衰老过程,其饮食既要含有丰富的蛋白质、维生素、钙、磷等,又应保持低热量、低脂肪。

(1)五彩煎蛋饼 + 豌豆粥

① 五彩煎蛋饼。

A. 配方。番茄 1 个、鸡蛋 2 个、菠菜、土豆、洋葱适量。

B. 加工方法。

a. 番茄、洋葱洗净去皮切成末,菠菜洗净过沸水焯烫,切成末。

b. 土豆洗净去皮切成小块,蒸熟后捣成泥,倒入打散的鸡蛋碗内。

c. 再依次加入切好的菠菜末、番茄丁、洋葱丁。

d. 加入一匙盐将碗内食材充分搅拌均匀成鸡蛋糊。

e. 平底锅烧热后倒入少量的油,油至七分热。倒入鸡蛋糊,将两面分别煎至金黄色即可关火。

f. 稍稍放凉后,用刀按自己的喜好切成块装盘即可食用。

② 豌豆粥。

A. 配方。豌豆、核桃仁、糯米粉。

B. 加工方法。

a. 新鲜豌豆放锅内,焯熟,将焯熟的豌豆捞出,放入料理机内,放入去皮的核桃仁,放入适量的清水,将其打成茸,倒入筛子中,将其过滤,滤除豌豆渣子。

b. 将滤除的豌豆汁中,加入足量的清水,搅拌均匀,再加入糯米粉,搅拌至无颗粒状态。

c. 开火,边熬煮,边用勺子轻轻搅动,防止粘锅,直至粥烧开,烧开 3 min 左右,关火,放入少许白糖调味,或者晾凉放入蜂蜜,搅拌均匀即可。

(2)香橙薄饼 + 秘制南瓜粥

① 香橙薄饼。

A. 配方。面粉 100 g、鸡蛋 2 个、牛奶 200 g、橙皮碎 2 勺、蜂蜜适量、橙子果肉适量。

B. 加工方法。

a. 面粉、牛奶、鸡蛋、橙皮碎混合均匀。

b. 平底锅烧热,涂薄薄一层油,转中小火,倒入适量的面糊,晃动锅摊成一张薄饼。

c. 等到边上翘起且表面凝固了,翻一面,煎至双面黄色。

d. 淋上蜂蜜,卷上橙子果肉,就可以吃了。

② 秘制南瓜粥。

A. 配方。小南瓜 1 个,糯米粉、冰糖适量。

B. 加工方法。

a. 南瓜洗净,去皮去瓤,切大块。

b. 用蒸锅或微波炉制作南瓜泥。将南瓜块放入微波炉专用的蒸盘中,在蒸盘下层加入适量水,上面盖上盖子,放入微波炉中高火加热 10 min 左右。

c. 蒸好的南瓜取出,用筷子或叉子试一下看南瓜是否已经蒸透,然后放入容器,趁热用小勺压成南瓜泥。做好的南瓜泥不要都用掉,可留点做南瓜饼。

d. 南瓜泥入汤锅,加入清水煮开。

e. 等待水煮开时,取一个小碗,将糯米粉用水调成糊状。

f. 南瓜泥煮开后,用汤勺舀一勺糯米糊加入汤锅中,并不断搅拌以防止糯米糊结块,达到自己想要的黏稠度后,就不用再加入糯米糊了。

g. 稍煮一会后加入冰糖或白糖调味。

5.4.4　老年人早餐

随着年龄增长,人们对养生的关注度越来越高。早餐作为一天饮食的开始,对老年人的健康至关重要。因为老年人的牙齿不如从前,所以最好选择一些松软、容易消化吸收的食物,同时兼顾一下食物的色、香、味、形。烹调方法以蒸、煮、炖、炒为主,可切成小块、或削成薄片、或刨成丝、或打成泥后再烹调,也可把肉菜放入粥、面中一起烹调。应尽量避免吃油腻、腌制、煎、炸、烤的食物。

老年人早餐,本着以下膳食原则:一是平衡膳食。二是粗细食物合理搭配。三是清淡少盐食物,忌烈酒。四是保证新鲜水果蔬菜的摄入。

(1)老人特食早餐

① 配方。橄榄油 4 g、猪肉末 8 g、鸡蛋清 13 g、高筋面粉 12 g、猪血 1 g、绿豆 5 g、去皮土豆 5 g、羊奶粉 6 g、葡萄糖酸钙 5 g、柠檬酸锌 3 g、西瓜汁 5 g、助剂(鹿茸 1 g、鹿角 2 g、百合 3 g、五味子 4 g、九香虫 5 g、菟丝子 6 g、海狗肾 1 g、冬虫夏草 2 g、当归 3 g、三七 4 g、苏合香 5 g、黄芪 6 g)。

② 加工方法。

A. 将绿豆研磨 8 min,加入去皮土豆继续研磨 5 min,然后再加入羊奶粉搅拌混合 5 min。

B. 将猪肉末与鸡蛋清匀速搅拌混合 10 min,然后加入葡萄糖酸钙、柠檬酸锌,继续搅拌 5 min,再加入西瓜汁,继续搅拌 5 min。

C. 将 A 与 B 放入铁锅中,然后加入高筋面粉和橄榄油,搅拌混合 8 min,再加入猪血继续搅拌混合 3 min。

D. 将助剂煮沸,然后关火并且加入 A 中的混合材料,加入后搅拌混合 8 min,再用大火煮制 25 min 即可,食用时加入冰糖或者红糖、蜂蜜均可。

(2)老人特食谷物早餐

① 配方。糯米粉 18 g、粳米 12 g、山药粉 6 g、葛粉 8 g、黑芝麻粉 6 g、枸杞粉 1 g、山植粉 0.3 g、芹菜泥 28 g、盐 1 g。

② 加工方法。

A. 芹菜去根留叶,清洗干净沥水,然后将芹菜和盐倒入粉碎机粉碎成泥,去除表层泡沫,形成混合物 A 待用。

B. 将糯米粉、粳米、山药粉、葛粉、黑芝麻粉、枸杞粉、山楂粉依次倒入混合物 A 里,高速搅拌均匀后待用。

C. 制成方格型格栅,每一个格栅的容量为 150 g 左右,格栅厚度 2.5~3.0 cm。

D. 圆形竹编蒸笼铺上一层纱布,然后将格栅放置在上面,再将混合物 A 填满每一个格栅,等到锅里的水煮沸,放上蒸笼,大火蒸上,25~30 min 取出冷却,即为成品。

5.4.5 "三高"人群早餐

对于有高血压、高血脂、高血糖的人来说,由于饮食控制、药物服用、消化功能不良、甲状腺功能低下等原因,很容易造成维生素 A 的缺乏,进而使身体健康"雪上加霜"。常喝胡萝卜奶,不但有助于降"三高",还能提高免疫力,预防感冒,冬天喝尤为有益。β-胡萝卜素不但能降血压、降血脂、降血糖、美容、抗癌、通便和抗衰老,还具有提高免疫功能、肺功能和上呼吸道抗感染的能力。牛奶中富含的脂肪与胡萝卜搭配在一起,可以为身体充分提供优良的脂溶性环境,促进β-胡萝卜素更快、更好地转换为维生素 A。

三高人群的饮食应注意:低热量、低脂肪、低胆固醇食物;食用含膳食纤维、维生素的食物。预防三高的食物:一是燕麦片,降血脂;二是洋葱,有助于血栓溶解,三是玉米,降低胆固醇并软化血管。在配餐时可有倾向地选择。

（1）一种适合三高人群的营养早餐

① 配方。亚麻籽 43 g、薏米 40 g、黑米 40 g、山药 40 g、山楂 32 g、核桃 32 g、藕 30 g、糯米 37 g、蚕豆 37 g、冬麦 25 g、松子仁 25 g、红枣 35 g、赤小豆枣 35 g、绿豆 35 g、黑豆 35 g、栗子 33 g。

② 加工方法。

A. 按配方称取亚麻籽、薏米、黑米、山药、山楂、藕、糯米、蚕豆、冬麦、松子仁、赤小豆枣、绿豆和栗子，用纯净水清洗干净，沥干表面水分后，放入阴阳井水中浸泡。

B. 将浸泡好的食材捞出，放入木桶中用蒸汽蒸煮，混匀得到混合物料。蒸汽温度为 75℃，蒸汽压力为 0.8 MPa，蒸煮时间为 90 min。

C. 按照重量份数称取核桃、红枣、黑豆，用纯净水清洗干净，沥干表面水分后，放入天然石锅中炒制，然后放入阴阳井水中浸泡，混合均匀得到炒制物料。炒制温度为 75℃，时间为 80 min。

D. 将步骤 B 的混合物料和步骤 C 的炒制物料混合均匀，取出放入烘干机中进行烘干，烘干温度为 40℃，时间为 3 h。

E. 将步骤 D 烘干的物料送入石磨中低速研磨成粉末，再经喷雾干燥提香、微波灭菌、包装，获得所述营养早餐，石磨转速为 50 r/min，研磨时间为 14 min。研磨成过 250 目筛的粉末。微波灭菌温度为 55℃，时间为 20 min，频率为 2150 MHz，功率为 7 kW。喷雾干燥提香的温度为 38℃，入料速率为 20 mL/min，雾化器转速为 2000 r/min。

③ 产品特点。由亚麻籽、薏米、黑米、山药、山楂、藕、糯米、蚕豆、冬麦、松子仁、赤小豆枣、绿豆、栗子、核桃、红枣、黑豆制成。搭配科学合理，富含膳食纤维，营养丰富且均衡，克服了早餐营养单一、不均衡的缺点，能够满足人体对各种营养物质的需求，通过采用阴阳井水浸泡，使原料中的营养物质能够很好地被人体吸收。帮助三高人群增强抵抗力，同时还具有降血糖、降血压、降血脂、抗癌、抗衰老、延年益寿的功效，十分适宜三高人群日常食用。原料均采用药食同源的纯天然物质经低温加工制得，有效减少原料营养成分的流失，不添加任何化学原料，食用更加安全健康。

（2）一种"三高"人群早餐

① 配方。大米 350 g、燕麦 55 g、优糖米 35 g、玉米 35 g、魔芋粉 25 g、紫菜 20 g、草菇 15 g、金针菇 15 g、山楂 15 g、荷叶 15 g、桑叶 15 g、橄榄油 5 g、食盐 4 g、卵磷脂 1 g、α-亚麻酸 0.8 g。

② 加工方法。

A. 将大米、燕麦、优糖米和玉米洗净，用冷水浸泡 4 h。

B. 在锅内加入 800 mL 的水，加入橄榄油，烧开。

C. 将泡好的大米、燕麦、优糖米和玉米放入锅内，小火熬煮 30 min。

D. 将草菇和金针菇洗净，切碎，放入锅内，小火搅拌熬煮 10 min。

E. 将紫菜、山楂、荷叶和桑叶打碎，放入锅内，小火搅拌熬煮 20 min。

F. 向魔芋粉内加入 2 倍量的温水，搅拌均匀，无颗粒状，倒入锅中，加入食盐，小火搅拌熬煮 5 min。

G. 向锅内加入卵磷脂和 α-亚麻酸，小火搅拌熬煮 5 min。

H. 称重，包装，可用吸管进行吸食。

5.4.6 孕妇早餐

初孕阶段是准妈妈十月怀胎的开始，也是人类生命之初的开始，这时候准妈妈每天对营养的需求必须达到均衡全面，既营养又安全。孕妇营养状况和营养素摄入量的平衡与否，对孕妇自身健康、胎儿的生长发育直至其成年的健康，都会产生极大的影响。孕妇在日常饮食中，无论是营养不足或是营养过剩，都不利于自身和胎儿的健康。

（1）孕妇第一阶段全营养早餐

① 配方。豆奶粉 100 g、燕麦片 25～75 g、大豆片 10～30 g、大豆分离蛋白 10～30 g、麦芽粉 5～35 g、聚葡萄糖 8～28 g、低聚果糖 6～20 g、大米粉 5～20 g、绿豆片 5～15 g、木瓜粒 5～15 g、椰蓉 3～9 g、红豆片 1～9 g、全脂奶粉 1～9 g、芒果粒 1～9 g、粉末亚麻籽油 0.5～10 g、乳清蛋白粉 1～10 g、白芝麻 1～10 g、碳酸钙 0.1～5 g、菠菜粉 0.01～5 g、红枣粉 0.01～5 g、鱼胶原蛋白肽粉 0.01～10 g、海藻粉

0.01～10 g、维生素 B_1 18.75～31.25 μg、维生素 B_2 18.75～31.25 μg、维生素B_6 25～62.5 μg、维生素 B_{12} 0.0125～0.025 μg、叶酸 2.5～6.25 μg。

② 加工方法。

A. 将维生素 B_1、维生素 B_2、维生素 B_6、维生素 B_{12}、叶酸、碳酸钙、海藻粉、红枣粉和全脂奶粉混合均匀,得到预混物。

B. 将维生素 B_1、维生素 B_2、维生素 B_6、维生素 B_{12}、叶酸、碳酸钙、海藻粉、红枣粉和全脂奶粉加入搅拌机中,搅拌机的搅拌器转速设定为 15 r/min,搅拌 15 min,使维生素 B_1、维生素 B_2、维生素 B_6、维生素 B_{12}、叶酸、碳酸钙、海藻粉、红枣粉和全脂奶粉混合均匀。

C. 将豆奶粉、燕麦片、大豆片、大豆分离蛋白、麦芽粉、聚葡萄糖、低聚果糖、大米粉、绿豆片、木瓜粒、椰蓉、红豆片、芒果粒、粉末亚麻籽油、乳清蛋白粉、白芝麻、菠菜粉和鱼胶原蛋白肽粉添加到上述预混物中,并混合均匀,得到孕妇第一阶段全营养早餐。

D. 上述步骤 C 中,将豆奶粉、燕麦片、大豆片、大豆分离蛋白、麦芽粉、聚葡萄糖、低聚果糖、大米粉、绿豆片、木瓜粒、椰蓉、红豆片、芒果粒、粉末亚麻籽油、乳清蛋白粉、白芝麻、菠菜粉和鱼胶原蛋白肽粉添加到搅拌机中,搅拌机的搅拌器转速设定为 25 r/min,搅拌 15 min,使豆奶粉、燕麦片、大豆片、大豆分离蛋白、麦芽粉、聚葡萄糖、低聚果糖、大米粉、绿豆片、木瓜粒、椰蓉、红豆片、芒果粒、粉末亚麻籽油、乳清蛋白粉、白芝麻、菠菜粉、鱼胶原蛋白肽粉与预混物混合均匀。

E. 制得孕妇第一阶段全营养早餐后进行分装,经检查质量后,即可得到成品。

(2)一种孕妇食用的早餐食品

① 配方。橄榄油 8 g、鸡胸脯肉 5 g、鸽子肉 6 g、猕猴桃汁 8 g、鸡蛋清 12 g、红酒 4 g、小麦粉 10 g、去皮红薯 4 g、去皮山药 5 g、羊奶粉 6 g、葡萄糖酸锌 7 g、柠檬酸钙 8 g、薏米 9 g、助剂 10 g(百合 1 份、麦冬 2 份、石斛 3 份、人参 4 份、五味子 5 份、黑芝麻 6 份、芡实 1 份、银杏 2 份、莲子须 3 份、山茱萸 4 份、锁阳 5 份、三七 6 份)。

② 加工方法。

A. 将薏米研磨 5 min,加入去皮红薯和去皮山药,继续研磨

5 min,加入羊奶粉,搅拌混合 5 min,再加入红酒,继续搅拌混合5 min。

B. 将鸡胸脯肉、鸽子肉分别蒸熟,然后均切成末,再倒入瓷碗中加入鸡蛋清匀速搅拌混合 13 min,再加入葡萄糖酸锌、柠檬酸钙,继续搅拌混合 5 min,最后加入猕猴桃汁,继续搅拌 6 min。

C. 将 A 与 B 放入铁锅中,加入小麦粉和橄榄油,搅拌混合 15 min。

D. 将助剂煮沸,关火并且加入 C 中的混合材料,搅拌混合 8 min,然后再开大火煮制 25 min 即可,食用时加入冰糖或者红糖、蜂蜜均可。

③ 产品特点。根据孕妇孕期需要对各种营养素进行个性化补充,保证孕妇孕期营养状况维持正常,对于妊娠过程,胎儿、婴儿的发育,都有重要的作用。

5.5　艺术化早餐

人类社会延续几千年的早餐是以传统的豆浆、油条、粥类、包子、馒头、米粉、面条、肠粉、糕点等谷类食物为主导的早餐产品,它不仅能满足人体对脂肪及脂肪酸、糖类、膳食纤维的需求,还会加强体内重要微量元素的摄入。很多时候,我们把早餐都当作例行公事一般,只要能填饱肚子,随便给自己一个交代就可以了。至于营养和美味,实属一种奢侈品。没错,早餐就应该做得如奢侈品一样典雅华贵,唯有如此,才能调动起你所有的感官体验,发动你这一天的兴奋引擎。而兼具这两种功能的早餐不仅是食品,更是艺术品!

餐饮消费者的需求层次性与多样性使得早餐食品除安全、营养等外,还应从饮食美学的角度讲求味美、触美(口感美)、嗅美、色美、形美等感觉美和器美、境美等意美。早餐食品具有营养是内隐的,具有感觉美的艺术特征是外显的。讲究口味美等艺术特征是早餐食品发展的时代趋势,只有这样才能满足当代早餐食品消费者的饮食审美需求。

5.5.1　薄皮鲜虾饺

薄皮鲜虾饺,是一道广东传统点心,又称虾饺。制作时以熟淀面即淀粉(又称澄粉)面团作皮,鲜虾肉、猪肉泥、嫩竹笋等拌匀作馅。然后包成饺形蒸制而成。皮薄、白呈半透明,软韧而爽,味鲜香醇。被外省同行称为三绝。

(1)配方

澄粉450 g,淀粉50 g,虾肉125 g,干笋丝125 g,猪油90 g,盐、味精、白糖、鸡粉、麻油、胡椒粉各适量。

(2)加工方法

① 把澄粉100 g和生粉10 g放入盆内,用150 mL开水冲入盆中,边冲边搅。

② 搅匀后整型成圆形面团,把盆和面团一起倒扣在桌面上,静置15 min。

③ 然后把面团从盆里拿出来放在桌面上,加入2小匙油揉透,使面发出光泽。

④ 把面团分成20个小圆形,然后在刀上抹点油,用刀把面团压扁成薄片,成澄面皮。

⑤ 把200 g大虾剥洗干净,用布吸去水分,其中140 g加60 g肥肉一起用刀背剁烂成泥。

⑥ 另外60 g虾肉不切,待用。

⑦ 把剁好的虾泥放入盆内,加鸡粉1小匙、盐1/2小匙、糖1小匙后,戴上一次性手套给它做个按摩,像揉面一样,大约揉15 min,直到虾泥起劲为止。

⑧ 再放入虾肉、胡椒粉1/4小匙、油1汤匙一起搅匀。用盘盛装,放入冰箱内冷藏约30 min。

⑨ 左手托起圆形澄面皮,在澄面皮中央放入适量的馅。

⑩ 然后捏出些皱褶,弯成弯梳形,成形后虾饺肚较高,肚子上半截呈现出均匀的花纹小褶。

⑪ 把虾饺放入蒸笼,虾饺底部垫上薄薄的胡萝卜片,放到有沸水

的锅中,用大火隔水蒸 5 min 即可。

（3）产品特点

以淀粉（又称澄粉）面团作皮,鲜虾肉、猪肉等拌匀儿馅,包成饺形,蒸制而成。其形似弯梳,故又称弯梳饺。皮薄、爽软、色白、晶莹透亮,饺内馅料隐约可见;馅心鲜美,形态精致,玲珑美观。

5.5.2　干蒸烧卖

干蒸烧卖是广东省广州市的一道传统地方小吃,属于粤菜系,该小吃也是广式早茶中必点的人气点心之一;干蒸烧卖是用半肥瘦猪肉、虾仁、云吞皮和鸡蛋为主要原料,以生抽、白糖、盐、鸡精、胡椒粉、生粉、料酒为配料加工制作而成的。在 20 世纪 30 年代,干蒸烧卖已风靡广东各地,后又传遍广西的大中城市,成为岭南茶楼、酒家茶市必备之品。

（1）配方

面粉 500 g、鸡蛋 150 g、碱水 5 g、清水 125 mL、玉米粉 250 g、瘦猪肉 150 g、鲜虾肉 250 g、水发冬菇 50 g、味精 12 g、精盐 10 g、白糖 15 g、大油 50 g、生抽（白酱油）15 g、香油 10 g、胡椒粉少许。

（2）制作方法

① 把面粉放在案板上开窝,放入鸡蛋、清水、碱水和匀搓揉滑,用湿布包起来饧 15 min。将面团搓成细长条,再用刀切成约 6 mm 厚的小圆片,用小走槌把小圆片放在干玉米粉里擀成带花边样的小饼皮待用。

② 把瘦肉切成细粒放入盆内,然后加适量盐、生抽、味精搅一下。将大虾去皮整理干净,剁烂放入另一个盆里加入盐、味精摔打、搅和

起胶,再把剩余的肥肉、冬菇切成小粒,和肉、虾合成一体,把所有的调料放入搅匀即成馅。

③ 左手拿皮,右手用尺板拨 15 g 馅放入皮内,用拇指和食指收口,再加上尺板按平,边压边收,成圆形,从顶部可见一点馅心。包好后,放在刷过油的小笼屉上,每笼放 4 个,烧卖张嘴处可加点香肠末或蛋黄茸加以点缀。蒸时要用大汽,约 7 min 即可(时间过长易脱皮)。

(3)产品特点

干蒸烧卖用薄面皮裹半露的肉馅料蒸熟,色鲜味美,质地爽润,爽口不腻,猪肉的蛋白质含有人体必需的各种氨基酸,因此易被人体充分利用,营养价值高。

5.5.3　肠粉

肠粉是一种广东非常出名的汉族传统小吃,属于粤菜系,源于唐朝时的泷州(今广东罗定市)。肠粉分类只能按其制作方式来划分,一般用布拉的称为布拉肠粉,另一种是直接蒸的,通常是用抽屉式肠粉。

(1)配方

三象黏米粉 150 g、澄粉或生粉 30 g、盐 1/4 小匙、油 1 大匙、水 500 mL、葱一根、蒜瓣两个、虾皮两勺、生抽一勺、白芝麻一勺、芝麻酱两勺、辣椒酱两勺。

(2)制作方法

① 锅中倒油,炒香虾皮和蒜泥,盛出备用。

② 将黏米粉、生粉、盐、油(加油后肠粉会更滑)、水一起兑匀,放入葱花和炒好的虾皮蒜泥,搅拌均匀无颗粒。(用打蛋器搅拌会让粉

质更细腻)。

③ 平盘中刷一层薄薄的油,蒸锅大火将水烧开。

④ 将一勺米粉浆倒入平盘中,摇晃均匀,摆平,大火入蒸锅蒸2 min即可。

⑤ 蒸好的每一片肠粉可以直接卷起来,也可以放入虾仁,素菜等(前后蒸了近十次,如果有大的蒸锅和方形蒸盘,可以只蒸三四次直到米粉用完为止)。

⑥ 最后将卷起的肠粉切断,摆入盘中,撒芝麻,淋上生抽或豉油,辣椒酱即可。

(3)产品特点

粤式肠粉是广东茶楼必备的小食,看起来粉皮白如雪花、薄如蝉翼、晶莹剔透,吃起来鲜香满口、细腻爽滑、还有一点点韧劲,让人一吃难忘。肠粉含有丰富的蛋白质、微量元素、维生素等,具有强身、益寿功效,尤其适合于营养不良的儿童青少年。

5.5.4 三明治

三明治是一种典型的西方食品,以两片面包夹几片肉和奶酪、炼乳等各种调料制作而成,吃法简便,广泛流行于西方各国。三明治以面包为主料,配以各种蔬菜、肉、蛋等,因面包和蔬菜、肉、蛋种类的不同而有多种。

(1)茄子类

① 原料。

主料:法棍面包,此款面包本身有淡淡的香味,无论直接食用还是烤食都很棒,基本可以与任何材料搭配。配料:茄子、西红柿、鲜奶酪、鸡蛋。

② 加工方法。

A. 茄子、西红柿洗净切薄片。

B. 茄子片裹鸡蛋、面包屑炸熟。

C. 在面包上依次铺鲜奶酪、炸茄子片,西红柿片即可;如果嫌口味淡,可在奶酪上撒适量盐调味。

③ 产品特点。这款全素的三明治以茄子作为主料,加入鲜奶酪调味,味道鲜美,与众不同。

(2)花生酱类

① 原料。1 袋三明治面包、1 瓶肉松、1 瓶花生酱、1 袋早餐奶、1 个番茄。

② 加工方法。取两片三明治面包,在一片上抹一小匙花生酱,在另一片上抹约 20 g 肉松,将一个番茄切片加在中间食用即可。

(3)玉米蛋类

① 原料。材料:吐司 2 片、鸡蛋 1 颗、玉米粒 1~2 匙、盐少许、番茄酱适量、胡椒粉适量、油。

② 加工方法。

A. 鸡蛋打散加入玉米粒和盐拌均匀。

B. 平底锅起锅,加少许油,倒鸡蛋进去煎成四方形。

C. 吐司烤热或不烤皆可。

D. 把煎好的玉米蛋摆到吐司上,洒上胡椒粉和番茄酱。

(4)火腿类

① 火腿奶酪三明治。

A. 原料。

主料:法棍面包(不光外形粗犷豪放,吃起来也很有质感,与蔬菜配合相得益彰)。配料:火腿片、生菜、西红柿、奶酪片。

B. 加工方法。

a. 生菜洗净,西红柿洗净切片,面包横切两半。

b. 在面包上依次铺上火腿片、奶酪片、西红柿片、生菜即可。

② 小香肠棍子三明治。

A. 原料。法式长棍面包、香肠2根、5~6片油炸洋葱圈、甜椒片适量、浓番茄汁。

B. 加工方法。

a. 用1/3的长棍面包或一只手工做的普通面包,将其切开。

b. 在底部放一些番茄浓汁,随后放小香肠、油炸洋葱圈、甜椒片。

c. 再浇上一层番茄浓汁,盖上上层面包即可食用。

③ 番茄火腿起司三明治。

A. 原料。材料:英式吐司6片、番茄1个、火腿2片、起司(乳酪)2片、牛油适量。

B. 加工方法。

a. 番茄切片用纸巾吸去水分。

b. 吐司把皮切掉拿去烘。

c. 在烘好的吐司上抹牛油,夹进番茄、起司和火腿即可。

(5)鱼肉类

① 金枪鱼三明治。

A. 原料。

主料:吐司面包。配料:金枪鱼罐头、蛋黄酱、鸡蛋、西红柿、生菜叶。

B. 加工方法。

a. 西红柿洗净切片,鸡蛋煮熟切片,去掉吐司面包的四边。

b. 取适量金枪鱼块和蛋黄酱铺在一层吐司面包上。

c. 在金枪鱼上依次铺鸡蛋、生菜和西红柿。

d. 盖上另一片面包,沿对角线切成两个三角形三明治。

C. 产品特点。口感鲜美,营养丰富。

② 印度咖喱鱼排三明治。

A. 原料。鸡蛋吐司 3 片、洋葱 1/2 颗、茄子(小型)1 条、番茄(小

型)1个、鲷鱼片(70g)2片、低筋面粉适量、鸡蛋1个、面包粉适量、盐适量、胡椒粉适量、印度咖喱块3块、高汤200 mL。

B. 加工方法。

a. 番茄切成半圆形的薄片备用;在洋葱上先插上数根牙签以固定切好的圆形,切成圆形薄片;茄子先剖成两半,再横切成数段。

b. 切好的茄子及洋葱先裹上一层低筋面粉,再放入170℃的油锅中速炸至稍软后即可捞起。

c. 鸡蛋打散成蛋汁;鲷鱼片洗净各切成两半后沥干水分,先撒上少许盐及胡椒粉,再依序沾上低筋面粉、蛋汁及面包粉,入锅炸至锅中油泡变小,且鱼排呈金黄色即可捞起。

d. 将高汤煮开,加入印度咖喱块煮至浓稠状的咖喱酱汁备用。

e. 先将吐司去边,在第1片吐司上依序铺上适量洋葱圆片、炸茄子、番茄片,盖上第2片吐司,铺上少许苜蓿芽以及沾满咖喱酱汁的鲷鱼排,再盖上第3片吐司,用刀子斜切成两等份的梯形三明治,分别以叉子串起固定即可。

③ 金枪鱼三明治。

A. 原料。

主料:吐司面包。配料:金枪鱼罐头、蛋黄酱、鸡蛋、西红柿、生菜叶。

B. 加工方法。

a. 西红柿洗净切片,鸡蛋煮熟切片,去掉吐司面包的四边。

b. 取适量金枪鱼、蛋黄酱一起拌匀,铺在一层吐司面包上。

c. 在金枪鱼上依次铺鸡蛋、生菜和西红柿。

d. 盖上另一片面包,沿对角线切成两个三角形三明治。

特点:口感鲜美,营养丰富。

5.6　药膳早餐

"药膳"的名称,最早见于《后汉书·列女传》记载"母亲调药膳思情笃密",随后《宋史·张观传》有"蚤起奉药膳"。药膳与食疗最早混称为食养、食治、食疗,没有严格区分。从现代概念上说,药膳是指包含有传统中药成分、具有保健防病作用的特殊膳食,从膳食的内容和形式阐述膳食的特性,表达膳食的形态概念。

药膳是在中医学理论指导下,将不同药物与食物进行合理组方配伍,采用传统和现代科学技术加工制作,具有独特的色、香、味、形、效,且有保健、防病、治病等作用的特殊膳食。它既能果腹及满足人们对美味食品的追求,同时又能发挥保持人体健康、调节生理功能、增强机体素质、预防疾病发生、辅助疾病治疗及促进机体康复等重要作用。

药膳的使用应尊重平衡阴阳、调理脏腑、扶正祛邪、三因制宜、勿犯禁忌的原则。药膳根据功效可以分为:解表类、清热类、泻下类、温里祛寒类、祛风散邪类、利水渗湿类、化痰止咳类、消食解酒类、理气类、理血类、安神类、平肝潜阳类、固涩类、补益类、养生保健类几大类。根据形态可以分为:菜肴类、粥食类、糖点类、饮料类几大类。

一顿好的早餐对身体健康会起到很大的作用。俗语曰:早晨要吃好,午餐要吃饱,晚上要吃少,可不仅仅指的是早餐能满足人体一上午的能量需求,早餐吃得好,还能够调理体质,改善体虚。但是现代人太匆忙,没有时间满足自己身体的早餐营养需求。近年来,随着人们生活水平的普遍提高,出于对自身健康的高度关注,以及对绿色食物和药物的浓厚兴趣,出现了回归自然、偏爱自然疗法的群体趋向。假日的时候人们经常在早餐中通过中药膳来滋补身体、调理体质,以下是列举的几类药膳早餐。

5.6.1 粥类

(1)马齿苋绿豆粥

① 原料配方。鲜马齿苋 120 g、绿豆 60 g、粳米 100 g。

② 加工方法。

A. 将鲜马齿苋洗净、切段,备用。

B. 绿豆、粳米洗净,一同放入锅内。

C. 加适量水,大火煮开后,放入马齿苋。

D. 改用文火继续煮至豆烂米熟即成。

E. 分早、晚 2 次食用。

③ 产品特点。清热解毒,凉血止痢。适用于热毒炽盛于肠中所致的腹泻、痢疾等病,临床表现为大便湿泻,或者里急后重,间有脓血便。对肺痈、肠痈、乳痈、夏季暑热也有一定治疗效果。

(2)竹叶粥

① 原料配方。生石膏 30 g、鲜竹叶 10 g、粳米 100 g、冰糖适量。

② 加工方法。

A. 鲜竹叶洗净,同生石膏(包)一同放入锅内。

B. 加水适量煎煮,去渣取汁。

C. 放入洗净的粳米,按常法煮成稀粥,调入冰糖即成。

D. 每日分 2~3 次食用,病愈即止。

③ 产品特点。清热泻火,清心利尿。适用于温热病发热口渴,身热多汗,心胸烦闷,口舌生疮,尿赤量少,虚烦不寐,脉虚数等。凡暑热疾病,发热气津已伤者,本方尤为适合。常见的中暑、夏季热、流行性脑炎后期等气津已伤者,另糖尿病的干渴多饮属胃热阴伤者也可以饮用。

(3)冬瓜粥

① 原料配方。冬瓜(带皮)100 g,粳米 100 g,嫩姜丝、葱、食盐、

味精、香油适量。

②加工方法。

A. 冬瓜洗净后,削皮(勿丢),去瓤切块。

B. 粳米洗净放入锅内,加入水适量,煮粥。

C. 米粥半熟时,将冬瓜、冬瓜皮放入锅内,再加适量水,继续煮至瓜熟米烂汤稠为度,捞出冬瓜皮不食,入适量姜、葱、食盐、味精、香油调味即成。随意服食。

③产品特点。利水消肿,清热解毒。用于水湿内聚或湿热壅盛所致之水肿胀满,小便不利。还可用于急、慢性肾炎水肿,营养不良性水肿,妊娠水肿,肝硬化腹水,脚气病水肿,肥胖症等的辅助治疗。

(4)薄荷粥

①原料配方。薄荷15 g(鲜品30 g)、粳米50 g、冰糖适量。

②加工方法。

A. 先将薄荷放入锅内,加清水适量,煮2～3 min,去渣取汁。

B. 粳米洗净煮粥。

C. 待粥将熟时,加入冰糖适量及薄荷汤,再煮1～2沸即可。

D. 稍凉后食,每日1～2次。

③产品特点。疏散风热,清利咽喉。适用于风热感冒,症见发热恶风、头痛目赤、咽喉肿痛等。也可作为夏季防暑解热之品使用。尤其对于中老年人,在春夏季节服用,可以清心怡神,疏风散热,增进食欲,帮助消化。素有胃病、风热者也较为适宜。本膳适用于风热感冒的患者,在夏季食用尤为适宜。但薄荷芳香辛散,不宜久煎。

(5)生地黄粥

①原料配方。生地黄15 g、生姜2片、粳米100 g。

②加工方法。

A. 生地黄适量,洗净切段,绞汁备用。

B. 粳米洗净,放入锅内。

C. 加水适量,大火煮沸3～5 min后加入生地黄汁与生姜片。

D. 改用文火继续煮成稀粥即成。

E. 每日早、晚温热食用。

③ 产品特点。清热养阴,凉血止血。适用于周身烦闷不适,五心烦热、头晕目眩、口燥咽干、舌红少苔等症的患者,也适用于热入营血引起的高热心烦或热病后期出现低热不退等症,可用于慢性胃炎、糖尿病、甲状腺功能亢进,围绝经期综合征等属于阴虚内热征者。

5.6.2 饼类

(1)茯苓饼子

① 原料配方。白茯苓 15 g、精白面 6 g、黄蜡适量。

② 加工方法。将茯苓粉碎成极细末,与白面混合均匀,加水调成稀糊状,以黄蜡代油,制成煎饼,当主食食用。每周食用 1~2 次。

③ 产品特点。健脾抑胃,减食减肥。适用于胃强脾弱所致的单纯性肥胖、多食难化、体倦怠动、脉细等。本方原为"辟谷"而设,食后可致食欲降低,凡营养不良、贫血、脾虚食欲不振、神经性厌食等禁用。食用本膳后食欲下降,可任其自然,但必须防治胃肠空虚,原书嘱常用少许芝麻汤、米汤等"小润肠胃,无令涸竭"。有饥饿感时再进正常饮食。老年人脱肛和小便多者不宜服食。

(2)土大黄蒸肉饼

① 原料配方。土大黄 25~50 g,猪瘦肉 500 g,冬菇 200 g,淀粉、白糖、食盐、食用油、葱、姜、味精、鸡蛋打散适量。

② 加工方法。

A. 先将土大黄捣碎,研末;冬菇用温水泡发,洗净。

B. 将猪瘦肉洗净,和冬菇、生姜、葱一起剁烂,放入盆内,再加入土大黄药末、打散的鸡蛋、油、白糖、食盐、味精及淀粉等拌匀,分为 5 份,拍成肉饼。

C. 将肉饼置蒸笼内,放沸水锅上,用大火蒸至熟透即成。

D. 每日食肉饼 1 个,连用 5 d。

③ 产品特点。清热凉血,止血化瘀,健脾和胃。适用于血热或跌打损伤所致之咯血、吐血等。临床常用于支气管扩张、肺结核等咯血属于血热者。

（3）地龙桃花饼

① 原料配方。干地龙 9 g,红花 10 g,赤芍 12 g,当归 15 g,川芎 9 g,黄芪 15 g,玉米面 400 g,小麦面 100 g,桃仁、白糖各适量。

② 加工方法。

A. 将干地龙以酒浸泡去其气味,然后烘干研为细面。

B. 红花、赤芍、当归、川芎、黄芪等入砂锅加水煎成浓汁,再将地龙粉、玉米面、小麦面、白糖倒入药汁中调匀,做圆饼 20 个。

C. 将桃仁去皮尖略炒,匀布饼上,入烤炉烤熟即可。

③ 产品特点。益气,活血,通络。适用于气虚血瘀所致之半身不遂、口眼㖞斜、语言謇涩、口角流涎、肢体痿废等;也可用于小儿麻痹后遗症,以及其他原因引起的偏瘫、截瘫,或肢体痿软等。

（4）益脾饼

① 原料配方。白术 12 g、红枣 250 g、鸡内金 9 g、干姜 6 g、面粉 500 g、食盐适量。

② 加工方法。

A. 白术、干姜入纱布袋内,扎紧袋口,入锅,下红枣,加水 1 L,大火煮沸,改用文火熬 1 h,去药袋。

B. 红枣去核,枣肉捣泥,鸡内金研成细粉,与面粉混匀,倒入枣泥,加面粉及少量食盐,和成面团,将面团再制成薄饼。

C. 平底锅内倒少量菜油,放入面饼烙熟即可。

③ 产品特点。健脾益气,温中散寒,健胃消食。用于纳食减少、脘腹冷痛、恶心呕吐、大便溏泄、完谷不化等症。空腹食用。

（5）荸荠内金饼

① 原料配方。荸荠 600 g,鸡内金 9 g,天花粉 15 g,玫瑰 20 g,白糖 150 g,熟猪油 60 g,菜油、面粉、糯米粉适量。

② 加工方法。

A. 将鸡内金制成粉末,加入天花粉、玫瑰、白糖与熟猪油 60 g,面粉 10 g 拌匀做成饼馅。

B. 荸荠去皮洗净,用刀拍烂、剁成细泥,加入糯米 100 g 拌匀上笼蒸熟。

C. 趁热把刚蒸熟的荸荠糯米泥分成汤圆大小,逐个包入饼馅,压成扁圆形,撒上细干淀粉备用。

D. 炒锅置于大火上,倒入菜油,烧至八成热时把包入饼馅的荸荠饼下入油锅内,炸至金黄色,用漏勺盛起入盘,撒上白糖即可。

③ 产品特点。开胃消食,清热导滞。用于饮食积滞、郁久化热之胸中烦热口渴、脘腹痞闷、恶心恶食、纳食减少、苔黄腻、脉滑数等。

5.6.3　汤类

(1)荷叶冬瓜汤

① 原料配方。鲜荷叶 1/4 张、鲜冬瓜 500 g、食盐适量。

② 加工方法。

A. 将鲜荷叶洗净、剪碎;鲜冬瓜去皮、洗净,切片。

B. 将荷叶和冬瓜片一同放入锅内,加水适量煲汤。

C. 临熟时弃荷叶,加少量食盐调味即成。

③ 产品特点。清热祛暑,利尿除湿。适用于暑温、湿温病所致发热、出汗不畅、烦闷、头晕头重、头痛、体重酸痛、口渴尿赤、小便不利、舌苔白腻或微黄腻等症。也可用于中暑、水肿、消渴、肥胖等病的辅助治疗。

(2)玉竹瘦肉汤

① 原料配方。玉竹 12 g,猪瘦肉 150 g,食盐、味精各少许。

② 加工方法。

A. 先将玉竹洗净切片,用纱布包好。

B. 猪瘦肉洗净切块,放入锅内,加水适量煎煮,熟后去玉竹,加食盐与味精调味即成。

③ 产品特点。养阴润肺止咳。适用于肺阴亏虚、肺络失润的燥咳,症见干咳,无痰或少痰,咽干口燥思饮,手足心热,大便干结,小便短赤,舌红苔少或干燥,脉细数等。

5.6.4 饭类

(1) 八宝饭

① 原料配方。芡实、山药、莲子、茯苓、党参、白术、薏米、白扁豆各 6 g,糯米 150 g,冰糖适量。

② 加工方法。

A. 先将党参、白术、茯苓煎煮取汁。

B. 糯米淘洗干净,将芡实、山药、莲子、薏米、白扁豆打成粗末,与糯米混合。

C. 加入党参、白术、茯苓煎液和冰糖上笼蒸熟。也可直接加水煮熟,当主食食用。

③ 产品特点。益气健脾,养生延年。适用于脾虚体弱所致的食少便溏,倦怠乏力等。阴虚津枯者不宜久服。本膳也可制成其他剂型,如《中华临床药膳食疗学》"长寿粉",即本膳研为细末,沸水冲成糊状服用。此外,还可以熬粥食用。八宝饭是广泛流行于民间的健康膳食,有多种不同配方。但若偏甜偏腻,则胃弱腹胀者不宜。

(2) 良姜鸡肉炒饭

① 原料配方。高良姜 6 g,草果 6 g,陈皮 3 g,鸡肉 150 g,粳米饭 150 g,葱花、食盐、料酒各适量。

② 加工方法。

A. 高良姜、草果、陈皮洗净,加水煎取浓汁 50 mL,鸡肉切片。

B. 起油锅,放入鸡肉片,加料酒、葱花煸炒片刻,倒入米饭,加食盐、味精及药汁再炒片刻即成。

③ 产品特点。散寒止痛,燥湿行气,降逆止呕。用于寒湿中阻之脘腹冷痛、胀满、嗳气、呃逆、恶心呕吐等。本方性偏温燥,故胃热或阴虚者不宜使用。

5.6.5 其他类

(1) 益母草煮鸡蛋

① 原料配方。益母草 30~40 g,鸡蛋 2 个。

② 加工方法。鸡蛋洗净,与益母草加水同煮,熟后剥去蛋壳,入药液中复煮片刻。食蛋饮汤。每天 1 剂,连用 5 ~ 7 d。

③ 产品特点。活血调经,利水清肿,养血益气。适用于气血瘀滞所致之月经不调、痛经、经闭、崩漏、产后恶露不下等;也可用于外伤内损有瘀血者,或尿血、肾炎水肿等。疼痛明显者可加入黄酒适量,血虚者加入红糖适量。由于本方药性平和,无峻攻蛮补之弊,故也可作为妇人产后调补之方。

(2)艾叶生姜煮蛋

① 原料配方。艾叶 9 g、老生姜 9 g、鸡蛋 2 个、红糖适量。

② 加工方法。

A. 姜用湿过水的纸包裹 3 层,把水挤干,放入热炭灰中煨 10 min,取出洗净切片备用。

B. 将艾叶、鸡蛋洗净,与姜片一同放入锅内,加水适量,文火煮至蛋熟后,去壳取蛋。

C. 再放入药汁内煮 10 min,加入红糖溶化,饮汁食蛋。

③ 产品特点。温经通脉,散寒止痛,暖宫调经。适用于下焦虚寒所致的腹中冷痛,月经失调,或行经腹痛。舌淡苔白,脉沉细。月经失调、慢性盆腔炎、行经腹痛、胎漏下血、带下清稀、宫寒不孕等属下焦虚寒者可选用本方。本方艾叶辛香而苦,性质温燥,用量不宜过大。凡属阴虚血热,或湿热内蕴者不宜食用。

(3)健脾消食蛋羹

① 原料配方。山药 15 g,茯苓 15 g,莲子 15 g,山楂 20 g,麦芽 15 g,鸡内金 9 g,槟榔 9 g,鸡蛋若干枚,食盐、酱油适量。

② 加工方法。上述药、食除鸡蛋外共研细末,每次 5 g,加鸡蛋 1 枚调匀蒸熟,加适量食盐或酱油调味,直接食用。每日 1 ~ 2 次。

③ 产品特点。补脾益气,消食开胃。用于脾胃虚弱、食积内停之不思饮食、纳食减少、脘腹饱胀、嗳腐吞酸、大便溏泄、脉虚弱等。尤宜于小儿疳积的治疗。

(4)石膏乌梅饮

① 原料配方。生石膏 60 g、乌梅 20 枚、白蜜适量。

② 加工方法。

A. 石膏打碎,纱布包裹。

B. 将石膏与洗净的乌梅一同放入锅内。

C. 加适量水大火煮开,改用文火继续煎煮,去渣取汁。

D. 调入白蜜拌匀即成。

③ 产品特点。清热泻火,生津止渴。代茶饮。适用于温热病热邪未尽,气热伤津所致壮热不已、汗出口渴、面红目赤、舌燥少苔、脉细数等症。可用于糖尿病的胃热伤阴者,也可用于夏季中暑、流行性脑膜炎后期等热盛伤津者。本膳性味寒凉,适宜于热盛伤津的病征。体寒或脾胃虚寒的人群忌食本膳。

(5)茯苓豆腐

① 原料配方。茯苓粉15 g,松子仁40 g,豆腐500 g,胡萝卜、菜豌豆、香菇、玉米、蛋清、食盐、黄酒、原汤、淀粉各适量。

② 加工方法。

A. 豆腐用干净棉纱布包好,压上重物以沥除水。

B. 干香菇用水发透,洗净,除去柄上木质物,大者撕成两半。

C. 菜豌豆去筋,洗净,切作两段。

D. 胡萝卜洗净切菱形薄片;蛋清打入容器,用起泡器搅起泡沫。

E. 将豆腐与茯苓粉拌和均匀,用盐、酒调味,加蛋清混合均匀,上面再放香菇、胡萝卜、菜豌豆、松子仁、玉米粒,入蒸笼用大火煮8 min,再将200 g原汤倒入锅内,用盐、酒、胡椒调味,以少量淀粉勾芡,淋在豆腐上即成。

③ 产品特点。健脾化湿,消食减肥。佐餐食用,适用于脾虚所致肥胖、脘腹胀满、食欲不振、二便不畅、浮肿、舌苔腻,脉细滑等。也可用于糖尿病。本药膳方偏于寒凉。故阳虚肥胖者不宜服用。

(6)"神禾早餐"

"神禾早餐"食品是山西省孝义市地区民间的食疗验方,后经山西省食品工业研究部门根据原方进行科学筛选,采用传统工艺精制而成的适合糖尿病患者食疗的一种药膳。

① 原料配方。小黑豆200 g、黑小麦300 g、小黄豆200 g、落花生

100 g、苦荞麦300 g、白柜子300 g、核桃仁300 g、薏米250 g、母枣(红枣)150枚、鲜鸡蛋30~60个。

所选用的原、辅料,小黄豆(山黄豆)和小黑豆(山黑豆)来源,均为非转基因食品豆科植物的种籽;落花生来源为豆科植物落花生果仁(不脱外层红衣);白柜子来源为禾本科植物的白柜子的黑色种籽;黑小麦、苦荞麦、核桃仁、薏米、母枣(红枣)等,均为山西省孝义地区当地所产,属于纯天然谷物食品,干果健康食品。

②加工方法。

A. 先将物料小黄豆、黑小麦、落花生、小黑豆、苦荞麦、白柜子、薏米、核桃仁等原辅料清理干净,分别研磨成粉状,并混合均匀,再等分成30 g,包装,待用。

B. 食用时,取上述原料A(约65 g),红枣5枚,放进锅内,再放进1~2个洗净的带皮鲜鸡蛋,同时加清水约500 mL,上火煮5 min。把鸡蛋取出磕破外壳(不去壳),再重新放入锅中,用小火煮至全熟后,熄火。然后将鸡蛋捞出去壳,与汤料全部食用(其中所加引子红枣,只煮不食用)。

③产品特点。如果口味淡或未食饱,还可另外食用一些米面食品以及蔬菜等,但不可以与上述汤料共煮,以免影响"神禾早餐"药膳食疗效果。"神禾早餐"食品,可每日早餐食用,连续食用30 d。然后测量血糖高低,判定血糖是否已恢复正常,可再酌情确定是否继续食用。

参考文献

[1]周素梅. 国外早餐食品发展现状及变化[J]. 西部粮油科技, 1998(2):35-37.

[2]雷金云. 一种幼儿食用的早餐食品:中国,201710516196.3[P]. 2017-06-29.

[3]刘振. 一种孕妇食用的早餐食品:中国,201710535176.0[P]. 2017-10-10.

[4]徐德郇. 一种老年人早餐食品及其制作方法:中国,

201810844606.1［P］. 2018 – 12 – 25.

［5］肖锋. 一种老人使用的早餐食品：中国，201710515158.6［P］.
　　　2017 – 10 – 10.

［6］袁超，马雪梅，路志芳，等. 一种新型早餐食品：中国，
　　　201510380738.X［P］. 2015 – 10 – 07.

［7］姚毅华. 健康生活从"慢消化"营养早餐开始——早餐食品营养
　　　与健康研讨会全记录［J］. 大众医学，2016(2)：42 – 43.

［8］张令文，王雪菲，杨铭铎，等. 我国早餐食品的现状与发展趋势
　　　［J］. 河南科技学院学报，2018，46(1)：29 – 33.

［9］蒋蓉. 一种营养早餐食品的配方：中国，201710107582.7［P］.
　　　2018 – 09 – 07.

［10］陈秋田. 一种营养早餐食品及其制备方法：中国，
　　　201010250959.2［P］. 2012 – 03 – 14.

［11］宋杰. 营养谷物早餐食品加工工艺［J］. 食品界，2017(6)：131.